0 기초 운전면허 필기

치트키

01

운전면허 0기초
상식 치트키

02

내용을 몰라도 맞히는
정답 고르기 치트키

03

10점 다 맞는
교통안전표지 치트키

01 운전면허 0기초 상식 치트키

1 도로 상식

- 도로 중앙선에서 가까운 차선부터 1차선 → 2차선 → 3차선 → 4차선으로 구분
- 1차선: 앞지르기 차선, 빠른 차량이 일시적으로 이용
- 4차선: 대형 화물차·트럭 등 느린 차량 주로 이용
- 원칙: 빠른 차는 왼쪽, 느린 차는 오른쪽, 앞지르기 할 때는 앞차의 좌측으로 주행

치트키 '앞차의 좌측으로 앞지르기', '가장 오른쪽은 느린 차선' 기억하기!

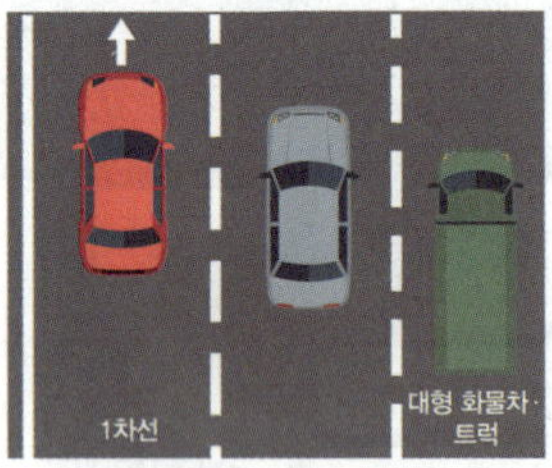

2 신호와 회전

- 신호등 화살표: 왼쪽(좌회전), 오른쪽(우회전), 위쪽(직진)
- 좌회전: 좌회전 신호 있어야 가능함
- 비보호 좌회전: 비보호 좌회전 안전표지가 있고 차량 신호가 녹색신호이고 마주 오는 차량이 없을 때 가능
- 우회전: 신호 없이 가능, 단, 보행자가 있거나 진입하려는 경우 반드시 일시정지, 적색 신호 시에는 정지선 앞에서 일단 정지 후 진행

치트키 우회전 시 보행자가 있으면 일시정지!

3 보행자 안전

- 횡단보도에 보행자 유무 상관없이 무조건 일시정지
- 보행자 없을 때만 일시정지 후 우회전 가능

치트키 횡단보도 앞에서는 무조건 일시정지!

횡단보도 보행자 유무 상관없이
무조건 일시정지

4 기본 운전 태도

- 안전벨트: 앞좌석·뒷좌석 모두 착용 의무
- 제한속도(예외 있음): 도심 50km/h 이하, 보호구역(어린이·노인·장애인) 30km/h 이하
- 중앙선 침범, 신호 위반: 12대 중과실 사고에 해당, 형사처벌 대상
- 혈중알코올농도 0.03% 이상: 운전면허 정지 또는 취소

치트키 50 / 30 / 0.03 숫자 기억하기!

5 주차 상식

- 주정차금지 장소: 횡단보도, 교차로 모퉁이는 5m 이내, 버스정류장 10m 이내
- 이중주차·불법주차 금지

치트키 횡단보도, 교차로 모퉁이 5m, 버스정류장 10m＝주정차금지

6 U턴 규칙

- U턴 가능: U턴 표지판＋좌회전 신호
- U턴 금지: 중앙선 실선, 횡단보도, 교차로 일부, 보행자 통행 시, U턴 금지 표지 설치 구간

치트키 좌회전 신호＝U턴 가능

7 고속도로 기본

- 고속도로 진입·진출 시 반드시 감속 후 안전 확인
- 갓길 주행 금지(긴급차량 출동 또는 고장 시 예외)
- 피로 또는 졸음 시 휴게소·졸음쉼터 이용
- 갓길은 비상대피 공간(주행 공간 ×)

치트키 갓길 주행 금지!

8 야간 주행

- 야간 주행: 전조등 켜기, 맞은편 차량 마주칠 때는 상향등을 하향등으로 전환

치트키 야간 주행 시 상향등 켜기(×)

02

내용을 몰라도 맞히는

정답 고르기 치트키

정답 치트키 1

아래와 같이 안전함을 추구하는 내용이 포함된 선지들이 정답일 가능성이 커요!

- 갑작스러운 사고발생 가능성에 주의하여
- 위험한 상황에 대비하여
- 천천히 주행(서행)
- 안전하게 운전한다.

정답 치트키 2

아래와 같이 도덕성에 근거한 선지들이 정답일 가능성이 커요!

- 보행자 우선, 약자 우선, 양보, 보호!
- 교통약자(고령자 및 어린이, 장애인 등)를 우선해야 함
- 보행자 〉〉 자전거, 원동기 〉〉 자동차
  → 아무것도 타고 있지 않은 보행자가 가장 보호가 필요하며, 그다음 자전거, 원동기, 자동차 순임
- 양보한다. 일시정지한다. 우선 멈춘다.
- 사고확률이 낮은 것 고르기
- 사고가 나더라도 사망 가능성이 낮은 것 고르기

오답 치트키

아래와 같이 위험한 내용이 포함된 선지들이 오답일 가능성이 커요!

- 속도를 높인다.
- 주변의 사람이나 다른 차나 사물 및 방해물 변화를 신경 쓰지 않고
- 그대로 신속히(빠르게) 통과한다.
- 톨게이트 입구 근처에서 차선을 갑자기 바꾼다.
- 고속도로 진출로를 지나친 경우(또는 다른 차로로 진입한 경우) 후진을 하여 돌아온다.
- 앞차와의 간격을 좁힌다.
- 경음기(클랙션)를 계속/자주 울리면서 운전한다.
- 밤에 앞차와 가까운 거리를 유지한 채 상향등을 켠다.
- 양보하지 않는다(추월하지 못하게 한다).
- 급차로변경한다.

! 문장형, 사진형, 일러스트형 문제에서 정답을 고르기 어려울 때, 정답/오답 치트키로 문제를 풀 수 있어요.

| 문장형 |

도로교통법상 올바른 운전방법으로 연결된 것은?

① 학교 앞 보행로 – 어린이에게 차량이 지나감을 알릴 수 있도록 경음기를 울리며 지나간다.
↳ 경음기를 울리면서 운전 → 오답 가능성↑

② 철길 건널목 – 차단기가 내려가려고 하는 경우 신속히 통과한다.
↳ 빨리 통과 → 오답 가능성↑

❸ 운전자는 보행자가 횡단보도를 통행하려고 하는 때에는 그 횡단보도 앞에서 일시정지하여야 한다.
↳ 횡단보도 앞 일시정지 → 정답 가능성↑

④ 야간 운전 시 – 차가 마주 보고 진행하는 경우 반대편 운전자가 주의할 수 있도록 전조등을 상향으로 조정한다.
↳ 밤에 상향등을 켠다 → 오답 가능성↑

| 일러스트형 |

다음과 같은 교차로에서 우회전하려고 한다. 가장 안전한 운전 방법 2가지는?

- '+'형 교차로
- 1차로(좌회전), 2·3차로(직진), 4차로(우회전)
- 4색 등화 중 적색 신호
- 4차로 도로 주행 중

① 교차로 정지선 전에 일시정지 없이 서행하면서 우회전한다.
↳ 일시정지하지 않음 → 오답 가능성↑

❷ 교차로 직전 신호등 있는 횡단보도에 보행자가 있는지 반드시 확인한다.
↳ 보행자 우선 → 정답 가능성↑

③ 왼쪽 도로에서 오른쪽 도로로 직진하는 차량은 반드시 확인할 필요는 없다.
↳ 주변의 차를 신경쓰지 않고 → 오답 가능성↑

❹ 오른쪽 사이드미러에 보이는 뒤따르는 이륜차를 주의해야 한다.
↳ 사고발생 가능성에 주의 → 정답 가능성↑

⑤ 우회전 직후 신호등이 있는 횡단보도의 보행자는 반드시 확인할 필요는 없다.
↳ 주변의 사람을 신경쓰지 않고 → 오답 가능성↑

10점 다 맞는

03 교통안전표지 치트키

실제 시험에서 헷갈리기 쉬운 '★' 표지는 한 번 더 주의 깊게 확인하세요!

주의표지

주의표지의 모양은 정삼각형이고, 표지는 빨간 테두리+노란 바탕+검은 그림이에요.

 횡단보도 (신호가 없는 포장도로의 교차로나 단일로에 표시)	 어린이보호	 과속방지턱	 ★ 노면고르지 못함	 교량
 철길건널목	 노면전차 (노면전차 교차로 전 50미터에서 120미터 사이의 도로 중앙 또는 우측에 설치)	 ★ 자전거 (자전거 통행이 많은 지점)	 강변도로	 우선도로
 미끄러운도로	 상습정체구간	 야생동물보호	 오르막경사	 내리막경사 (내리막 경사가 시작되는 지점 전 30미터 내지 200미터의 도로 우측에 설치)
 낙석도로	 ★ 우로굽은도로	 ★ 우측차로 없어짐	 우측방통행	 ★ 양측방통행
 ★ 좌합류도로	 ★ 중앙분리대시작	 회전형교차로 (교차로 전 30미터 내지 120미터의 도로 우측에 설치)	 도로폭이 좁아짐 (도로 폭이 좁아지는 지점 전 50미터 내지 200미터의 도로 우측에 설치)	 횡풍

실제 시험에서 헷갈리기 쉬운 '★' 표지는 한 번 더 주의 깊게 확인하세요!

규제표지

규제표지의 모양은 대부분 원형이고, 표지는 빨간 테두리+흰색 바탕+검은 그림이에요.

<table>
<tr>
<td></td>
<td></td>
<td></td>
<td></td>
<td></td>
</tr>
<tr>
<td>통행금지</td>
<td>진입금지
(차의 진입금지)</td>
<td>주차금지</td>
<td>직진금지
(차의 직진금지 표지, 좌·우측 도로 등 다른 도로 이용)</td>
<td>유턴금지</td>
</tr>
<tr>
<td></td>
<td></td>
<td></td>
<td></td>
<td></td>
</tr>
<tr>
<td>앞지르기 금지</td>
<td>★ 승합자동차 통행금지</td>
<td>★ 이륜자동차 및 원동기장치자전거 통행금지</td>
<td>경운기·트랙터 및 손수레 통행금지</td>
<td>★ 화물자동차 통행금지</td>
</tr>
<tr>
<td></td>
<td></td>
<td></td>
<td></td>
<td></td>
</tr>
<tr>
<td>위험물적재차량 통행금지</td>
<td>자동차·이륜자동차 및 원동기장치자전거 통행금지</td>
<td>일시정지</td>
<td>양보</td>
<td>★ 서행
(비탈길 고갯마루 부근에 설치 가능)</td>
</tr>
<tr>
<td></td>
<td></td>
<td></td>
<td></td>
<td></td>
</tr>
<tr>
<td>최저속도제한</td>
<td>차높이제한</td>
<td>차폭제한</td>
<td>★ 차중량제한
(중량 5.5t 초과 차의 통행을 제한)</td>
<td>★ 차간거리확보
(자동차전용도로에 설치되며 차간거리를 50미터 이상 확보)</td>
</tr>
</table>

실제 시험에서 헷갈리기 쉬운 '★' 표지는 한 번 더 주의 깊게 확인하세요!

지시표지

지시표지의 모양은 대부분 원형이고, 표지는 파란 바탕+흰색 그림이에요.

우회전

직진 및 좌회전

★ **좌우회전**

좌회전 및 유턴
(차가 좌회전 또는 유턴할 것을 지시)

★ **우회로**
(좌회전이 금지된 지역에서 우회 도로로 통행할 것을 지시)

우측면통행

★ **양측방통행**

비보호좌회전
(녹색신호에서 다른 교통에 방해가 되지 않을 때에는 좌회전)

일방통행로
(직진도로는 일방통행 도로)

회전교차로

자전거전용차로

자전거횡단도

자동차전용도로

자전거전용도로

보행자전용도로

자전거 및 보행자 겸용도로

★ **자전거 및 보행자 통행구분**

자전거 나란히 통행허용

통행우선
(백색 화살표 방향으로 진행하는 차량이 우선 통행)

진행방향별 통행구분

횡단보도

노인보호

실제 시험에서 헷갈리기 쉬운 '★' 표지는 한 번 더 주의 깊게 확인하세요!

노면표지

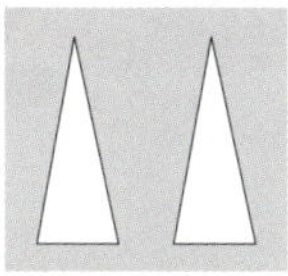

★ 오르막경사면

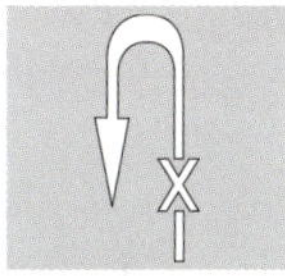

유턴금지
(차마의 유턴을 금지하는 도로의 구간 또는 장소 내의 필요한 지점에 설치)

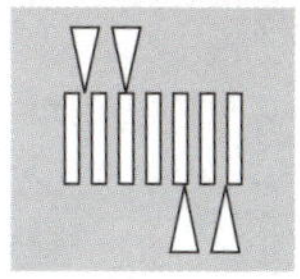

고원식횡단보도

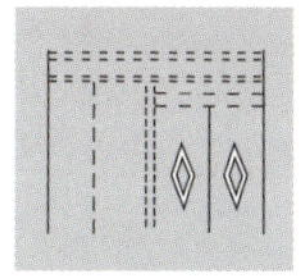

★ 횡단보도 예고

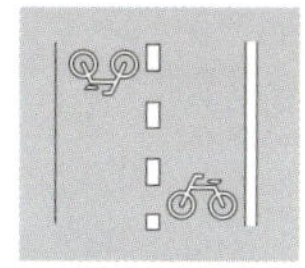

★ 자전거횡단도

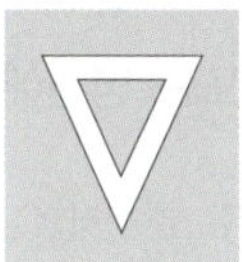

양보

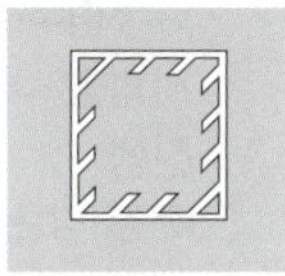

★ 정차금지지대

★ 자전거 우선도로

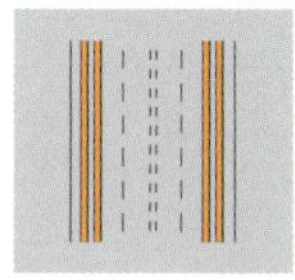

정차 및 주차금지

좌회전 유도차로
(교차로에서 좌회전하려는 차량이 녹색등화 동안 교차로 안에서 대기하는 지점 표시)

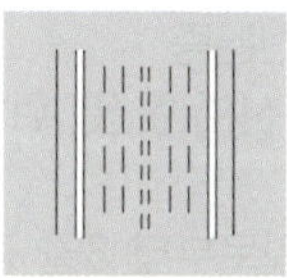

길가장자리구역선

기타표지

★ 자동차 전용도로

어린이승하차

★ 출구감속유도

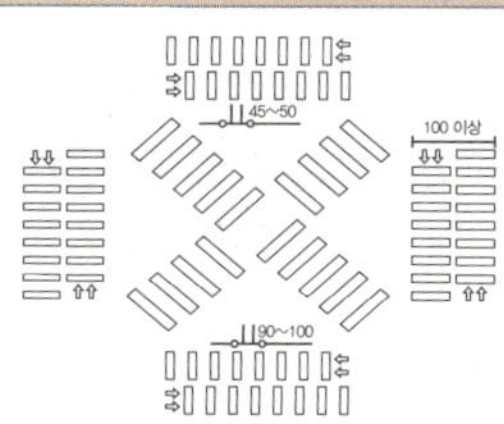

대각선횡단보도

운전면허 취득 절차&학과시험 정보

01 응시 전 교통안전교육
- 학과시험 전까지 이수 완료
- 준비물: 신분증

02 신체검사

시험장 내 신체검사실 또는 병원에서 검사 진행

(문경, 강릉, 태백, 광양, 충주, 춘천시험장 내 신체검사원 없음)

03 학과시험
- 준비물: 응시원서, 신분증
- 6개월 이내 촬영한 컬러 사진(3.5×4.5cm) 3매

04 기능시험
- 준비물: 응시원서, 신분증
- 대리접수: 대리인 신분증 및 위임자의 위임장
- 불합격 시: 불합격일로부터 3일 경과 후 재응시 가능

05 연습면허 발급
- 제1, 2종 보통면허시험 응시자로 학과시험, 장내기능시험에 모두 합격한 자

06 도로주행시험
- 불합격 시: 불합격일로부터 3일 경과 후 재응시 가능

07 운전면허증 발급
- 제1, 2종 보통운전면허: 연습면허 취득 후 도로주행시험에 합격한 자
- 기타면허: 학과시험, 기능시험에 합격한 자

학과시험 알아보기

- 시험시간: 40분
- 시험유형: 객관식 선다형(안전운전에 필요한 교통법규 등 공개된 학과시험 문제은행 중 40문제 출제)

항목	문장형		사진형	일러스트형	안전표지형	동영상형
문항별(배점)	4지 1답(2점)	4지 2답(3점)	5지 2답(3점)	5지 2답(3점)	4지 1답(2점)	4지 1답(5점)
출제문항(40문항)	17문항	4문항	6문항	7문항	5문항	1문항
배점(100점)	46점		18점	21점	10점	5점

- 합격기준: 1종 보통 / 1종 대형 / 1종 특수는 70점 이상, 2종 보통은 60점 이상

답만 봐도 합격

운전면허 필기

1·2종 공통

운전면허 0기초도, 답만 봐도 합격!

1 0기초 운전면허 필기 치트키!

정답 치트키 1

아래와 같이 안전함을 추구하는 내용이 포함된 선지들이 정답일 가능성이 커요!

- 갑작스러운 사고발생 가능성에 주의하여
- 위험한 상황에 대비하여
- 천천히 주행(서행)
- 안전하게 운전한다.

정답 치트키 2

아래와 같이 도덕성에 근거한 선지들이 정답일 가능성이 커요!

- 보행자 우선, 약자 우선, 양보, 보호!
- 교통약자(고령자 및 어린이, 장애인 등)를 우선해야 함
- 보행자 〉〉 자전거, 원동기 〉〉 자동차
  → 아무것도 타고 있지 않은 보행자가 가장 보호가 필요하며, 그다음 자전거, 원동기, 자동차 순임
- 양보한다, 일시정지한다, 우선 멈춘다.
- 사고확률이 낮은 것 고르기
- 사고가 나더라도 사망 가능성이 낮은 것 고르기

오답 치트키

아래와 같이 위험한 내용이 포함된 선지들이 오답일 가능성이 커요!

- 속도를 높인다.
- 주변의 사람이나 다른 차나 사물 및 방해물 변화를 신경

문장형, 사진형, 일러스트형 문제에서 정답을 고르기 어려울 때, 정답/오답 치트키로 문제를 풀 수 있어요.

| 문장형 |

도로교통법상 올바른 운전방법으로 연결된 것은?

① 학교 앞 보행로 – 어린이에게 차량이 지나감을 알릴 수 있도록 경음기를 울리며 지나간다.
↳ 경음기를 울리면서 운전 → 오답 가능성!
② 철길 건널목 – 차단기가 내려가려고 하는 경우 신속히 통과한다.
↳ 빨리 통과 → 오답 가능성!
❸ 운전자는 보행자가 횡단보도를 통행하려고 하는 때에는 그 횡단보도 앞에서 일시정지하여야 한다.
↳ 횡단보도 앞 일시정지 → 정답 가능성!
④ 야간 운전 시 – 차가 마주 보고 진행하는 경우 반대편 운전자가 주의할 수 있도록 전조등을 상향으로 조정한다.
↳ 밤에 상향등을 켠다 → 오답 가능성!

| 일러스트형 |

다음과 같은 교차로에서 우회전하려고 한다. 가장 안전한 운전 방법 2가지는?

- '+'형 교차로
- 1차로(좌회전), 2·3차로(직진), 4차로(우회전)
- 4색 등화 중 적색 신호
- 4차로 도로 주행 중

① 교차로 정지선 전에 일시정지 없이 서행하면서 우회

운전면허 0기초를 위해 기초상식과 정답 고르기 치트키를 수록하였고, 틀리기 쉬운 안전표지는 '★'로 표시했습니다.

2 발문·정답 표시로 답만 봐도 합격!

001

다음 중 총중량 1.5톤 피견인 승용자동차를 4.5톤 화물자동차로 견인하는 경우 필요한 운전면허에 해당하지 않는 것은?

① 제1종 대형면허 및 소형견인차면허
② 제1종 보통면허 및 대형견인차면허
③ 제1종 보통면허 및 소형견인차면허
❹ 제2종 보통면허 및 대형견인차면허

총중량 750킬로그램을 초과하는 3톤 이하의 피견인자동차를 견인하기 위해서는 견인하는 자동차를 운전할 수 있는 면허와 제1종 소형견인차면허 또는 대형견인차면허를 가지고 있어야 한다.

002

도로교통법령상 운전면허증 발급에 대한 설명으로 옳지 않은 것은?

① 운전면허시험 합격일로부터 30일 이내에 운전면허증을 발급받아야 한다.
❷ 영문운전면허증을 발급받을 수 없다.
③ 모바일운전면허증을 발급받을 수 있다.
④ 운전면허증을 잃어버린 경우에는 재발급받을 수 있다.

004

도로교통법상 승차정원 15인승의 긴급 승합자동차를 처음 운전하려고 할 때 필요한 조건으로 맞는 것은?

❶ 제1종 보통면허, 교통안전교육 3시간
② 제1종 특수면허(대형견인차), 교통안전교육 2시간
③ 제1종 특수면허(구난차), 교통안전교육 2시간
④ 제2종 보통면허, 교통안전교육 3시간

005

도로교통법상 연습운전면허의 유효 기간은?

① 받은 날부터 6개월 ❷ 받은 날부터 1년
③ 받은 날부터 2년 ④ 받은 날부터 3년

문제의 핵심 키워드에 형광펜 표시하고 정답은 빨간색으로 강조하여, 빠르게 확인하고 오래 기억할 수 있습니다.

3 안 봐도 되는 해설 삭제&한 줄 해설로 축약!

도로교통법령상 해외 출국 시, 운전면허 적성검사 연기에 대한 설명으로 틀린 것은?

① 출국 전 적성검사 연기신청서를 제출해야 한다.

❷ 출국 후에는 대리인이 대신하여 적성검사 연기 신청을 할 수 없다.

③ 적성검사 연기 신청 시, E-티켓과 같은 출국 사실을 증명할 수 있는 서류를 제출해야 한다.

④ 적성검사 연기 신청이 승인된 경우, 귀국 후 3개월 이내에 적성검사를 받아야 한다.

한 줄 해설

출국 후라 하더라도 대리인이 위임장을 가지고 운전면허시험장에 가서 연기 신청을 대신할 수 있다.

해설이 꼭 필요한 문제만 '한 줄 해설'로 축약하여 부담은 줄이고 학습 효율은 높였습니다.

4 실전 연습을 위한 CBT 모의고사 3회분 제공

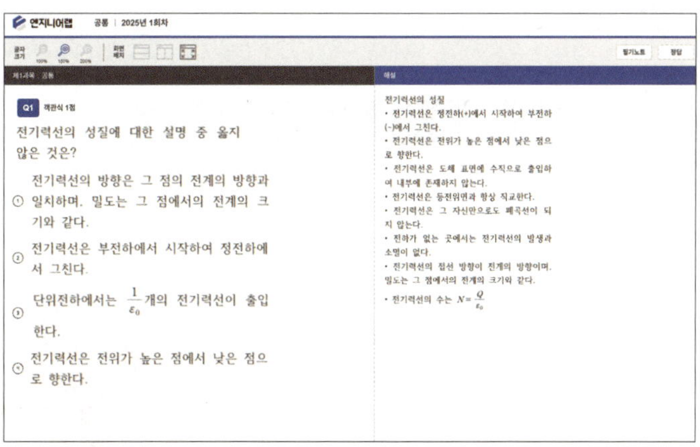

※ 위 그림은 CBT 모의고사 예시 화면입니다.

CBT 모의고사로 실제 시험 환경을 그대로 연습할 수 있습니다.

운전면허 0기초도, 답만 봐도 합격!

차례

0기초 운전면허 필기 치트키

01 운전면허 0기초 상식 치트키

02 내용을 몰라도 맞히는 정답 고르기 치트키

03 10점 다 맞는 교통안전표지 치트키

운전면허 학과시험 1,000문제

01 문장형 680제 ······ 14

02 사진형 100제 ······ 127

03 일러스트형 85제 ······ 157

TIP
시험장에서 정답을 고르기 어려울 때, [정답 고르기 치트키]로 문제를 풀 수 있어요.

04 안전표지형 100제 ······ 181

05 동영상형 35제 ······ 200

TIP
안전표지형과 동영상형 문제는 눈으로 한 번은 보고 가세요. 안 보고 가면 헷갈려요! 동영상형 문제는 1문제 출제되나, 배점이 무려 5점이니 꼭 맞혀야 해요!

CBT 모의고사 3회분

CBT 모의고사 바로가기

www.engineerlab.co.kr
아이비김영 엔지니어랩

❶ QR코드 또는 PC에서 엔지니어랩 접속 후 회원가입

❷ [교재] ▶ [구매인증] 카테고리를 선택 후 구매 인증 진행
- 구매 인증 게시글을 통해 관리자에게 승인 요청
- 관리자가 CBT 서비스를 이용할 수 있는 권한 부여

❸ CBT 모의고사 서비스를 페이지를 통해 학습 진행
- PC에서 '나의 강의실 – 나의 모의고사' 카테고리 선택
- CBT 모의고사 3회 학습

운전면허 학과시험 1,000문제

01 문장형 680제 p.14
02 사진형 100제 p.127
03 일러스트형 85제 p.157
04 안전표지형 100제 p.181
05 동영상형 35제 p.200

01 문장형 680제

4지 1답: 문항당 2점/17문항
4지 2답: 문항당 3점/4문항

해설이 필요 없는 문제는 발문과 정답만 보고, 꼭 필요한 해설만 한 줄 해설로 간단히 확인하세요!

001

다음 중 총중량 1.5톤 피견인 승용자동차를 4.5톤 화물자동차로 견인하는 경우 필요한 운전면허에 해당하지 않는 것은?

① 제1종 대형면허 및 소형견인차면허
② 제1종 보통면허 및 대형견인차면허
③ 제1종 보통면허 및 소형견인차면허
❹ 제2종 보통면허 및 대형견인차면허

한 줄 해설
총중량 750킬로그램을 초과하는 3톤 이하의 피견인자동차를 견인하기 위해서는 견인하는 자동차를 운전할 수 있는 면허와 제1종 소형견인차면허 또는 대형견인차면허를 가지고 있어야 한다.

002

도로교통법령상 운전면허증 발급에 대한 설명으로 옳지 않은 것은?

① 운전면허시험 합격일로부터 30일 이내에 운전면허증을 발급받아야 한다.
❷ 영문운전면허증을 발급받을 수 없다.
③ 모바일운전면허증을 발급받을 수 있다.
④ 운전면허증을 잃어버린 경우에는 재발급받을 수 있다.

한 줄 해설
영문운전면허증을 발급받을 수 있다.

003

시·도경찰청장이 발급한 국제운전면허증의 유효기간은 발급받은 날부터 몇 년인가?

❶ 1년　② 2년
③ 3년　④ 4년

004

도로교통법상 승차정원 15인승의 긴급 승합자동차를 처음 운전하려고 할 때 필요한 조건으로 맞는 것은?

❶ 제1종 보통면허, 교통안전교육 3시간
② 제1종 특수면허(대형견인차), 교통안전교육 2시간
③ 제1종 특수면허(구난차), 교통안전교육 2시간
④ 제2종 보통면허, 교통안전교육 3시간

005

도로교통법상 연습운전면허의 유효 기간은?

① 받은 날부터 6개월　❷ 받은 날부터 1년
③ 받은 날부터 2년　④ 받은 날부터 3년

006

도로교통법상 운전면허의 조건 부과기준 중 운전면허증 기재방법으로 바르지 않은 것은?

❶ A: 수동변속기
② E: 청각장애인 표지 및 볼록거울
③ G: 특수제작 및 승인차
④ H: 우측 방향지시기

한 줄 해설
A는 자동변속기이다.

007

승차정원이 11명인 승합자동차로 총중량 780킬로그램의 피견인자동차를 견인하고자 한다. 운전자가 취득해야 하는 운전면허의 종류는?

❶ 제1종 보통면허 및 소형견인차면허
② 제2종 보통면허 및 제1종 소형견인차면허
③ 제1종 보통면허 및 구난차면허
④ 제2종 보통면허 및 제1종 구난차면허

한 줄 해설
총중량 750킬로그램을 초과하는 3톤 이하의 피견인자동차를 견인하기 위해서는 견인하는 자동차를 운전할 수 있는 면허와 제1종 소형견인차면허 또는 대형견인차면허를 가지고 있어야 한다.

008

운전면허 종류별 운전할 수 있는 차에 관한 설명으로 맞는 것 2가지는?

❶ 제1종 대형면허로 아스팔트살포기를 운전할 수 있다.
② 제1종 보통면허로 덤프트럭을 운전할 수 있다.
③ 제2종 보통면허로 250시시 이륜자동차를 운전할 수 있다.
❹ 제2종 소형면허로 원동기장치자전거를 운전할 수 있다.

한 줄 해설
②, ③ 덤프트럭은 제1종 대형면허가 필요하고, 배기량 125시시 초과 이륜자동차는 2종 소형면허가 필요하다.

009

승차정원이 12명인 승합자동차를 도로에서 운전하려고 한다. 운전자가 취득해야 하는 운전면허의 종류는?

① 제1종 대형견인차면허 ② 제1종 구난차면허
❸ 제1종 보통면허 ④ 제2종 보통면허

한 줄 해설
제1종 보통면허로 승차정원 15명 이하의 승합자동차 운전이 가능하다.
①, ②, ④ 승차정원 10명 이하의 승합자동차 운전이 가능하다.

010

다음 중 제2종 보통면허를 취득할 수 있는 사람은?

① 한쪽 눈은 보지 못하나 다른 쪽 눈의 시력이 0.5인 사람
② 붉은색, 녹색, 노란색의 색채 식별이 불가능한 사람
③ 17세인 사람
❹ 듣지 못하는 사람

한 줄 해설
제2종 운전면허는 18세 이상으로, 두 눈을 동시에 뜨고 잰 시력이 0.5 이상(다만, 한쪽 눈을 보지 못하는 사람은 다른 쪽 눈의 시력이 0.6 이상이어야 한다.)의 시력이 있어야 한다. 또한 붉은색, 녹색 및 노란색의 색채 식별이 가능해야 하나 듣지 못해도 취득이 가능하다.

011

다음 중 도로교통법상 원동기장치자전거의 정의(기준)에 대한 설명으로 옳은 것은?

① 배기량 50시시 이하 – 최고 정격출력 0.59킬로와트 이하
② 배기량 50시시 미만 – 최고 정격출력 0.59킬로와트 미만
❸ 배기량 125시시 이하 – 최고 정격출력 11킬로와트 이하
④ 배기량 125시시 미만 – 최고 정격출력 11킬로와트 미만

012

다음 중 도로교통법상 제1종 대형면허 시험에 응시할 수 있는 기준은?(이륜자동차 운전경력은 제외)

① 자동차의 운전경력이 6개월 이상이면서 18세인 사람
② 자동차의 운전경력이 1년 이상이면서 18세인 사람
③ 자동차의 운전경력이 6개월 이상이면서 19세인 사람
❹ 자동차의 운전경력이 1년 이상이면서 19세인 사람

013

도로교통법령상 해외 출국 시, 운전면허 적성검사 연기에 대한 설명으로 틀린 것은?

① 출국 전 적성검사 연기신청서를 제출해야 한다.
❷ 출국 후에는 대리인이 대신하여 적성검사 연기 신청을 할 수 없다.
③ 적성검사 연기 신청 시, E-티켓과 같은 출국 사실을 증명할 수 있는 서류를 제출해야 한다.
④ 적성검사 연기 신청이 승인된 경우, 귀국 후 3개월 이내에 적성검사를 받아야 한다.

한 줄 해설
출국 후라 하더라도 대리인이 위임장을 가지고 운전면허시험장에 가서 연기 신청을 대신할 수 있다.

014

도로주행시험에 불합격한 사람은 불합격한 날부터 (   )이 지난 후에 다시 도로주행시험에 응시할 수 있다. (   )에 기준으로 맞는 것은?

① 1일　❷ 3일
③ 5일　④ 7일

015

'착한운전 마일리지' 제도에 대한 설명으로 적절치 않은 2가지는?

① 교통법규를 잘 지키고 이를 실천한 운전자에게 실질적인 인센티브를 부여하는 제도이다.
② 운전자가 정지처분을 받게 될 경우 누산점수에서 공제할 수 있다.
❸ 범칙금이나 과태료 미납자도 마일리지 제도의 무위반·무사고 서약에 참여할 수 있다.
❹ 서약 실천기간 중에 교통사고를 유발하거나 교통법규를 위반하면 다시 서약할 수 없다.

한 줄 해설
운전면허를 소지한 누구나 마일리지 제도에 참여할 수 있지만, 범칙금이나 과태료 미납자는 서약할 수 없고, 서약 실천기간 중에 교통사고를 발생하거나 교통법규를 위반해도 다시 서약할 수 있다.

016

원동기장치자전거 중 개인형 이동장치의 정의에 대한 설명으로 바르지 않은 것은?

❶ 오르막 각도가 25도 미만이어야 한다.
② 차체 중량이 30킬로그램 미만이어야 한다.
③ 자전거 등이란 자전거와 개인형 이동장치를 말한다.
④ 시속 25킬로미터 이상으로 운행할 경우 전동기가 작동하지 않아야 한다.

한 줄 해설
등판각도는 규정되어 있지 않다.

017

도로교통법상 개인형 이동장치의 기준에 대한 설명이다. 바르게 설명된 것은?

① 원동기를 단 차 중 시속 20킬로미터 이상으로 운행할 경우 전동기가 작동하지 아니하여야 한다.
② 전동기의 동력만으로 움직일 수 없는(Pedal Assist System, PAS) 전기자전거를 포함한다.
③ 최고 정격출력 11킬로와트 이하의 원동기를 단 차로 차체 중량이 35킬로그램 미만인 것을 말한다.
❹ 차체 중량은 30킬로그램 미만이어야 한다.

018

다음 중 운전면허 취득 결격기간이 2년에 해당하는 사유 2가지는?(벌금 이상의 형이 확정된 경우)

❶ 무면허 운전을 3회한 때
❷ 다른 사람을 위하여 운전면허시험에 응시한 때
③ 자동차를 이용하여 감금한 때
④ 정기적성검사를 받지 아니하여 운전면허가 취소된 때

한 줄 해설
③ 운전면허 취득 결격기간이 1년이다. ④ 운전면허 취득 결격기간이 없다.

019

도로교통법령상 영문운전면허증에 대한 설명으로 옳지 않은 것은?(제네바협약 또는 비엔나협약 가입국으로 한정)

① 영문운전면허증 인정 국가에서 운전할 때 별도의 번역공증서 없이 운전이 가능하다.
❷ 영문운전면허증 인정 국가에서는 체류기간에 상관없이 사용할 수 있다.
③ 영문운전면허증 불인정 국가에서는 한국운전면허증, 국제운전면허증, 여권을 지참해야 한다.
④ 운전면허증 뒤쪽에 영문으로 운전면허증의 내용을 표기한 것이다.

한 줄 해설
운전할 수 있는 기간이 국가마다 상이하며, 대부분 3개월 정도의 단기간만 허용하고 있으므로 장기체류를 하는 경우 해당국의 운전면허를 취득해야 한다.

020

도로교통법상 원동기장치자전거는 전기를 동력으로 하는 경우에는 최고정격출력 ( ) 이하의 이륜자동차이다. ( )에 기준으로 맞는 것은?

❶ 11킬로와트 ② 9킬로와트
③ 5킬로와트 ④ 0.59킬로와트

021

다음 중 도로교통법령상에서 규정하고 있는 "연석선" 정의로 맞는 것은?

① 차마의 통행방향을 명확하게 구분하기 위한 선
② 자동차가 한 줄로 도로의 정하여진 부분을 통행하도록 한 선
❸ 차도와 보도를 구분하는 돌 등으로 이어진 선
④ 차로와 차로를 구분하기 위한 선

022

도로교통법상 개인형 이동장치와 관련된 내용으로 맞는 것은?

① 승차정원을 초과하여 운전할 수 있다.
② 운전면허를 반납한 65세 이상인 사람이 운전할 수 있다.
③ 13세 이상인 사람이 운전면허 취득 없이 운전할 수 있다.
❹ 횡단보도에서 개인형 이동장치를 끌거나 들고 횡단하여야 한다.

023

도로교통법령상, 고령자 면허 갱신 및 적성검사의 주기가 3년인 사람의 연령 기준으로 맞는 것은?

① 65세 이상 ② 70세 이상
❸ 75세 이상 ④ 80세 이상

024

다음은 도로교통법령상 운전면허증을 발급 받으려는 사람의 본인여부 확인 절차에 대한 설명이다. 틀린 것은?

① 주민등록증을 분실한 경우 주민등록증 발급신청 확인서로 가능하다.
② 신분증명서 또는 지문정보로 본인여부를 확인할 수 없으면 시험에 응시할 수 없다.
❸ 신청인의 동의 없이 전자적 방법으로 지문정보를 대조하여 확인할 수 있다.
④ 본인여부 확인을 거부하는 경우 운전면허증 발급을 거부할 수 있다.

한 줄 해설
신분증명서를 제시하지 못하는 사람은 신청인이 원하는 경우 전자적 방법으로 지문정보를 대조하여 본인 여부 확인을 할 수 있다.

025

다음 중 수소대형승합자동차(승차정원 35인승 이상)를 신규로 운전하려는 운전자에 대한 특별교육을 실시하는 기관은?

❶ 한국가스안전공사 ② 한국산업안전공단
③ 한국도로교통공단 ④ 한국도로공사

026

도로교통법상 교통법규 위반으로 운전면허 효력 정지처분을 받을 가능성이 있는 사람이 특별교통안전 권장교육을 받고자 하는 경우 누구에게 신청하여야 하는가?(음주운전 제외)

① 한국도로교통공단 이사장
② 주소지 지방자치단체장
③ 운전면허 시험장장
❹ 시·도경찰청장

027

도로교통법령상 한쪽 눈을 보지 못하는 사람이 제1종 보통면허를 취득하려는 경우 다른 쪽 눈의 시력이 ( ) 이상, 수평시야가 ( )도 이상, 수직시야가 20도 이상, 중심시야 20도 내 암점과 반맹이 없어야 한다. ( ) 안에 기준으로 맞는 것은?

① 0.5, 50 ② 0.6, 80
③ 0.7, 100 ❹ 0.8, 120

028

제1종 운전면허를 발급받은 65세 이상 75세 미만인 사람(한쪽 눈만 보지 못하는 사람은 제외)은 몇 년마다 정기적성검사를 받아야 하나?

① 3년마다 ❷ 5년마다
③ 10년마다 ④ 15년마다

029

운전면허증을 시·도경찰청장에게 반납하여야 하는 사유 2가지는?

❶ 운전면허 취소의 처분을 받은 때
❷ 운전면허 효력 정지의 처분을 받은 때
③ 운전면허 수시적성검사 통지를 받은 때
④ 운전면허의 정기적성검사 기간이 6개월 경과한 때

030

다음 중 고압가스안전관리법령상 수소자동차 운전자의 안전교육(특별교육)에 대한 설명 중 잘못된 것은?

① 수소승용자동차 운전자는 특별교육 대상이 아니다.
② 수소대형승합자동차(승차정원 36인승 이상) 신규 종사하려는 운전자는 특별교육 대상이다.
③ 수소자동차 운전자 특별교육은 한국가스안전공사에서 실시한다.
❹ 여객자동차운수사업법에 따른 대여사업용자동차를 임차하여 운전하는 운전자도 특별교육 대상이다.

한 줄 해설
수소자동차 운전자의 특별교육은 여객·화물자동차 운수사업에 종사하는 운전자가 대상이며, 단순히 대여사업용 자동차(렌터카)를 임차하여 운전하는 사람은 해당되지 않는다.

031

다음 중 도로교통법령상 영문 운전면허증을 발급받을 수 없는 사람은?

① 운전면허시험에 합격하여 운전면허증을 신청하는 경우
② 운전면허 적성검사에 합격하여 운전면허증을 신청하는 경우
③ 외국면허증을 국내면허증으로 교환 발급 신청하는 경우
❹ 연습운전면허증으로 신청하는 경우

032

도로교통법상 제2종 보통면허로 운전할 수 없는 차는?

❶ 구난자동차
② 승차정원 10인 미만의 승합자동차
③ 승용자동차
④ 적재중량 2.5톤의 화물자동차

033

운전면허시험 부정행위로 그 시험이 무효로 처리된 사람은 그 처분이 있는 날부터 (　)간 해당 시험에 응시하지 못한다. (　) 안에 기준으로 맞는 것은?

❶ 2년　② 3년
③ 4년　④ 5년

034

다음 중 도로교통법령상 운전면허증 갱신발급이나 정기 적성검사의 연기 사유가 아닌 것은?

① 해외 체류 중인 경우
② 질병으로 인하여 거동이 불가능한 경우
❸ 군인사법에 따른 육·해·공군 부사관 이상의 간부로 복무 중인 경우
④ 재해 또는 재난을 당한 경우

035

도로교통법상 운전면허증 갱신기간의 연기를 받은 사람은 그 사유가 없어진 날부터 (　) 이내에 운전면허증을 갱신하여 발급받아야 한다. (　)에 기준으로 맞는 것은?

① 1개월　❷ 3개월
③ 6개월　④ 12개월

036

다음 수소자동차 운전자 중 고압가스관리법령상 특별교육 대상으로 맞는 것은?

① 수소승용자동차 운전자
❷ 수소대형승합자동차(승차정원 36인승 이상) 운전자
③ 수소화물자동차 운전자
④ 수소특수자동차 운전자

037

다음 중 도로교통법상 음주운전 방지장치 부착 조건부 운전면허를 받은 운전자 등의 준수사항에 대한 설명으로 맞는 것은?

① 음주운전 방지장치가 설치된 자동차 등을 시·도경찰청에 등록하지 아니하고 운전한 경우에는 면허가 정지된다.
② 음주운전 방지장치가 설치되지 아니하거나 설치기준에 부합하지 아니한 음주운전 방지장치가 설치된 자동차 등을 운전한 경우 1개월 내 시정조치 명령을 한다.
③ 음주운전 방지장치의 정비를 위해 해체·조작 또는 그 밖의 방법으로 효용이 떨어진 것을 알면서 해당 장치가 설치된 자동차 등을 운전한 경우에는 면허가 정지된다.
❹ 음주운전으로 인한 면허 결격기간 이후 방지장치 부착차량만 운전가능한 면허를 취득한 때부터 장치를 부착한 차량만 운행할 수 있다.

한 줄 해설
①, ②, ③ 면허 취소사유에 해당한다.

038

운전자가 가짜 석유제품임을 알면서 차량 연료로 사용할 경우 처벌기준은?

① 과태료 5만 원~10만 원
② 과태료 50만 원~1백만 원
❸ 과태료 2백만 원~2천만 원
④ 처벌되지 않는다.

039

다음 중 전기자동차 충전 시설에 대해서 틀린 것은?

① 공용충전기란 휴게소·대형마트·관공서 등에 설치되어 있는 충전기를 말한다.
② 전기차의 충전방식으로는 교류를 사용하는 완속충전 방식과 직류를 사용하는 급속충전 방식이 있다.
❸ 공용충전기는 사전 등록된 차량에 한하여 사용이 가능하다.
④ 본인 소유의 부지를 가지고 있을 경우 개인용 충전 시설을 설치할 수 있다.

한 줄 해설
공용충전기는 전기자동차를 가지고 있는 운전자라면 누구나 이용 가능하다.

040

가짜 석유를 주유했을 때 자동차에 발생할 수 있는 문제점이 아닌 것은?

① 연료 공급장치 부식 및 파손으로 인한 엔진 소음 증가
② 연료를 분사하는 인젝터 파손으로 인한 출력 및 연비 감소
❸ 윤활성 상승으로 인한 엔진 마찰력 감소로 출력 저하
④ 연료를 공급하는 연료 고압 펌프 파손으로 시동 꺼짐

한 줄 해설
가짜 석유를 자동차 연료로 사용하였을 경우, 윤활성 저하로 인한 마찰력 증가로 연료 고압 펌프 및 인젝터 파손이 발생할 수 있다.

041

자동차에 승차하기 전 주변 점검사항으로 맞는 2가지는?

❶ 타이어 마모상태
❷ 전·후방 장애물 유무
③ 운전석 계기판 정상작동 여부
④ 브레이크 페달 정상작동 여부

한 줄 해설
③, ④ 승차 후 운전석에서의 점검사항에 해당한다.

042

일반적으로 무보수(MF; Maintenance Free)배터리 수명이 다한 경우, 점검창에 나타나는 색깔은?

① 황색 ❷ 백색
③ 검은색 ④ 녹색

043

다음 중 차량 연료로 사용될 경우, 가짜 석유제품으로 볼 수 없는 것은?

① 휘발유에 메탄올이 혼합된 제품
② 보통 휘발유에 고급 휘발유가 약 5% 미만으로 혼합된 제품
③ 경유에 등유가 혼합된 제품
❹ 경유에 물이 약 5% 미만으로 혼합된 제품

한 줄 해설
휘발유, 경유 등에 물과 침전물이 유입되는 경우는 품질 부적합 제품으로 본다.

044

수소가스 누출을 확인할 수 있는 방법이 아닌 것은?

① 가연성 가스검지기 활용 측정
② 비눗물을 통한 확인
❸ 가스 냄새를 맡아 확인
④ 수소검지기로 확인

한 줄 해설
수소는 무색, 무미, 무독한 특징을 가지고 있다.

045

수소차량의 안전수칙으로 틀린 것은?

① 충전하기 전 차량의 시동을 끈다.
❷ 충전소에서 흡연은 차량에서 떨어져서 한다.
③ 수소가스가 누설할 때에는 충전소 안전관리자에게 안전점검을 요청한다.
④ 수소차량의 충돌 등 교통사고 후에는 가스 안전점검을 받은 후 사용한다.

한 줄 해설
충전소 주변은 절대 금연이다.

046

다음 중 수소차량에서 누출을 확인하지 않아도 되는 곳은?

① 밸브와 용기의 접속부
② 조정기
③ 가스 호스와 배관 연결부
❹ 연료전지 부스트 인버터

047

전기차 충전을 위한 올바른 방법으로 적절하지 않은 것은?

① 충전할 때는 규격에 맞는 충전기와 어댑터를 사용한다.
② 충전 중에는 충전 커넥터를 임의로 분리하지 않고 충전 종료 버튼으로 종료한다.
③ 젖은 손으로 충전기 사용을 하지 않고 충전장치에 물이 들어가지 않도록 주의한다.
❹ 휴대용 충전기를 이용하여 충전할 경우 가정용 멀티탭이나 연장선을 사용한다.

한 줄 해설
전기차 충전을 위해 규격에 맞지 않는 멀티탭이나 연장선 사용 시 고전력으로 인한 화재 위험성이 있다.

048

법령상 자동차의 등화 종류와 그 등광색을 연결한 것으로 맞는 것은?

① 후퇴등 – 호박색 ② 번호등 – 청색
③ 후미등 – 백색 ❹ 제동등 – 적색

한 줄 해설
①, ②, ③ 후퇴등, 번호등은 백색이고, 후미등은 적색이다.

049

LPG차량의 연료특성에 대한 설명으로 적당하지 않은 것은?

① 일반적인 상온에서는 기체로 존재한다.
② 차량용 LPG는 독특한 냄새가 있다.
❸ 일반적으로 공기보다 가볍다.
④ 폭발 위험성이 크다.

한 줄 해설
일반적으로 공기보다 무겁다.

050

자동차의 제동력을 저하하는 원인으로 가장 거리가 먼 것은?

① 마스터 실린더 고장 ② 휠 실린더 불량
❸ 릴리스 포크 변형 ④ 베이퍼 록 발생

한 줄 해설
릴리스 포크는 릴리스 베어링 칼라에 끼워져 릴리스 베어링에 페달의 조작력을 전달하는 작동을 한다.

051

주행 보조장치가 장착된 자동차의 운전방법으로 바르지 않은 것은?

① 주행 보조장치를 사용하는 경우 주행 보조장치 작동 유지 여부를 수시로 확인하며 주행한다.
❷ 운전 개입 경고 시 주행 보조장치가 해제될 때까지 기다렸다가 개입해야 한다.
③ 주행 보조장치의 일부 또는 전체를 해제하는 경우 작동 여부를 확인한다.
④ 주행 보조장치가 작동되고 있더라도 즉시 개입할 수 있도록 대기하면서 운전한다.

한 줄 해설
운전 개입 경고 시 즉시 개입하여 운전해야 한다.

052

자동차를 안전하고 편리하게 주행할 수 있도록 보조해 주는 기능에 대한 설명으로 잘못된 것은?

① LFA(Lane Following Assist)는 "차로유지보조" 기능으로 자동차가 차로 중앙을 유지하며 주행할 수 있도록 보조해 주는 기능이다.
② ASCC(Adaptive Smart Cruise Control)는 "차간거리 및 속도유지" 기능으로 운전자가 설정한 속도로 주행하면서 앞차와의 거리를 유지하여 스스로 가·감속을 해주는 기능이다.
③ ABSD(Active Blind Spot Detection)는 "사각지대 감지" 기능으로 사각지대의 충돌 위험을 감지해 안전한 차로 변경을 돕는 기능이다.
❹ AEB(Autonomous Emergency Braking)는 "자동 긴급제동" 기능으로 브레이크 제동 시 타이어가 잠기는 것을 방지하여 제동거리를 줄여주는 기능이다.

한 줄 해설
④ ABS에 대한 설명이다. AEB는 운전자가 위험상황 발생 시 브레이크 작동을 하지 않거나 약하게 브레이크를 작동하여 충돌을 피할 수 없을 경우 시스템이 자동으로 긴급제동을 하는 기능이다.

053

자율주행시스템과 관련된 법령의 내용으로 틀린 것은?

❶ 도로교통법상 "운전"에는 도로에서 차마를 그 본래의 사용방법에 따라 자율주행시스템을 사용하는 것은 포함되지 않는다.
② 운전자가 자율주행시스템을 사용하여 운전하는 경우에는 휴대전화 사용금지 규정을 적용하지 아니한다.
③ 자율주행시스템의 직접 운전 요구에 지체없이 대응하지 아니한 자율주행 승용자동차의 운전자에 대한 범칙금액은 4만 원이다.
④ "자율주행시스템"이란 운전자 또는 승객의 조작 없이 주변상황과 도로정보 등을 스스로 인지하고 판단하여 자동차를 운행할 수 있게 하는 자동화 장비, 소프트웨어 및 이와 관련한 모든 장치를 말한다.

한 줄 해설
"운전"이란 도로에서 차마 또는 노면전차를 그 본래의 사용방법에 따라 사용하는 것(조종 또는 자율주행시스템을 사용하는 것을 포함한다)을 말한다.

054

다음 중 수소자동차의 주요 구성품이 아닌 것은?

① 연료전지 ② 구동모터
❸ 엔진 ④ 배터리

한 줄 해설
엔진은 내연기관 자동차의 구성품이다.

055

자동차 내연기관의 크랭크축에서 발생하는 회전력(순간적으로 내는 힘)을 무엇이라 하는가?

❶ 토크 ② 연비
③ 배기량 ④ 마력

056

자율주행자동차 상용화 촉진 및 지원에 관한 법령상 자율주행자동차에 대한 설명으로 잘못된 것은?

① 자율주행자동차의 종류는 완전자율주행자동차와 부분자율주행자동차로 구분할 수 있다.
② 완전자율주행자동차는 자율주행시스템만으로 운행할 수 있어 운전자가 없거나 운전자 또는 승객의 개입이 필요하지 아니한 자동차를 말한다.
③ 부분자율주행자동차는 자율주행시스템만으로 운행할 수 없거나 운전자가 지속적으로 주시할 필요가 있는 등 운전자 또는 승객의 개입이 필요한 자동차를 말한다.
❹ 자율주행자동차는 승용자동차에 한정되어 적용하고, 승합자동차나 화물자동차는 이 법이 적용되지 않는다.

한 줄 해설
자율주행차동차는 승용자동차에 한정되지 않고 승합자동차 또는 화물자동차에도 적용된다.

057

전기자동차 관리방법으로 옳지 않은 2가지는?

❶ 비사업용 승용자동차의 자동차검사 유효기간은 6년이다.
② 장거리 운전 시에는 사전에 배터리를 확인하고 충전한다.
③ 충전 직후에는 급가속, 급정지를 하지 않는 것이 좋다.
❹ 열선시트, 열선핸들보다 공기 히터를 사용하는 것이 효율적이다.

한 줄 해설
① 신조차를 제외하고 비사업용 승용자동차의 자동차검사 유효기간은 2년이다. ④ 내연기관이 없는 전기자동차의 경우, 히터 작동에 많은 전기에너지를 사용하므로 열선시트, 열선핸들을 사용하는 것이 좋다.

058

도로교통법령상 자동차(단, 어린이통학버스 제외) 창유리 가시광선 투과율의 규제를 받는 것은?

① 뒷좌석 옆면 창유리
❷ 앞면, 운전석 좌우, 옆면 창유리
③ 앞면, 운전석 좌우, 뒷면 창유리
④ 모든 창유리

059

자동차관리법령상 승용자동차는 몇 인 이하를 운송하기에 적합하게 제작된 자동차인가?

❶ 10인 ② 12인
③ 15인 ④ 18인

060

자동차관리법령상 비사업용 신규 승용자동차의 최초검사 유효기간은?

① 1년 ② 2년
③ 4년 ❹ 5년

061

자동차관리법상 자동차의 종류로 맞는 2가지는?

① 건설기계 ❷ 화물자동차
③ 경운기 ❹ 특수자동차

062

비사업용 및 대여사업용 전기자동차와 수소 연료전지자동차(하이브리드 자동차 제외) 전용번호판 색상으로 맞는 것은?

① 황색 바탕에 검은색 문자
❷ 파란색 바탕에 검은색 문자
③ 감청색 바탕에 흰색 문자
④ 보랏빛 바탕에 검은색 문자

063

다음 차량 중 하이패스차로 이용이 불가능한 차량은?

① 적재중량 16톤 덤프트럭
② 서울과 수원을 운행하는 2층 좌석버스
❸ 단차로인 경우, 차폭이 3.7m인 소방차량
④ 10톤 대형 구난차량

한 줄 해설
하이패스차로는 단차로 차폭 3.0m, 다차로 차폭 3.6m이다.

064

자동차관리법령상 비사업용 소형 승합자동차(2001년 이후 등록된 차령이 4년 초과)의 검사 유효기간으로 맞는 것은?

① 6개월 ❷ 1년
③ 2년 ④ 4년

065

자동차관리법령상 비사업용 소형 화물자동차(차령이 4년 이하)의 검사 유효기간으로 맞는 것은?

① 6개월 ② 1년
❸ 2년 ④ 4년

066

자동차관리법령상 신차 구입 시 임시운행 허가 유효기간의 기준은?

❶ 10일 이내 ② 15일 이내
③ 20일 이내 ④ 30일 이내

067

다음 중 자동차관리법령에 따른 자동차 변경등록 사유가 아닌 것은?

① 자동차의 사용본거지를 변경한 때
② 자동차의 차대번호를 변경한 때
❸ 소유권이 변동된 때
④ 법인의 명칭이 변경된 때

한 줄 해설
자동차 소유권의 변동이 된 때에는 이전등록을 하여야 한다.

068

자율주행자동차 운전자의 마음가짐으로 바르지 않은 것은?

❶ 자율주행자동차이므로 술에 취한 상태에서 운전해도 된다.
② 과로한 상태에서 자율주행자동차를 운전하면 아니 된다.
③ 자율주행자동차라 하더라도 향정신성의약품을 복용하고 운전하면 아니 된다.
④ 자율주행자동차의 운전 중에 휴대용 전화 사용이 불가능하다.

069

화물자동차 운수사업법에 따른 화물자동차 운송사업자는 관련 법령에 따라 운행기록장치에 기록된 운행기록을 ( ) 동안 보관하여야 한다. ( ) 안에 기준으로 맞는 것은?

① 3개월 ❷ 6개월
③ 1년 ④ 2년

070

자동차관리법령상 자동차를 이전 등록하고자 하는 자는 매수한 날부터 ( ) 이내에 등록해야 한다. ( )에 기준으로 맞는 것은?

❶ 15일 ② 20일
③ 30일 ④ 40일

071

자동차관리법령상 자동차의 정기검사의 기간은 검사유효기간 만료일 전 ( )일부터 후 ( )일 까지다. ( )에 기준으로 맞는 것은?

❶ 90일, 31일 ② 80일, 41일
③ 60일, 51일 ④ 50일, 61일

072

자동차손해배상보장법상 의무보험에 가입하지 않은 자동차보유자의 처벌 기준으로 맞는 것은?(자동차 미운행)

❶ 300만 원 이하의 과태료
② 500만 원 이하의 과태료
③ 1년 이하의 징역 또는 1천만 원 이하의 벌금
④ 2년 이하의 징역 또는 2천만 원 이하의 벌금

073

자동차관리법령상 자동차 소유권이 상속 등으로 변경될 경우에 해야 하는 등록은?

① 신규등록 ❷ 이전등록
③ 변경등록 ④ 말소등록

074

자동차관리법령상 자동차 소유자가 받아야 하는 자동차 검사의 종류가 아닌 것은?

① 수리검사 ❷ 특별검사
③ 튜닝검사 ④ 임시검사

075

다음 중 자동차를 매매한 경우 이전등록 담당기관은?

① 한국도로교통공단 ❷ 시·군·구청
③ 한국교통안전공단 ④ 시·도경찰청

076

자동차 등록의 종류가 아닌 것 2가지는?

① 경정등록 ❷ 권리등록
❸ 설정등록 ④ 말소등록

077

자동차(단, 어린이통학버스 제외) 앞면 창유리의 가시광선 투과율 기준으로 맞는 것은?

① 40퍼센트 ② 50퍼센트
③ 60퍼센트 ❹ 70퍼센트

078

주행 중 브레이크가 작동되는 운전행동과정을 올바른 순서로 연결한 것은?

❶ 위험인지 → 상황판단 → 행동명령 → 브레이크 작동
② 위험인지 → 행동명령 → 상황판단 → 브레이크 작동
③ 상황판단 → 위험인지 → 행동명령 → 브레이크 작동
④ 행동명령 → 위험인지 → 상황판단 → 브레이크 작동

079

다음 중 자동차에 부착된 에어백의 구비조건으로 가장 거리가 먼 것은?

① 높은 온도에서 인장강도 및 내열강도
② 낮은 온도에서 인장강도 및 내열강도
③ 파열강도를 지니고 내마모성, 유연성
❹ 운전자와 접촉하는 충격에너지 극대화

한 줄 해설
자동차가 충돌할 때 운전자와 직접 접촉하여 충격 에너지를 흡수해주어야 한다.

080

다음 중 운전자 등이 차량 승하차 시 주의사항으로 맞는 것은?

❶ 타고 내릴 때는 뒤에서 오는 차량이 있는지를 확인한다.
② 문을 열 때는 완전히 열고 나서 곧바로 내린다.
③ 뒷좌석 승차자가 하차할 때 운전자는 전방을 주시해야 한다.
④ 운전석을 일시적으로 떠날 때에는 시동을 끄지 않아도 된다.

081

도로교통법상 올바른 운전방법으로 연결된 것은?

① 학교 앞 보행로 – 어린이에게 차량이 지나감을 알릴 수 있도록 경음기를 울리며 지나간다.
② 철길 건널목 – 차단기가 내려가려고 하는 경우 신속히 통과한다.
❸ 신호 없는 교차로 – 우회전을 하는 경우 미리 도로의 우측 가장자리를 서행하면서 우회전한다.
④ 야간 운전 시 – 차가 마주 보고 진행하는 경우 반대편 차량의 운전자가 주의할 수 있도록 전조등을 상향으로 조정한다.

한 줄 해설
① 학교 앞 보행로에서 어린이가 지나갈 경우 일시정지해야 한다. ② 철길 건널목에서 차단기가 내려가려고 하는 경우 진입하면 안 된다. ④ 야간 운전 시에는 반대편 차량의 주행에 방해가 되지 않도록 전조등을 하향으로 조정해야 한다.

082

앞지르기에 대한 내용으로 올바른 것은?

① 터널 안에서는 주간에는 앞지르기가 가능하지만 야간에는 앞지르기가 금지된다.
② 앞지르기할 때에는 전조등을 켜고 경음기를 울리면서 좌측이나 우측 관계없이 할 수 있다.
❸ 다리 위나 교차로는 앞지르기가 금지된 장소이므로 앞지르기를 할 수 없다.
④ 앞차의 우측에 다른 차가 나란히 가고 있을 때에는 앞지르기를 할 수 없다.

한 줄 해설
① 터널 안에서는 앞지르기가 금지된다. ② 앞지르기는 좌측으로만 할 수 있다. ④ 모든 차의 운전자는 앞차의 좌측에 다른 차가 앞차와 나란히 가고 있는 경우에는 앞차를 앞지르지 못한다.

083

다음 중 운전자의 올바른 마음가짐으로 가장 바람직하지 않은 것은?

❶ 교통상황은 변경되지 않으므로 사전운행 계획을 세울 필요는 없다.
② 차량용 소화기를 차량 내부에 비치하여 화재발생에 대비한다.
③ 차량 내부에 휴대용 라이터 등 인화성 물건을 두지 않는다.
④ 초보운전자에게 배려운전을 한다.

한 줄 해설
교통상황은 시간·장소·날씨 등에 따라 수시로 변할 수 있으므로 운전자는 반드시 사전에 운행 계획을 세워 안전운전을 준비해야 한다.

084

다음 중 운전자의 올바른 운전행위로 가장 적절한 것은?

① 졸음운전은 교통사고 위험이 있어 갓길에 세워두고 휴식한다.
② 초보운전자는 고속도로에서 앞지르기 차로로 계속 주행한다.
③ 교통단속용 장비의 기능을 방해하는 장치를 장착하고 운전한다.
❹ 교통안전 위험요소 발견 시 비상점멸등으로 주변에 알린다.

085

다음 중 운전자의 올바른 마음가짐으로 가장 적절하지 않은 것은?

① 정속주행 등 올바른 운전습관을 가지려는 마음
❷ 정체되는 도로에서 갓길(길가장자리)로 통행하려는 마음
③ 교통법규는 서로 간의 약속이라고 생각하는 마음
④ 자동차의 빠른 소통보다는 보행자를 우선으로 생각하는 마음

086

다음 중 교통사고가 발생한 경우 운전자 책임으로 가장 거리가 먼 것은?

① 형사책임 ② 행정책임
③ 민사책임 ❹ 공고책임

한 줄 해설
①, ②, ③ 벌금 부과 등 형사책임, 벌점에 따른 행정책임, 손해배상에 따른 민사책임이 따른다.

087

고속도로 운전 중 교통사고 발생 현장에서의 운전자 대응 방법으로 바르지 않은 것은?

① 동승자의 부상정도에 따라 응급조치한다.
② 비상표시등을 켜는 등 후행 운전자에게 위험을 알린다.
❸ 사고차량 후미에서 경찰공무원이 도착할 때까지 교통정리를 한다.
④ 2차사고 예방을 위해 안전한 곳으로 이동한다.

한 줄 해설
사고차량 뒤쪽은 2차사고의 위험이 있으므로 안전한 장소로 이동하는 것이 바람직하다.

088

승용자동차에 영유아와 동승하는 경우 운전자의 행동으로 가장 올바른 것은?

① 운전석 옆좌석에 성인이 영유아를 안고 좌석안전띠를 착용한다.
② 운전석 뒷좌석에 영유아가 착석한 경우 유아보호용 장구 없이 좌석안전띠를 착용하여도 된다.
③ 운전 중 영유아가 보채는 경우 이를 달래기 위해 운전석에서 영유아와 함께 좌석안전띠를 착용한다.
❹ 영유아가 탑승하는 경우 도로를 불문하고 유아보호용 장구를 장착한 후에 좌석안전띠를 착용시킨다.

089

운전자 준수 사항으로 맞는 것 2가지는?

❶ 어린이교통사고 위험이 있을 때에는 일시정지한다.
❷ 물이 고인 곳을 지날 때는 다른 사람에게 피해를 주지 않기 위해 감속한다.
③ 자동차 유리창의 밝기를 규제하지 않으므로 짙은 틴팅(선팅)을 한다.
④ 보행자가 전방 횡단보도를 통행하고 있을 때에는 서행한다.

한 줄 해설
③ 자동차 유리창은 법령에서 정한 가시광선 투과율 기준을 충족해야 하므로 짙은 선팅은 허용되지 않는다. ④ 보행자가 횡단보도를 통과하고 있을 때에는 일시정지하여야 한다.

090

다음 중 고속도로에서 운전자의 바람직한 운전행위 2가지는?

① 피로한 경우 갓길에 정차하여 안정을 취한 후 출발한다.
② 평소 즐겨보는 동영상을 보면서 운전한다.
❸ 주기적인 휴식이나 환기를 통해 졸음운전을 예방한다.
❹ 출발 전뿐만 아니라 휴식 중에도 목적지까지 경로의 위험 요소를 확인하며 운전한다.

091

다음 중 안전운전에 필요한 운전자의 준비사항으로 가장 바람직하지 않은 것은?

① 주의력이 산만해지지 않도록 몸상태를 조절한다.
② 운전기기 조작에 편안하고 운전에 적합한 복장을 착용한다.
③ 불꽃 신호기 등 비상 신호도구를 준비한다.
❹ 연료절약을 위해 출발 10분 전에 시동을 켜 엔진을 예열한다.

한 줄 해설
자동차의 공회전은 환경오염을 유발할 수 있다.

092

운전 중 집중력에 대한 내용으로 가장 적합한 2가지는?

① 운전 중 동승자와 계속 이야기를 나누는 것은 집중력을 높여 준다.
❷ 운전자의 시야를 가리는 차량 부착물은 제거하는 것이 좋다.
③ 운전 중 집중력은 안전운전과는 상관이 없다.
❹ TV/DMB는 뒷좌석 동승자들만 볼 수 있는 곳에 장착하는 것이 좋다.

093

도로교통법상 자동차(이륜자동차 제외)에 영유아를 동승하는 경우 유아보호용 장구를 사용토록 한다. 영유아에 해당하는 나이 기준은?

① 8세 이하　② 8세 미만
❸ 6세 미만　④ 6세 이하

094

도로교통법령상 개인형 이동장치에 대한 규정과 안전한 운전방법으로 틀린 것은?

① 운전자는 밤에 도로를 통행할 때에는 전조등과 미등을 켜야 한다.
② 개인형 이동장치 중 전동킥보드의 승차정원은 1인이므로 2인이 탑승하면 안 된다.
❸ 개인형 이동장치는 전동이륜평행차, 전동킥보드, 전기자전거, 전동휠, 전동스쿠터 등 개인이 이동하기에 적합한 이동장치를 포함하고 있다.
④ 전동기의 동력만으로 움직일 수 있는 자전거의 경우 승차정원은 2인이다.

한 줄 해설
개인형 이동장치에 전기자전거와 전동스쿠터는 해당되지 않는다.

095

다음 중 자동차(이륜자동차 제외) 좌석안전띠 착용에 대한 설명으로 맞는 것은?

① 13세 미만 어린이가 좌석안전띠를 미착용하는 경우 운전자에 대한 과태료는 10만 원이다.
❷ 13세 이상의 동승자가 좌석안전띠를 착용하지 않은 경우 운전자에 대한 과태료는 3만 원이다.
③ 일반도로에서는 운전자와 조수석 동승자만 좌석안전띠 착용 의무가 있다.
④ 전좌석 안전띠 착용은 의무이나 3세 미만 영유아는 보호자가 안고 동승이 가능하다.

한 줄 해설

① 안전띠를 미착용할 경우 동승자가 13세 미만인 경우에는 과태료 6만 원이다. ③ 운전자뿐만 아니라 모든 동승자가 안전띠를 착용해야 한다. ④ 3세 미만 영유아는 반드시 유아용 보호장구에 탑승해야 한다.

096

교통사고를 예방하기 위한 운전자세로 맞는 것은?

❶ 방향지시등으로 진행방향을 명확히 알린다.
② 급조작과 급제동을 자주 한다.
③ 나에게 유리한 쪽으로 추측하면서 운전한다.
④ 다른 운전자의 법규위반은 반드시 보복한다.

097

다음 중 운전자의 올바른 운전행위로 가장 바람직하지 않은 것은?

① 제한속도 내에서 교통흐름에 따라 운전한다.
❷ 초보운전인 경우 고속도로에서 갓길을 이용하여 교통흐름을 방해하지 않는다.
③ 도로에서 자동차를 세워둔 채 다툼행위를 하지 않는다.
④ 연습운전면허 소지자는 법규에 따른 동승자와 동승하여 운전한다.

한 줄 해설

고속도로에서 갓길운전을 해서는 안 된다.

098

도로교통법령상 양보 운전에 대한 설명 중 가장 알맞은 것은?

① 계속하여 느린 속도로 운행 중일 때에는 도로 좌측 가장자리로 피하여 차로를 양보한다.
② 긴급자동차가 뒤따라올 때에는 신속하게 진행한다.
③ 신호등 없는 교차로에 동시에 들어가려고 하는 차의 운전자는 좌측도로의 차에 진로를 양보하여야 한다.
❹ 양보표지가 설치된 도로의 주행 차량은 다른 도로의 주행 차량에 차로를 양보하여야 한다.

한 줄 해설

① 느린 속도의 차량은 우측 가장자리로 통행·양보해야 한다. ② 긴급자동차 접근 시에는 도로의 우측 가장자리로 피한 뒤 일시정지하여 진로를 양보해야 한다. ③ 신호기 없는 교차로에서는 우측 도로에서 오는 차량에 양보해야 한다.

099

교통약자의 이동편의 증진법에 따른 '교통약자'에 해당되지 않는 사람은?

① 고령자
② 임산부
③ 영유아를 동반한 사람
❹ 반려동물을 동반한 사람

100

교통약자의 이동편의 증진법에 따른 교통약자를 위한 '보행안전 시설물'로 보기 어려운 것은?

① 속도저감 시설
❷ 자전거 전용도로
③ 대중 교통정보 알림 시설 등 교통안내 시설
④ 보행자 우선 통행을 위한 교통신호기

101

도로교통법상 서행으로 운전하여야 하는 경우는?

① 교차로의 신호기가 적색등화의 점멸일 때
② 교통정리를 하고 있지 아니하고 교통이 빈번한 교차로를 통과할 때
❸ 교통정리를 하고 있지 아니하는 교차로를 통과할 때
④ 교차로 부근에서 차로를 변경하는 경우

102

정체된 교차로에서 좌회전할 경우 가장 옳은 방법은?

① 가급적 앞차를 따라 진입한다.
② 녹색등화가 켜진 경우에는 진입해도 무방하다.
③ 적색등화가 켜진 경우라도 공간이 생기면 진입한다.
❹ 녹색 화살표의 등화라도 진입하지 않는다.

한 줄 해설

모든 차의 운전자는 신호등이 있는 교차로에 들어가려는 경우에는 진행하고자 하는 차로의 앞쪽에 있는 차의 상황에 따라 교차로에 정지하여야 하며, 다른 차의 통행에 방해가 될 우려가 있는 경우에는 그 교차로에 들어가서는 아니 된다.

103

고속도로 가속차로에서 주행차로로의 진입 방법으로 옳은 것은?

① 반드시 일시정지하여 교통 흐름을 살핀 후 신속하게 진입한다.
② 진입 전 일시정지하여 주행 중인 차량이 있을 때 급진입한다.
③ 진입할 공간이 부족하더라도 뒤차를 생각하여 무리하게 진입한다.
❹ 가속 차로를 이용하여 일정 속도를 유지하면서 충분한 공간을 확보한 후 진입한다.

104

고속도로 본선 우측 차로에 서행하는 A차량이 있다. 이때 B차량의 안전한 본선 진입 방법으로 가장 알맞은 것은?

❶ 서서히 속도를 높여 진입하되 A차량이 지나간 후 진입한다.
② 가속하여 비어있는 갓길을 이용하여 진입한다.
③ 가속차로 끝에서 정차하였다가 A차량이 지나가고 난 후 진입한다.
④ 가속차로에서 A차량과 동일한 속도로 계속 주행한다.

105

어린이가 보호자 없이 도로를 횡단할 때 운전자의 올바른 운전행위로 가장 바람직한 것은?

① 반복적으로 경음기를 울려 어린이가 빨리 횡단하도록 한다.
② 서행하여 도로를 횡단하는 어린이의 안전을 확보한다.
❸ 일시정지하여 도로를 횡단하는 어린이의 안전을 확보한다.
④ 빠르게 지나가서 도로를 횡단하는 어린이의 안전을 확보한다.

106

신호등이 없고 좌·우를 확인할 수 없는 교차로에 진입 시 가장 안전한 운행 방법은?

① 주변 상황에 따라 서행으로 안전을 확인한 다음 통과한다.
② 경음기를 울리고 전조등을 점멸하면서 진입한 다음 서행하며 통과한다.
❸ 반드시 일시정지 후 안전을 확인한 다음 양보 운전 기준에 따라 통과한다.
④ 먼저 진입하면 최우선이므로 주변을 살피면서 신속하게 통과한다.

107

교차로에서 좌회전할 때 가장 위험한 요인은?

① 우측 도로의 횡단보도를 횡단하는 보행자
② 우측 차로 후방에서 달려오는 오토바이
③ 좌측 도로에서 우회전하는 승용차
❹ 반대편 도로에서 우회전하는 자전거

한 줄 해설
교차로에서 좌회전할 때에는 마주보는 도로에서 우회전하는 차량에 주의하여야 한다.

108

도로교통법에 따라 개인형 이동장치를 운전하는 사람의 자세로 가장 알맞은 것은?

① 보도를 통행하는 경우 보행자를 피해서 운전한다.
② 술을 마시고 운전하는 경우 특별히 주의하며 운전한다.
❸ 횡단보도와 자전거횡단도가 있는 경우 자전거횡단도를 이용하여 운전한다.
④ 횡단보도를 횡단하는 경우 횡단보도를 이용하는 보행자를 피해서 운전한다.

한 줄 해설
④ 개인형 이동장치의 운전자가 횡단보도를 이용하여 도로를 횡단할 때에는 내려서 끌거나 들고 보행하여야 한다.

109

안전속도 5030 교통안전정책에 관한 내용으로 옳은 것은?

① 자동차 전용도로 매시 50킬로미터 이내, 도시부 주거지역 이면도로 매시 30킬로미터
❷ 도시부 지역 일반도로 매시 50킬로미터 이내, 도시부 주거지역 이면도로 매시 30킬로미터 이내
③ 자동차 전용도로 매시 50킬로미터 이내, 어린이 보호구역 매시 30킬로미터 이내
④ 도시부 지역 일반도로 매시 50킬로미터 이내, 자전거 도로 매시 30킬로미터 이내

110

도로교통법령상 운전 중 서행을 하여야 하는 경우 또는 장소에 해당하는 2가지는?

❶ 신호등이 없는 교차로
② 어린이가 보호자 없이 도로를 횡단하는 때
③ 앞을 보지 못하는 사람이 흰색 지팡이를 가지고 도로를 횡단하고 있는 때
❹ 도로가 구부러진 부근

한 줄 해설
②, ③ 일시정지하여야 한다.

111

다음 중 회전교차로의 통행방법으로 가장 적절한 2가지는?

❶ 회전교차로에서 이미 회전하고 있는 차량이 우선이다.
② 회전교차로에 진입하고자 하는 경우 신속히 진입한다.
③ 회전교차로 진입 시 비상점멸등을 켜고 진입을 알린다.
❹ 회전교차로에서는 반시계방향으로 주행한다.

한 줄 해설
② 모든 차의 운전자는 회전교차로에 진입하려는 경우에는 서행하거나 일시정지하여야 한다. ③ 회전교차로 진입 시 방향지시등을 켜고 진입을 알린다.

112

고속도로를 주행할 때 옳은 2가지는?

❶ 모든 좌석에서 안전띠를 착용하여야 한다.
② 고속도로를 주행하는 차는 진입하는 차에 대해 차로를 양보하여야 한다.
③ 고속도로를 주행하고 있다면 긴급자동차가 진입한다 하여도 양보할 필요는 없다.
❹ 고장자동차의 표지(안전삼각대 포함)를 가지고 다녀야 한다.

한 줄 해설
② 고속도로를 진입하는 차는 주행하는 차에 대해 차로를 양보해야 한다. ③ 주행 중 긴급자동차가 진입하면 양보해야 한다.

113

다음 설명 중 맞는 2가지는?

① 양보 운전의 노면표시는 흰색 '△'로 표시한다.
❷ 양보표지가 있는 차로를 진행 중인 차는 다른 차로의 주행차량에 차로를 양보하여야 한다.
❸ 일반도로에서 차로를 변경할 때에는 30미터 전에서 신호 후 차로 변경한다.
④ 원활한 교통을 위해서는 무리가 되더라도 속도를 내어 차간거리를 좁혀서 운전하여야 한다.

한 줄 해설
① 양보 운전의 노면표시는 흰색 '▽'로 표시한다.

114

교통정리가 없는 교차로에서의 양보 운전에 대한 내용으로 맞는 것 2가지는?

❶ 좌회전하고자 하는 차의 운전자는 그 교차로에서 직진 또는 우회전하려는 차에 진로를 양보해야 한다.
② 교차로에 들어가고자 하는 차의 운전자는 이미 교차로에 들어가 있는 좌회전 차가 있을 때에는 그 차에 진로를 양보할 의무가 없다.
③ 교차로에 들어가고자 하는 차의 운전자는 폭이 좁은 도로에서 교차로에 진입하려는 차가 있을 경우에는 그 차에 진로를 양보해서는 안 된다.
❹ 우선순위가 같은 차가 교차로에 동시에 들어가고자 하는 때에는 우측 도로의 차에 진로를 양보해야 한다.

한 줄 해설
② 새로 들어가려는 차량은 반드시 이미 교차로 안에 있는 차량에 진로를 양보해야 한다. ③ 넓은 도로에서 오는 차량은 좁은 도로에서 들어오는 차량에게 진로를 양보해야 한다.

115

도로교통법령상 개인형 이동장치에 대한 설명으로 바르지 않은 것 2가지는?

① 시속 25킬로미터 이상으로 운행할 경우 전동기가 작동하지 않아야 한다.
❷ 전동킥보드, 전동이륜평행차, 전동보드가 해당된다.
③ 자전거 등에 속한다.
❹ 전동기의 동력만으로 움직일 수 없는(Pedal Assist System, PAS) 전기자전거를 포함한다.

한 줄 해설
개인형 이동장치는 전동킥보드, 전기이륜평행차, 전동기의 동력만으로 움직일 수 있는 자전거(Throttle형 전기자전거)를 포함한다.

116

교통사고를 일으킬 가능성이 가장 높은 운전자는?

① 운전에만 집중하는 운전자
❷ 급출발, 급제동, 급차로변경을 반복하는 운전자
③ 자전거나 이륜차에게 안전거리를 확보하는 운전자
④ 조급한 마음을 버리고 인내하는 마음을 갖춘 운전자

117

다음 중 운전자의 올바른 운전태도로 가장 바람직하지 않은 것은?

① 신호기의 신호보다 교통경찰관의 신호가 우선임을 명심한다.
② 교통 환경 변화에 따라 개정되는 교통법규를 숙지한다.
❸ 긴급자동차를 발견한 즉시 장소에 관계없이 일시정지하고 진로를 양보한다.
④ 폭우 시 또는 장마철 자주 비가 내리는 도로에서는 포트홀(Pothole)을 주의한다.

한 줄 해설
긴급자동차에 진로를 양보하는 것은 맞으나 교차로 내 또는 교차로 부근이 아닌 곳에서 긴급자동차에 진로를 양보하여야 한다.

118

교통정리를 하고 있지 아니한 교차로에 직진하기 위하여 진입하려 한다. 맞은편 차로에서 좌회전하려는 차가 이미 교차로에 진입한 경우 운전자의 올바른 운전방법은?

❶ 다른 차가 있을 때에는 그 차에 진로를 양보한다.
② 다른 차가 있더라도 직진차가 우선이므로 먼저 통과한다.
③ 다른 차가 있을 때에는 좌·우를 확인하고 그 차와 상관없이 신속히 교차로를 통과한다.
④ 다른 차가 있더라도 본인의 주행차로가 상대차의 차로보다 더 넓은 경우 통행 우선권에 따라 그대로 진입한다.

119

도로교통법령상 개인형 이동장치의 승차정원에 대한 설명으로 틀린 것은?

① 전동킥보드의 승차정원은 1인이다.
② 전동이륜평행차의 승차정원은 1인이다.
❸ 전동기의 동력만으로 움직일 수 있는 자전거의 경우 승차정원은 1인이다.
④ 승차정원을 위반한 경우 범칙금 4만 원을 부과한다.

한 줄 해설

전동기의 동력만으로 움직일 수 있는 자전거의 경우 승차정원은 2명이다.

120

운전자가 갖추어야 할 올바른 자세로 가장 맞는 것은?

❶ 소통과 안전을 생각하는 자세
② 사람보다는 자동차를 우선하는 자세
③ 다른 차보다는 내 차를 먼저 생각하는 자세
④ 교통사고는 준법운전보다 운이 좌우한다는 자세

121

도로교통법상 음주운전 방지장치 부착 조건부 운전면허를 받은 사람에 대한 설명으로 틀린 것은?

① 자동차 등을 운전하려는 경우 음주운전 방지장치를 설치하고, 시·도경찰청장에게 등록하여야 한다.
② 음주운전 방지장치가 설치되지 않은 자동차 등을 운전하여서는 아니 된다.
❸ 설치기준에 적합하지 아니한 음주운전 방지장치가 설치된 자동차 등은 운전이 가능하다.
④ 연 2회 이상 음주운전 방지장치 부착 자동차 등의 운행기록을 시·도경찰청장에게 제출하여야 한다.

한 줄 해설

설치기준에 적합하지 아니한 음주운전 방지장치가 설치된 자동차 등을 운전하여서는 아니 된다.

122

도로교통법상 과로(졸음운전 포함)로 인하여 정상적으로 운전하지 못할 우려가 있는 상태에서 자동차를 운전한 사람에 대한 벌칙으로 맞는 것은?

① 처벌하지 않는다.
② 10만 원 이하의 벌금이나 구류에 처한다.
③ 20만 원 이하의 벌금이나 구류에 처한다.
❹ 30만 원 이하의 벌금이나 구류에 처한다.

123

운전자의 피로는 운전 행동에 영향을 미치게 된다. 피로가 운전 행동에 미치는 영향을 바르게 설명한 것은?

① 주변 자극에 대해 반응 동작이 빠르게 나타난다.
② 시력이 떨어지고 시야가 넓어진다.
❸ 지각 및 운전 조작 능력이 떨어진다.
④ 치밀하고 계획적인 운전 행동이 나타난다.

124

승용자동차를 음주운전한 경우 처벌 기준에 대한 설명으로 틀린 것은?

① 최초 위반 시 혈중알코올농도가 0.2퍼센트 이상인 경우 2년 이상 5년 이하의 징역이나 1천만 원 이상 2천만 원 이하의 벌금

② 음주 측정 거부 1회 위반 시 1년 이상 5년 이하의 징역이나 5백만 원 이상 2천만 원 이하의 벌금

❸ 혈중알코올농도가 0.05퍼센트로 2회 위반한 경우 1년 이하의 징역이나 5백만 원 이하의 벌금

④ 최초 위반 시 혈중알코올농도가 0.08퍼센트 이상 0.2퍼센트 미만의 경우 1년 이상 2년 이하의 징역이나 5백만 원 이상 1천만 원 이하의 벌금

한 줄 해설

③ 해당 경우는 1년 이상 5년 이하의 징역이나 500만 원 이상 2천만 원 이하의 벌금에 처한다.

125

운전자가 피로한 상태에서 운전하게 되면 속도 판단을 잘 못하게 된다. 그 내용이 맞는 것은?

① 좁은 도로에서는 실제 속도보다 느리게 느껴진다.

② 주변이 탁 트인 도로에서는 실제보다 빠르게 느껴진다.

❸ 멀리서 다가오는 차의 속도를 과소평가하다가 사고가 발생할 수 있다.

④ 고속도로에서 전방에 정지한 차를 주행 중인 차로 잘못 아는 경우는 발생하지 않는다.

한 줄 해설

① 좁은 도로에서는 실제 속도보다 빠르게 느껴진다. ② 주변이 탁 트인 도로에서는 실제보다 느리게 느껴진다. ④ 고속도로에서 전방에 정지한 차를 주행 중인 차로 잘못 알고 충돌 사고가 발생할 수 있다.

126

자동차를 운행할 때 공주거리에 영향을 줄 수 있는 경우로 맞는 2가지는?

① 비가 오는 날 운전하는 경우

❷ 술에 취한 상태로 운전하는 경우

③ 차량의 브레이크액이 부족한 상태로 운전하는 경우

❹ 운전자가 피로한 상태로 운전하는 경우

한 줄 해설

공주거리는 운전자의 심신의 상태에 따라 영향을 주게 된다.

127

음주운전자에 대한 처벌 기준으로 맞는 2가지는?

❶ 혈중알코올농도 0.08퍼센트 이상의 만취 운전자는 운전면허 취소와 형사처벌을 받는다.

❷ 경찰관의 음주측정에 불응하거나 혈중알코올농도 0.03퍼센트 이상의 상태에서 인적 피해의 교통사고를 일으킨 경우 운전면허 취소와 형사처벌을 받는다.

③ 혈중알코올농도 0.03퍼센트 이상 0.08퍼센트 미만의 단순 음주운전일 경우에는 120일간의 운전면허 정지와 형사처벌을 받는다.

④ 처음으로 혈중알코올농도 0.03퍼센트 이상 0.08퍼센트 미만의 음주운전자가 물적 피해의 교통사고를 일으킨 경우에는 운전면허가 취소된다.

128

음주운전 관련 내용 중 맞는 2가지는?

① 호흡측정에 의한 음주측정 결과에 불복하는 경우 다시 호흡 측정을 할 수 있다.

② 도로교통법상 음주측정방해행위를 처벌하는 규정은 없다.

❸ 술에 취한 상태로 자전거를 운전한 후 음주측정방해행위를 한 사람은 처벌이 가능하다.

❹ 술에 취한 상태에 있다고 인정할 만한 상당한 이유가 있음에도 경찰공무원의 음주측정에 응하지 않은 자동차 등의 운전자는 운전면허가 취소된다.

한 줄 해설

① 혈액 채취 등의 방법으로 측정을 요구할 수 있다. ② 음주측정방해행위를 처벌하는 규정이 있다.

129

피로 및 과로, 졸음운전과 관련된 설명 중 맞는 것 2가지는?

① 피로한 상황에서는 졸음운전이 빈번하므로 카페인 섭취를 늘리고 단조로운 상황을 피하기 위해 진로변경을 자주한다.
② 변화가 적고 위험 사태의 출현이 적은 도로에서는 주의력이 향상되어 졸음운전 행동이 줄어든다.
❸ 감기약 복용 시 졸음이 올 수 있기 때문에 안전을 위해 운전을 지양해야 한다.
❹ 음주운전을 할 경우 대뇌의 기능이 비활성화되어 졸음운전의 가능성이 높아진다.

130

질병·과로로 인해 정상적인 운전을 하지 못할 우려가 있는 상태에서 자동차를 운전하다가 단속된 경우 어떻게 되는가?

① 과태료가 부과될 수 있다.
② 운전면허가 정지될 수 있다.
❸ 구류 또는 벌금에 처한다.
④ 처벌받지 않는다.

131

마약 등 약물복용으로 정상적으로 운전하지 못할 우려가 있는 상태에서 자동차를 운전하다가 인명피해 교통사고를 야기한 경우 교통사고처리 특례법상 운전자의 책임으로 맞는 것은?

❶ 책임보험만 가입되어 있으나 추가적으로 피해자와 합의하더라도 형사처벌된다.
② 운전자보험에 가입되어 있으면 형사처벌이 면제된다.
③ 종합보험에 가입되어 있으면 형사처벌이 면제된다.
④ 종합보험에 가입되어 있고 추가적으로 피해자와 합의한 경우에는 형사처벌이 면제된다.

132

혈중알코올농도 0.03퍼센트 이상 상태의 운전자 갑이 신호대기 중인 상황에서 뒤차(운전자 을)가 추돌한 경우에 맞는 설명은?

① 음주운전이 중한 위반행위이기 때문에 갑이 사고의 가해자로 처벌된다.
❷ 사고의 가해자는 을이 되지만, 갑의 음주운전은 별개로 처벌된다.
③ 갑은 피해자이므로 운전면허에 대한 행정처분을 받지 않는다.
④ 을은 교통사고 원인과 결과에 따른 벌점은 없다.

133

도로교통법상 운전이 금지되는 술에 취한 상태의 기준은 운전자의 혈중알코올농도가 (　)로 한다. (　) 안에 맞는 것은?

① 0.01퍼센트 이상인 경우
② 0.02퍼센트 이상인 경우
❸ 0.03퍼센트 이상인 경우
④ 0.08퍼센트 이상인 경우

134

다음은 피로운전과 약물복용 운전에 대한 설명이다. 맞는 2가지는?

① 피로한 상태에서의 운전은 졸음운전으로 이어질 가능성이 낮다.
❷ 피로한 상태에서의 운전은 주의력, 판단능력, 반응속도의 저하를 가져오기 때문에 위험하다.
❸ 마약을 복용하고 운전을 하다가 교통사고로 사람을 상해에 이르게 한 운전자는 처벌될 수 있다.
④ 마약을 복용하고 운전을 하다가 교통사고로 사람을 상해에 이르게 하고 도주하여 운전면허가 취소된 경우에는 3년이 경과해야 운전면허 취득이 가능하다.

135

다음 중 보복운전 예방하는 방법이라고 볼 수 없는 것은?

① 긴급제동 시 비상점멸등 켜주기
② 반대편 차로에서 차량이 접근 시 상향전조등 끄기
❸ 속도를 올릴 때 전조등을 상향으로 켜기
④ 앞차가 지연 출발할 때는 3초 정도 배려하기

136

다음 중 보복운전을 당했을 때 신고하는 방법으로 가장 적절하지 않은 것은?

❶ 120에 신고한다.
② 112에 신고한다.
③ 스마트폰 '안전신문고'에 신고한다.
④ 사이버 경찰청에 신고한다.

137

도로교통법상 ( )의 운전자는 도로에서 2명 이상이 공동으로 2대 이상의 자동차 등을 정당한 사유 없이 앞뒤로 줄지어 통행하면서 교통상의 위험을 발생하게 하여서는 아니 된다. 이를 위반한 경우 ( )으로 처벌될 수 있다. ( ) 안에 각각 바르게 짝지어진 것은?

① 전동이륜평행차, 1년 이하의 징역 또는 500만 원 이하의 벌금
② 이륜자동차, 6개월 이하의 징역 또는 300만 원 이하의 벌금
❸ 특수자동차, 2년 이하의 징역 또는 500만 원 이하의 벌금
④ 원동기장치자전거, 6개월 이하의 징역 또는 300만 원 이하의 벌금

138

피해 차량을 뒤따르던 승용차 운전자가 중앙선을 넘어 앞지르기하여 급제동하는 등 위협 운전을 한 경우에는 「형법」에 따른 보복운전으로 처벌받을 수 있다. 이에 대한 처벌기준으로 맞는 것은?

❶ 7년 이하의 징역 또는 1천만 원 이하의 벌금에 처한다.
② 10년 이하의 징역 또는 2천만 원 이하의 벌금에 처한다.
③ 1년 이상의 유기징역에 처한다.
④ 1년 6월 이상의 유기징역에 처한다.

139

승용차 운전자가 차로 변경 시비에 분노해 상대차량 앞에서 급제동하자, 이를 보지 못하고 뒤따르던 화물차가 추돌하여 화물차 운전자가 다친 경우에는 「형법」에 따른 보복운전으로 처벌받을 수 있다. 이에 대한 처벌기준으로 맞는 것은?(중상해는 아님)

❶ 1년 이상 10년 이하의 징역
② 1년 이상 20년 이하의 징역
③ 2년 이상 10년 이하의 징역
④ 2년 이상 20년 이하의 징역

140

다음 중 도로교통법상 난폭운전 적용 대상이 아닌 것은?

① 최고속도의 위반
② 횡단·유턴·후진 금지 위반
❸ 끼어들기
④ 연속적으로 경음기를 울리는 행위

141

자동차 등(개인형 이동장치는 제외)의 운전자가 다음의 행위를 반복하여 다른 사람에게 위협을 가하는 경우 난폭운전으로 처벌받게 된다. 난폭운전의 대상 행위가 아닌 것은?

① 신호 또는 지시 위반
② 횡단·유턴·후진 금지 위반
③ 정당한 사유 없는 소음 발생
❹ 고속도로에서의 지정차로 위반

142

승용차 운전자가 난폭운전을 하는 경우 도로교통법에 따른 처벌기준으로 맞는 것은?

① 범칙금 6만 원의 통고처분을 받는다.
② 과태료 3만 원이 부과된다.
③ 6개월 이하의 징역이나 200만 원 이하의 벌금에 처한다.
❹ 1년 이하의 징역 또는 500만 원 이하의 벌금에 처한다.

143

고속도로를 주행하는 차량(본인 차량 포함)의 적재물이 주행차로에 떨어졌을 때 운전자의 조치요령으로 가장 바르지 않은 것은?

① 후방 차량의 주행을 확인하면서 안전한 장소에 정차한다.
② 고속도로 관리청이나 관계 기관에 신속히 신고한다.
③ 안전한 곳에 정차 후 화물적재 상태를 확인한다.
❹ 화물 적재물을 떨어뜨린 차량의 운전자에게 보복운전을 한다.

144

도로교통법령상 원동기장치자전거(개인형 이동장치 제외)의 난폭운전 행위로 볼 수 없는 것은?

① 신호 위반행위를 3회 반복하여 운전하였다.
② 속도 위반행위와 지시 위반행위를 연달아 위반하여 운전하였다.
③ 신호 위반행위와 중앙선 침범행위를 연달아 위반하여 운전하였다.
❹ 음주운전행위와 보행자보호의무 위반행위를 연달아 위반하여 운전하였다.

한 줄 해설
보행자보호의무 위반은 난폭운전의 행위에 포함되지 않는다.

145

다음은 난폭운전과 보복운전에 대한 설명이다. 맞는 것은?

① 오토바이 운전자가 정당한 사유 없이 소음을 반복하여 불특정 다수에게 위협을 가하는 경우는 보복운전에 해당된다.
❷ 승용차 운전자가 중앙선 침범 및 속도위반을 연달아 하여 불특정 다수에게 위해를 가하는 경우는 난폭운전에 해당된다.
③ 대형 트럭 운전자가 고의적으로 특정 차량 앞으로 앞지르기하여 급제동한 경우는 난폭운전에 해당된다.
④ 버스 운전자가 반복적으로 앞지르기 방법을 위반하여 교통상의 위험을 발생하게 한 경우는 보복운전에 해당된다.

146

자동차 운전자가 중앙선 침범을 반복하여 다른 사람에게 위해를 가하거나 교통상의 위험을 발생하게 하는 행위는 도로교통법상 (   )에 해당한다. (   ) 안에 맞는 것은?

① 공동위험행위
❷ 난폭운전
③ 폭력운전
④ 보복운전

147

일반도로에서 자동차 등(개인형 이동장치는 제외)의 운전자가 다음의 행위를 반복하여 다른 사람에게 위협을 가하는 경우 난폭운전으로 처벌받게 된다. 난폭운전의 대상 행위가 아닌 것은?

❶ 일반도로에서 지정차로 위반
② 중앙선 침범, 급제동금지 위반
③ 안전거리 미확보, 차로변경 금지 위반
④ 일반도로에서 앞지르기 방법 위반

148

자동차 등(개인형 이동장치는 제외)의 운전자가 둘 이상의 행위를 연달아 하여 다른 사람에게 위협을 가하는 경우 난폭운전으로 처벌받게 된다. 다음의 난폭운전 유형에 대한 설명으로 적당하지 않은 것은?

❶ 운전 중 영상 표시 장치를 조작하면서 전방주시를 태만하였다.
② 앞차의 우측으로 앞지르기하면서 속도를 위반하였다.
③ 안전거리를 확보하지 않고 급제동을 반복하였다.
④ 속도를 위반하여 앞지르기하려는 차를 방해하였다.

149

자동차 등(개인형 이동장치는 제외)의 운전자가 다음의 행위를 반복하여 다른 사람에게 위협을 가하는 경우 난폭운전으로 처벌받게 된다. 난폭운전의 대상 행위로 틀린 것은?

① 신호 및 지시 위반, 중앙선 침범
② 안전거리 미확보, 급제동 금지 위반
③ 앞지르기 방해 금지 위반, 앞지르기 방법 위반
❹ 통행금지 위반, 운전 중 휴대용 전화사용

150

다음의 행위를 반복하여 교통상의 위험이 발생하였을 때 난폭운전으로 처벌받을 수 있는 것은?

① 고속도로 갓길 주·정차
② 음주운전
③ 일반도로 전용차로 위반
❹ 중앙선 침범

151

다음 행위를 반복하여 교통상의 위험이 발생하였을 때, 난폭운전으로 처벌할 수 없는 것은?

① 신호위반
② 속도위반
❸ 정비 불량차 운전금지 위반
④ 차로변경 금지 위반

152

자동차 등을 이용하여 형법상 특수상해를 행하여(보복운전) 구속되었다. 운전면허 행정처분은?

❶ 면허 취소
② 면허 정지 100일
③ 면허 정지 60일
④ 할 수 없다.

153

도로교통법상 도로에서 2명 이상이 공동으로 2대 이상의 자동차 등(개인형 이동장치는 제외)을 정당한 사유 없이 앞뒤로 또는 좌우로 줄지어 통행하면서 다른 사람에게 위해(危害)를 끼치거나 교통상의 위험을 발생하게 하는 행위를 무엇이라고 하는가?

❶ 공동 위험행위
② 교차로 꼬리 물기 행위
③ 끼어들기 행위
④ 질서위반 행위

154

다음 중 도로교통법상 난폭운전에 해당하지 않는 운전자는?

① 급제동을 반복하여 교통상의 위험을 발생하게 하는 운전자
② 계속된 안전거리 미확보로 다른 사람에게 위협을 주는 운전자
③ 고속도로에서 지속적으로 앞지르기 방법을 위반하여 교통상의 위험을 발생하게 하는 운전자
❹ 심야 고속도로 갓길에 미등을 끄고 주차하여 다른 사람에게 위험을 주는 운전자

155

다음 중 운전자의 올바른 운전습관으로 가장 바람직하지 않은 것은?

① 자동차 주유 중에는 엔진시동을 끈다.
② 긴급한 상황을 제외하고 급제동하여 다른 차가 급제동하는 상황을 만들지 않는다.
③ 위험상황을 예측하고 방어운전하기 위하여 규정속도와 안전거리를 모두 준수하며 운전한다.
❹ 타이어 공기압은 계절에 관계없이 주행 안정성을 위하여 적정량보다 10% 높게 유지한다.

한 줄 해설

타이어 공기압은 최대 공기압의 80%가 적정하며, 계절에 따라 여름에는 10% 정도 적게, 겨울에는 10% 정도 높게 주입하는 것이 안전에 도움이 된다.

156

자동차 등을 이용하여 형법상 특수폭행을 행하여(보복운전) 입건되었다. 운전면허 행정처분은?

① 면허 취소
❷ 면허 정지 100일
③ 면허 정지 60일
④ 행정처분 없음

157

도로교통법령상 보행자에 대한 설명으로 틀린 것은?

❶ 너비 1미터 이하의 동력이 없는 손수레를 이용하여 통행하는 사람은 보행자가 아니다.
② 너비 1미터 이하의 보행보조용 의자차를 이용하여 통행하는 사람은 보행자이다.
③ 자전거를 타고 가는 사람은 보행자가 아니다.
④ 너비 1미터 이하의 노약자용 보행기를 이용하여 통행하는 사람은 보행자이다.

158

승차구매점(드라이브 스루 매장)을 이용하는 운전자의 자세로 가장 바르지 않은 것은?

① 승차구매점 안내요원의 안전 관련 지시에 따른다.
② 승차구매점에서 설치한 안내표지판의 지시를 준수한다.
❸ 승차구매점 대기열을 따라 횡단보도를 침범하여 정차한다.
④ 승차구매점 진출입로의 안전시설에 주의하여 이동한다.

159

도로교통법령상 운전자의 보행자 보호에 대한 설명으로 옳지 않은 것은?

① 운전자가 보행자우선도로에서 서행·일시정지하지 않아 보행자통행을 방해한 경우에는 범칙금이 부과된다.

② 도로 외의 곳을 운전하는 운전자에게도 보행자 보호 의무가 부여된다.

③ 운전자는 보행자가 횡단보도를 통행하려고 하는 때에는 그 횡단보도 앞에서 일시정지하여야 한다.

❹ 운전자는 어린이 보호구역 내 신호기가 없는 횡단보도 앞에서는 반드시 서행하여야 한다.

한 줄 해설

운전자는 어린이 보호구역 내에 신호기가 설치되지 아니한 횡단보도 앞에서는 보행자의 횡단 여부와 관계없이 일시정지하여야 한다.

160

운전자의 보행자 보호에 대한 설명으로 옳지 않은 것은?

① 운전자는 보행자가 횡단보도를 통행하려고 하는 때에는 그 횡단보도 앞에서 일시정지하여야 한다.

② 운전자는 차로가 설치되지 아니한 좁은 도로에서 보행자의 옆을 지나는 경우 안전한 거리를 두고 서행하여야 한다.

❸ 운전자는 어린이 보호구역 내에 신호기가 설치되지 않은 횡단보도 앞에서는 보행자의 횡단이 없을 경우 일시정지하지 않아도 된다.

④ 운전자는 교통정리를 하고 있지 아니하는 교차로를 횡단하는 보행자의 통행을 방해하여서는 아니 된다.

161

보행자우선도로에 대한 설명으로 가장 바르지 않은 것은?

❶ 보행자우선도로에서 보행자는 도로의 우측 가장자리로만 통행할 수 있다.

② 운전자에게는 서행, 일시정지 등 각종 보행자 보호 의무가 부여된다.

③ 보행자 보호 의무를 불이행하였을 경우 승용자동차 기준 4만 원의 범칙금과 10점의 벌점 처분 대상이다.

④ 경찰서장은 보행자 보호를 위해 필요하다고 인정할 경우 차량 통행속도를 20km/h 이내로 제한할 수 있다.

한 줄 해설

보행자우선도로에서 보행자는 도로의 전 부분으로 통행할 수 있다.

162

시내 도로를 매시 50킬로미터로 주행하던 중 무단횡단 중인 보행자를 발견하였다. 가장 적절한 조치는?

① 보행자가 횡단 중이므로 일단 급브레이크를 밟아 멈춘다.

② 보행자의 움직임을 예측하여 그 사이로 주행한다.

❸ 속도를 줄이며 멈출 준비를 하고 비상점멸등으로 뒤차에도 알리면서 안전하게 정지한다.

④ 보행자에게 경음기로 주의를 주며 다소 속도를 높여 통과한다.

163

도로교통법상 보행자의 보호 등에 관한 설명으로 맞지 않은 것은?

① 도로에 설치된 안전지대에 보행자가 있는 경우와 차로가 설치되지 아니한 좁은 도로에서 보행자의 옆을 지나는 경우에는 안전한 거리를 두고 서행하여야 한다.
② 보행자가 횡단보도가 설치되어 있지 아니한 도로를 횡단하고 있을 때에는 안전거리를 두고 일시정지하여 보행자가 안전하게 횡단할 수 있도록 하여야 한다.
③ 보도와 차도가 구분되지 아니한 도로 중 중앙선이 없는 도로에서 보행자의 통행에 방해가 될 때에는 서행하거나 일시정지하여 보행자가 안전하게 통행할 수 있도록 하여야 한다.
❹ 어린이 보호구역 내에 설치된 횡단보도 중 신호기가 설치되지 아니한 횡단보도 앞(정지선이 설치된 경우에는 그 정지선을 말한다)에서는 보행자의 횡단 여부와 관계없이 서행하여야 한다.

164

도로교통법령상 도로에서 13세 미만의 어린이가 (　)를 타는 경우에는 어린이의 안전을 위해 인명보호 장구를 착용하여야 한다. (　)에 해당되지 않는 것은?

① 킥보드　　❷ 외발자전거
③ 인라인스케이트　　④ 스케이트 보드

165

보행자의 보호의무에 대한 설명으로 맞는 것은?

① 무단횡단하는 술 취한 보행자를 보호할 필요 없다.
② 신호등이 있는 도로에서는 횡단 중인 보행자의 통행을 방해하여도 무방하다.
③ 보행자 신호기에 녹색 신호가 점멸하고 있는 경우 차량이 진행해도 된다.
❹ 신호등이 있는 교차로에서 우회전할 경우 신호에 따르는 보행자를 방해해서는 아니 된다.

166

도로의 중앙을 통행할 수 있는 사람 또는 행렬로 맞는 것은?

❶ 사회적으로 중요한 행사에 따라 시가행진하는 행렬
② 말, 소 등의 큰 동물을 몰고 가는 사람
③ 도로의 청소 또는 보수 등 도로에서 작업 중인 사람
④ 기 또는 현수막 등을 휴대한 장의 행렬

한 줄 해설
②, ③, ④ 차도의 우측으로 통행하여야 한다.

167

자동차 운전자가 신호등이 없는 횡단보도를 통과할 때 가장 안전한 운전 방법은?

❶ 횡단하는 사람이 없다 하더라도 전방과 그 주변을 잘 살피며 감속한다.
② 횡단하는 사람이 없으므로 그대로 진행한다.
③ 횡단하는 사람이 없을 때 빠르게 지나간다.
④ 횡단하는 사람이 있을 수 있으므로 경음기를 울리며 그대로 진행한다.

168

철길건널목을 통과하다가 고장으로 건널목 안에서 차를 운행할 수 없는 경우 운전자의 조치요령으로 바르지 않은 것은?

① 동승자를 대피시킨다.
② 비상점멸등을 작동한다.
③ 철도공무원에게 알린다.
❹ 차량의 고장 원인을 확인한다.

169

차의 운전자가 보도를 횡단하여 건물 등에 진입하려고 한다. 운전자가 해야 할 순서로 올바른 것은?

① 서행 → 방향지시등 작동 → 신속 진입
② 일시정지 → 경음기 사용 → 신속 진입
③ 서행 → 좌측과 우측 부분 확인 → 서행 진입
❹ 일시정지 → 좌측과 우측 부분 확인 → 서행 진입

170

다음 중 도로교통법상 보행자의 도로 횡단 방법에 대한 설명으로 잘못된 것은?

① 모든 차의 바로 앞이나 뒤로 횡단하여서는 아니 된다.
❷ 지체장애인의 경우라도 반드시 도로 횡단시설을 이용하여 도로를 횡단하여야 한다.
③ 안전표지 등에 의하여 횡단이 금지되어 있는 도로의 부분에서는 그 도로를 횡단하여서는 아니 된다.
④ 횡단보도가 설치되어 있지 아니한 도로에서는 가장 짧은 거리로 횡단하여야 한다.

한 줄 해설

지체장애인의 경우에는 다른 교통에 방해가 되지 아니하는 방법으로 도로 횡단시설을 이용하지 아니하고 도로를 횡단할 수 있다.

171

야간에 도로상의 보행자나 물체들이 일시적으로 안 보이게 되는 "증발 현상"이 일어나기 쉬운 위치는?

① 반대 차로의 가장자리
② 주행 차로의 우측 부분
❸ 도로의 중앙선 부근
④ 도로 우측의 가장자리

172

보행자의 통행에 대한 설명으로 맞는 것은?

① 보행자는 도로 횡단 시 차의 바로 앞이나 뒤로 신속히 횡단하여야 한다.
② 지체 장애인은 도로 횡단시설이 있는 도로에서 반드시 그곳으로 횡단하여야 한다.
③ 보행자는 안전표지 등에 의하여 횡단이 금지된 도로에서는 신속하게 도로를 횡단하여야 한다.
❹ 보행자는 횡단보도가 설치되어 있지 아니한 도로에서는 가장 짧은 거리로 횡단하여야 한다.

173

보행자의 보도통행 원칙으로 맞는 것은?

❶ 보도 내 우측통행
② 보도 내 좌측통행
③ 보도 내 중앙통행
④ 보도 내 통행원칙은 없음

174

어린이 보호구역 내에 설치된 횡단보도 중 **신호기가 설치되지 아니한 횡단보도 앞**(정지선이 설치된 경우에는 그 정지선을 말한다)에서 **운전자의 행동**으로 맞는 것 **2가지**는?

① 보행자가 횡단보도를 통행하려고 하는 때에는 보행자의 안전을 확인하고 서행하며 통과한다.
❷ 보행자가 횡단보도를 통행하려고 하는 때에는 일시정지하여 보행자의 횡단을 보호한다.
③ 보행자의 횡단 여부와 관계없이 서행하며 통행한다.
❹ 보행자의 횡단 여부와 관계없이 일시정지한다.

175

도로교통법상 **보행자 보호**에 대한 설명 중 맞는 **2가지**는?

① 자전거를 끌고 걸어가는 사람은 보행자에 해당하지 않는다.
② 교통정리를 하고 있지 아니하는 교차로에 먼저 진입한 차량은 보행자에 우선하여 통행할 권한이 있다.
❸ 시·도경찰청장은 보행자의 통행을 보호하기 위해 도로에 보행자전용도로를 설치할 수 있다.
❹ 보행자전용도로에는 유모차를 끌고 갈 수 있다.

한 줄 해설
① 자전거를 끌고 걸어가는 사람도 보행자에 해당한다. ② 교통정리를 하고 있지 아니하는 교차로에 먼저 진입한 차량도 보행자에게 양보해야 한다.

176

보행자의 통행에 대한 설명 중 맞는 것 **2가지**는?

① 보행자는 차도를 통행하는 경우 항상 차도의 좌측으로 통행해야 한다.
❷ 보행자는 사회적으로 중요한 행사에 따라 행진 시에는 도로의 중앙으로 통행할 수 있다.
❸ 도로횡단시설을 이용할 수 없는 지체장애인은 도로횡단시설을 이용하지 않고 도로를 횡단할 수 있다.
④ 도로횡단시설이 없는 경우 보행자는 안전을 위해 가장 긴 거리로 도로를 횡단하여야 한다.

한 줄 해설
① 보행자는 보도가 없을 때에만 차도의 좌측 가장자리를 통행해야 한다. ④ 횡단시설이 없는 경우에는 가장 짧은 거리로 횡단해야 한다.

177

도로교통법령상 **승용자동차의 운전자가 보도를 횡단**하는 방법을 **위반**한 경우 **범칙금**은?

① 3만 원　② 4만 원
③ 5만 원　❹ 6만 원

178

도로교통법령상 **보행자 보호**와 관련된 **승용자동차 운전자의 범칙행위에 대한 범칙금액이 다른 것**은?(보호구역은 제외)

① 신호에 따라 도로를 횡단하는 보행자 횡단 방해
② 보행자전용도로 통행위반
❸ 도로를 통행하고 있는 차에서 밖으로 물건을 던지는 행위
④ 어린이·앞을 보지 못하는 사람 등의 보호 위반

한 줄 해설
①, ②, ④의 범칙금액은 6만 원이고, ③은 5만 원이다.

179

보행자에 대한 운전자의 바람직한 태도는?

① 도로를 무단횡단하는 보행자는 보호받을 수 없다.
② 자동차 옆을 지나는 보행자에게 신경 쓰지 않아도 된다.
③ 보행자가 자동차를 피해야 한다.
❹ 운전자는 보행자를 우선으로 보호해야 한다.

180

도로교통법령상 보행자가 도로를 횡단할 수 있게 안전표지로 표시한 도로의 부분을 무엇이라 하는가?

① 보도 ② 길가장자리구역
❸ 횡단보도 ④ 보행자전용도로

181

다음 중 보행자에 대한 운전자 조치로 잘못된 것은?

① 어린이보호 표지가 있는 곳에서는 어린이가 뛰어 나오는 일이 있으므로 주의해야 한다.
❷ 보도를 횡단하기 직전에 서행하여 보행자를 보호해야 한다.
③ 무단횡단하는 보행자도 일단 보호해야 한다.
④ 어린이가 보호자 없이 도로를 횡단 중일 때에는 일시정지해야 한다.

한 줄 해설
보도를 횡단하기 직전에 일시정지하여 좌측 및 우측 부분 등을 살핀 후 보행자의 통행을 방해하지 아니하도록 횡단하여야 한다.

182

보행자의 도로 횡단방법에 대한 설명으로 잘못된 것은?

① 보행자는 횡단보도가 없는 도로에서 가장 짧은 거리로 횡단해야 한다.
② 보행자는 모든 차의 바로 앞이나 뒤로 횡단하면 안 된다.
❸ 무단횡단 방지를 위한 차선분리대가 설치된 곳이라도 넘어서 횡단할 수 있다.
④ 도로공사 등으로 보도의 통행이 금지된 때 차도로 통행할 수 있다.

183

앞을 보지 못하는 사람에 준하는 범위에 해당하지 않는 사람은?

❶ 어린이 또는 영·유아
② 의족 등을 사용하지 아니하고는 보행을 할 수 없는 사람
③ 신체의 평형기능에 장애가 있는 사람
④ 듣지 못하는 사람

184

도로교통법령상 어린이 보호구역 안에서 ( )~( ) 사이에 신호위반을 한 승용차 운전자에 대해 기존의 벌점을 2배로 부과한다. ( )에 순서대로 맞는 것은?

① 오전 6시, 오후 6시 ② 오전 7시, 오후 7시
❸ 오전 8시, 오후 8시 ④ 오전 9시, 오후 9시

185

도로교통법령상 4.5톤 화물자동차가 오전 10시부터 11시까지 노인보호구역에서 주차위반을 한 경우 과태료는?

① 4만 원 ② 5만 원
❸ 9만 원 ④ 10만 원

186

다음 중 보행자의 통행방법으로 잘못된 것은?

❶ 보도에서는 좌측통행을 원칙으로 한다.
② 보행자우선도로에서는 도로의 전 부분을 통행할 수 있다.
③ 보도와 차도가 구분된 도로에서는 언제나 보도로 통행하여야 한다.
④ 보도와 차도가 구분되지 않은 도로 중 중앙선이 있는 도로에서는 길가장자리구역으로 통행하여야 한다.

한 줄 해설
보행자는 보도에서 우측통행을 원칙으로 한다.

187

도로교통법령상 차도를 통행할 수 있는 사람 또는 행렬이 아닌 경우는?

① 도로에서 청소나 보수 등의 작업을 하고 있을 때
② 말·소 등의 큰 동물을 몰고 갈 때
❸ 유모차를 끌고 가는 사람
④ 장의(葬儀) 행렬일 때

188

운전자가 진행방향 신호등이 적색일 때 정지선을 초과하여 정지한 경우 처벌기준은?

① 교차로 통행방법위반 ② 일시정지 위반
❸ 신호위반 ④ 서행위반

189

다음 중 앞을 보지 못하는 사람이 장애인보조견을 동반하고 도로를 횡단하는 모습을 발견하였을 때의 올바른 운전 방법은?

① 주·정차 금지 장소인 경우 그대로 진행한다.
❷ 일시정지한다.
③ 즉시 정차하여 앞을 보지 못하는 사람이 되돌아가도록 안내한다.
④ 경음기를 울리며 보호한다.

190

도로교통법상 모든 차의 운전자는 어린이 보호구역 내에 설치된 횡단보도 중 신호기가 설치되지 아니한 횡단보도 앞에서는 보행자의 횡단여부와 관계없이 ( )하여야 한다. ( ) 안에 맞는 것은?

① 서행 ❷ 일시정지
③ 서행 또는 일시정지 ④ 감속주행

191

도로를 횡단하는 보행자 보호에 대한 설명으로 맞는 것은?

① 교차로 이외의 도로에서는 보행자 보호 의무가 없다.
② 신호를 위반하는 무단횡단 보행자는 보호할 의무가 없다.
❸ 무단횡단 보행자도 보호하여야 한다.
④ 일방통행 도로에서는 무단횡단 보행자를 보호할 의무가 없다.

192

도로교통법상 원칙적으로 차도의 통행이 허용되지 않는 사람은?

❶ 보행보조용 의자차를 타고 가는 사람
② 사회적으로 중요한 행사에 따라 시가를 행진하는 사람
③ 도로에서 청소나 보수 등의 작업을 하고 있는 사람
④ 사다리 등 보행자의 통행에 지장을 줄 우려가 있는 물건을 운반 중인 사람

193

다음 중 보행등의 녹색등화가 점멸할 때 보행자의 가장 올바른 통행방법은?

❶ 횡단보도에 진입하지 않은 보행자는 다음 신호 때까지 기다렸다가 보행등의 녹색등화 때 통행하여야 한다.
② 횡단보도 중간에 그냥 서 있는다.
③ 다음 신호를 기다리지 않고 횡단보도를 건넌다.
④ 적색등화로 바뀌기 전에는 언제나 횡단을 시작할 수 있다.

194

다음 중 도로교통법상 보도를 통행하는 보행자에 대한 설명으로 맞는 것은?

① 125시시 미만의 이륜차를 타고 보도를 통행하는 사람은 보행자로 볼 수 있다.
② 자전거를 타고 가는 사람은 보행자로 볼 수 있다.
❸ 보행보조용 의자차를 타고 가는 사람은 보행자로 볼 수 있다.
④ 49시시 원동기장치자전거를 타고 가는 사람은 보행자로 볼 수 있다.

195

다음 중 도로교통법상 보행자전용도로에 대한 설명으로 맞는 2가지는?

❶ 통행이 허용된 차마의 운전자는 통행 속도를 보행자의 걸음 속도로 운행하여야 한다.
② 차마의 운전자는 원칙적으로 보행자전용도로를 통행할 수 있다.
③ 경찰서장이 특히 필요하다고 인정하는 경우는 차마의 통행을 허용할 수 없다.
❹ 통행이 허용된 차마의 운전자는 보행자를 위험하게 할 때는 일시정지하여야 한다.

한 줄 해설

②, ③ 차마의 운전자는 보행자전용도로를 통행하여서는 아니 된다. 다만, 시·도경찰청장이나 경찰서장은 특히 필요하다고 인정하는 경우에는 보행자전용도로에 차마의 통행을 허용할 수 있다.

196

노인보호구역에서 자동차에 싣고 가던 화물이 떨어져 노인에게 2주 진단의 상해를 입힌 운전자에 대한 처벌 2가지는?

❶ 피해자의 처벌의사에 관계없이 형사처벌된다.
② 피해자와 합의하면 처벌되지 않는다.
③ 손해를 전액 보상받을 수 있는 보험에 가입되어 있으면 처벌되지 않는다.
❹ 손해를 전액 보상받을 수 있는 보험가입 여부와 관계없이 형사처벌된다.

197

다음 중 도로교통법상 횡단보도가 없는 도로에서 보행자의 가장 올바른 횡단방법은?

① 통과차량 바로 뒤로 횡단한다.
② 차량통행이 없을 때 빠르게 횡단한다.
③ 횡단보도가 없는 곳이므로 아무 곳이나 횡단한다.
❹ 도로에서 가장 짧은 거리로 횡단한다.

198

다음 중 도로교통법상 **횡단보도를 횡단하는 방법**에 대한 설명으로 **옳지 않은** 것은?

① 개인형 이동장치를 끌고 횡단할 수 있다.
② 보행보조용 의자차를 타고 횡단할 수 있다.
❸ 자전거를 타고 횡단할 수 있다.
④ 유모차를 끌고 횡단할 수 있다.

한 줄 해설
자전거에서 내려서 자전거를 끌고 통행해야 한다.

199

다음 중 도로교통법상 **차마의 통행방법**에 대한 설명이다. **잘못된** 것은?

① 보도와 차도가 구분된 도로에서는 차도로 통행하여야 한다.
❷ 보도를 횡단하기 직전에 서행하여 좌·우를 살핀 후 보행자의 통행을 방해하지 않도록 횡단하여야 한다.
③ 도로 중앙의 우측 부분으로 통행하여야 한다.
④ 도로가 일방통행인 경우 도로의 중앙이나 좌측 부분을 통행할 수 있다.

한 줄 해설
차마의 운전자는 보도를 횡단하기 직전에 일시정지하여 좌측과 우측 부분 등을 살핀 후 보행자의 통행을 방해하지 아니하도록 횡단하여야 한다.

200

다음 중 도로교통법상 **보행자의 보호**에 대한 설명이다. **옳지 않은** 것은?

① 보행자가 횡단보도를 통행하고 있을 때 그 직전에 일시정지하여야 한다.
② 경찰공무원의 신호나 지시에 따라 도로를 횡단하는 보행자의 통행을 방해하여서는 아니 된다.
③ 교차로에서 도로를 횡단하는 보행자의 통행을 방해하여서는 아니 된다.
❹ 보행자가 횡단보도가 없는 도로를 횡단하고 있을 때에는 안전거리를 두고 서행하여야 한다.

한 줄 해설
모든 차 또는 노면전차의 운전자는 보행자가 횡단보도가 설치되어 있지 아니한 도로를 횡단하고 있을 때에는 안전거리를 두고 일시정지하여 보행자가 안전하게 횡단할 수 있도록 하여야 한다.

201

차량 운전 중 **차량 신호등과 횡단보도 보행자 신호등이 모두 고장난 경우 횡단보도 통과 방법**으로 옳은 것은?

① 횡단하는 사람이 있는 경우 서행으로 통과한다.
② 횡단보도에 사람이 없으면 서행하지 않고 빠르게 통과한다.
③ 신호등 고장으로 횡단보도 기능이 상실되었으므로 서행할 필요가 없다.
❹ 횡단하는 사람이 있는 경우 횡단보도 직전에 일시정지한다.

202

도로교통법상 **보도와 차도가 구분되지 않는 도로 중 중앙선이 있는 도로에서 보행자의 통행방법**으로 가장 적절한 것은?

① 차도 중앙으로 보행한다.
② 차도 우측으로 보행한다.
❸ 길가장자리구역으로 보행한다.
④ 도로의 전 부분으로 보행한다.

203

도로교통법상 보행자전용도로 통행이 허용된 차마의 운전자가 통행하는 방법으로 맞는 것은?

① 보행자가 있는 경우 서행으로 진행한다.
② 경음기를 울리면서 진행한다.
❸ 보행자의 걸음 속도로 운행하거나 일시정지하여야 한다.
④ 보행자가 없는 경우 신속히 진행한다.

204

도로교통법상 연석선, 안전표지나 그와 비슷한 인공구조물로 경계를 표시하여 보행자가 통행할 수 있도록 한 도로의 부분은?

❶ 보도 ② 길가장자리구역
③ 횡단보도 ④ 자전거횡단도

205

도로교통법령상 보행신호등이 점멸할 때 올바른 횡단방법이 아닌 것은?

① 보행자는 횡단을 시작하여서는 안 된다.
② 횡단하고 있는 보행자는 신속하게 횡단을 완료하여야 한다.
③ 횡단을 중지하고 보도로 되돌아와야 한다.
❹ 횡단을 중지하고 그 자리에서 다음 신호를 기다린다.

206

도로교통법상 차의 운전자가 다음과 같은 상황에서 서행하여야 할 경우는?

① 자전거를 끌고 횡단보도를 횡단하는 사람을 발견하였을 때
❷ 이면도로에서 보행자의 옆을 지나갈 때
③ 보행자가 횡단보도를 횡단하는 것을 봤을 때
④ 보행자가 횡단보도가 없는 도로를 횡단하는 것을 봤을 때

207

도로교통법령상 고원식 횡단보도는 제한속도를 매시 ( ) 킬로미터 이하로 제한할 필요가 있는 도로에 설치한다. ( ) 안에 기준으로 맞는 것은?

① 10 ② 20
❸ 30 ④ 50

208

도로교통법령상 차량운전 중 일시정지해야 할 상황이 아닌 것은?

① 어린이가 보호자 없이 도로를 횡단할 때
② 차량 신호등이 적색등화의 점멸 신호일 때
③ 어린이가 도로에서 앉아 있거나 서 있을 때
❹ 차량 신호등이 황색등화의 점멸 신호일 때

한 줄 해설

차량 신호등이 황색등화의 점멸 신호일 때는 다른 교통 또는 안전표지의 표시에 주의하면서 진행할 수 있다.

209

다음 중 도로교통법령상 대각선 횡단보도의 보행 신호가 녹색등화일 때 차마의 통행방법으로 옳은 것은?

❶ 직진하려는 때에는 정지선의 직전에 정지하여야 한다.
② 보행자가 없다면 속도를 높여 우회전할 수 있다.
③ 보행자가 없다면 속도를 높여 좌회전할 수 있다.
④ 보행자가 횡단하지 않는 방향으로는 진행할 수 있다.

210

도로교통법상 차의 운전자가 그 차의 바퀴를 일시적으로 완전히 정지시키는 것은?

① 서행 ② 정차
③ 주차 ❹ 일시정지

211

다음 중 도로교통법상 의료용 전동휠체어가 통행할 수 없는 곳은?

❶ 자전거전용도로 ② 길가장자리구역
③ 보도 ④ 도로의 가장자리

212

교통정리가 없는 교차로에서 좌회전하는 방법 중 가장 옳은 것은?

① 일반도로에서는 좌회전하려는 교차로 직전에서 방향지시등을 켜고 좌회전한다.
② 미리 도로의 중앙선을 따라 서행하면서 교차로의 중심 바깥쪽으로 좌회전한다.
③ 시·도경찰청장이 지정하더라도 교차로의 중심 바깥쪽을 이용하여 좌회전할 수 없다.
❹ 반드시 서행하여야 하고, 일시정지는 상황에 따라 운전자가 판단하여 실시한다.

213

도로교통법상 설치되는 차로의 너비는 ( )미터 이상으로 하여야 한다. 이 경우 좌회전 전용차로의 설치 등 부득이 하다고 인정되는 때에는 ( )센티미터 이상으로 할 수 있다. ( ) 안에 기준으로 각각 맞는 것은?

① 5, 300 ② 4, 285
❸ 3, 275 ④ 2, 265

214

도로 우측 부분의 폭이 6미터가 되지 아니하는 도로에서 다른 차를 앞지르기할 수 있는 경우로 맞는 것은?

① 도로의 좌측 부분을 확인할 수 없는 경우
② 반대 방향의 교통을 방해할 우려가 있는 경우
❸ 앞차가 저속으로 진행하고, 다른 차와 안전거리가 확보된 경우
④ 안전표지 등으로 앞지르기를 금지하거나 제한하고 있는 경우

215

도로교통법상 시간대에 따라 양방향의 통행량이 뚜렷하게 다른 도로에는 교통량이 많은 쪽으로 차로의 수가 확대될 수 있도록 신호기에 의하여 차로의 진행방향을 지시하는 차로는?

❶ 가변차로 ② 버스전용차로
③ 가속차로 ④ 앞지르기 차로

216

도로교통법령상 '모든 차의 운전자는 교차로에서 ( )을 하려는 경우에는 미리 도로의 우측 가장자리를 서행하면서 ( )하여야 한다. 이 경우 ( )하는 차도의 운전자는 신호에 따라 정지하거나 진행하는 보행자 또는 자전거 등에 주의하여야 한다.' ( ) 안에 맞는 것으로 짝지어진 것은?

❶ 우회전 – 우회전 – 우회전
② 좌회전 – 좌회전 – 좌회전
③ 우회전 – 좌회전 – 우회전
④ 좌회전 – 우회전 – 좌회전

217

다음 중 도로교통법상 **차로변경**에 대한 설명으로 맞는 것은?

❶ 다리 위는 위험한 장소이기 때문에 백색실선으로 차로변경을 제한하는 경우가 많다.
② 차로변경을 제한하고자 하는 장소는 백색점선의 차선으로 표시되어 있다.
③ 차로변경 금지장소에서는 도로공사 등으로 장애물이 있어 통행이 불가능한 경우라도 차로변경을 해서는 안 된다.
④ 차로변경 금지장소이지만 안전하게 차로를 변경하면 법규 위반이 아니다.

한 줄 해설

② 차로변경 금지선은 실선으로 표시한다. ③ 도로의 파손 등으로 진행할 수 없을 경우에는 차로를 변경하여 주행하여야 한다. ④ 차로변경 금지장소에서는 안전하게 차로를 변경하여도 법규 위반에 해당한다.

218

다음 중 교차로에 진입하여 신호가 바뀐 후에도 지나가지 못해 다른 차량 통행을 방해하는 행위인 **"꼬리 물기"**를 하였을 때의 **위반 행위**로 맞는 것은?

❶ 교차로 통행방법 위반　② 일시정지 위반
③ 진로 변경방법 위반　④ 혼잡 완화 조치 위반

219

고속도로의 **가속차로**에 대한 설명 중 옳은 것은?

① 고속도로 주행 차량이 진출로로 진출하기 위해 차로변경할 수 있도록 유도하는 차로
❷ 고속도로로 진입하는 차량이 충분한 속도를 낼 수 있도록 유도하는 차로
③ 고속도로에서 앞지르기하고자 하는 차량이 속도를 낼 수 있도록 유도하는 차로
④ 오르막에서 대형 차량들의 속도 감소로 인한 영향을 줄이기 위해 설치한 차로

220

고속도로에 진입한 후 **잘못 진입**한 사실을 알았을 때 가장 적절한 행동은?

① 갓길에 정차한 후 비상점멸등을 켜고 고속도로 순찰대에 도움을 요청한다.
❷ 이미 진입하였으므로 다음 출구까지 주행한 후 빠져나온다.
③ 비상점멸등을 켜고 진입했던 길로 서서히 후진하여 빠져나온다.
④ 진입 차로가 2개 이상일 경우에는 유턴하여 돌아 나온다.

221

도로교통법령상 도로에 설치하는 **노면표시의 색이 잘못 연결**된 것은?

① 안전지대 중 양방향 교통을 분리하는 표시는 노란색
② 버스전용차로표시는 파란색
③ 노면색깔유도선표시는 분홍색, 연한녹색 또는 녹색
❹ 어린이 보호구역 안에 설치하는 속도제한표시의 테두리선은 흰색

한 줄 해설

어린이 보호구역 안에 설치하는 속도제한표시의 테두리선은 빨간색이다.

222

도로교통법령상 **고속도로 외의 도로에서 왼쪽 차로를 통행할 수 있는 차종**으로 맞는 것은?

❶ 승용자동차 및 경형 · 소형 · 중형 승합자동차
② 대형승합자동차
③ 화물자동차
④ 특수자동차 및 이륜자동차

223

자동차 운전 시 유턴이 허용되는 노면표시 형식은?(유턴 표지가 있는 곳)

① 도로의 중앙에 황색 실선 형식으로 설치된 노면표시
② 도로의 중앙에 백색 실선 형식으로 설치된 노면표시
❸ 도로의 중앙에 백색 점선 형식으로 설치된 노면표시
④ 도로의 중앙에 청색 실선 형식으로 설치된 노면표시

224

도로교통법령상 차로에 따른 통행구분 설명이다. 잘못된 것은?

① 차로의 순위는 도로의 중앙선 쪽에 있는 차로부터 1차로로 한다.
② 느린 속도로 진행하여 다른 차의 정상적인 통행을 방해할 우려가 있는 때에는 그 통행하던 차로의 오른쪽 차로로 통행하여야 한다.
❸ 일방통행 도로에서는 도로의 오른쪽부터 1차로로 한다.
④ 편도 2차로 고속도로에서 모든 자동차는 2차로로 통행하는 것이 원칙이다.

한 줄 해설
일방통행 도로에서는 도로의 왼쪽부터 1차로로 한다.

225

자동차 운전자는 폭우로 가시거리가 50미터 이내인 경우 도로교통법령상 최고속도의 ( )을 줄인 속도로 운행하여야 한다. ( )에 기준으로 맞는 것은?

❶ 100분의 50 ② 100분의 40
③ 100분의 30 ④ 100분의 20

226

도로교통법령상 다인승전용차로를 통행할 수 있는 차의 기준으로 맞는 2가지는?

❶ 3명 이상 승차한 승용자동차
② 3명 이상 승차한 화물자동차
❸ 3명 이상 승차한 승합자동차
④ 2명 이상 승차한 이륜자동차

227

도로교통법상 보도와 차도의 구분이 없는 도로에 차로를 설치하는 때 보행자가 안전하게 통행할 수 있도록 그 도로의 양쪽에 설치하는 것은?

① 안전지대 ② 진로변경제한선 표시
③ 갓길 ❹ 길가장자리구역

228

도로교통법령상 1·2차로가 좌회전 차로인 교차로의 통행 방법으로 맞는 것은?

① 승용자동차는 1차로만을 이용하여 좌회전하여야 한다.
② 승용자동차는 2차로만을 이용하여 좌회전하여야 한다.
③ 대형승합자동차는 1차로만을 이용하여 좌회전하여야 한다.
❹ 대형승합자동차는 2차로만을 이용하여 좌회전하여야 한다.

229

도로교통법령상 **차마의 통행방법 및 속도**에 대한 설명으로 **옳지 않은** 것은?

① 신호등이 없는 교차로에서 좌회전할 때 직진하려는 다른 차가 있는 경우 직진 차에 차로를 양보하여야 한다.
② 차도와 보도의 구별이 없는 도로에서 차량을 정차할 때 도로의 오른쪽 가장자리로부터 중앙으로 50센티미터 이상의 거리를 두어야 한다.
③ 교차로에서 앞차가 우회전을 하려고 신호를 하는 경우 뒤따르는 차는 앞차의 진행을 방해해서는 안 된다.
❹ 자동차전용도로에서의 최저속도는 매시 40킬로미터이다.

한 줄 해설
자동차전용도로에서의 최저속도는 매시 30킬로미터이다.

230

도로교통법령상 **최고속도 매시 100킬로미터인 편도 4차로 고속도로**를 주행하는 **적재중량 3톤의 화물자동차**의 **최고속도**는?

① 매시 60킬로미터
② 매시 70킬로미터
❸ 매시 80킬로미터
④ 매시 90킬로미터

231

차마의 운전자가 **도로의 좌측으로 통행할 수 없는 경우**로 맞는 것은?

❶ 안전표지 등으로 앞지르기를 제한하고 있는 경우
② 도로가 일방통행인 경우
③ 도로 공사 등으로 도로의 우측 부분을 통행할 수 없는 경우
④ 도로의 우측 부분의 폭이 차마의 통행에 충분하지 아니한 경우

232

교차로와 딜레마 존(Dilemma Zone) **통과 방법** 중 가장 **거리가 먼 것**은?

① 교차로 진입 전 교통 상황을 미리 확인하고 안전거리 유지와 감속운전으로 모든 상황을 예측하며 방어운전을 한다.
② 적색신호에서 교차로에 진입하면 신호위반에 해당된다.
③ 신호등이 녹색에서 황색으로 바뀔 때 앞바퀴가 정지선을 진입했다면 교차로 교통상황을 주시하며 신속하게 교차로 밖으로 진행한다.
❹ 도로교통법상 딜레마 존(Dilemma Zone)을 인정하여 차량이 교차로에 진입하기 전에 황색의 등화로 바뀐 경우 교차로 직전에 정지할 필요가 없다.

한 줄 해설
교차로에 들어가지 않았다면 정지선에서 반드시 정지해야 한다.

233

다음은 **차간거리**에 대한 설명이다. 올바르게 표현된 것은?

❶ 공주거리는 위험을 발견하고 브레이크 페달을 밟아 브레이크가 듣기 시작할 때까지의 거리를 말한다.
② 정지거리는 앞차가 급정지할 때 추돌하지 않을 정도의 거리를 말한다.
③ 안전거리는 브레이크를 작동시켜 완전히 정지할 때까지의 거리를 말한다.
④ 제동거리는 위험을 발견한 후 차량이 완전히 정지할 때까지의 거리를 말한다.

한 줄 해설
② 안전거리, ③ 제동거리, ④ 정지거리에 대한 설명이다.

234

다음 중 **앞지르기가 가능한 장소**는?

① 교차로
❷ 중앙선(황색 점선)
③ 터널 안(흰색 점선 차로)
④ 다리 위(흰색 점선 차로)

235

다음 중 도로교통법상 **교차로**에서의 **서행**에 대한 설명으로 가장 적절한 것은?

❶ 차가 즉시 정지시킬 수 있는 정도의 느린 속도로 진행하는 것
② 매시 30킬로미터의 속도를 유지하여 진행하는 것
③ 사고를 유발하지 않을 만큼의 속도로 느리게 진행하는 것
④ 앞차의 급정지를 피할 만큼의 속도로 진행하는 것

236

다음은 도로에서 **최고속도를 위반**하여 자동차 등(개인형 이동장치 제외)을 운전한 경우 **처벌기준**은?

① 시속 100킬로미터를 초과한 속도로 3회 이상 운전한 사람은 500만 원 이하의 벌금 또는 구류
❷ 시속 100킬로미터를 초과한 속도로 3회 이상 운전한 사람은 1년 이하의 징역이나 500만 원 이하의 벌금
③ 시속 100킬로미터를 초과한 속도로 2회 운전한 사람은 300만 원 이하의 벌금
④ 시속 80킬로미터를 초과한 속도로 운전한 사람은 50만 원 이하의 벌금 또는 구류

237

신호등이 없는 교차로에서 **우회전**하려 할 때 옳은 것은?

① 가급적 빠른 속도로 신속하게 우회전한다.
❷ 교차로에 선진입한 차량이 통과한 뒤 우회전한다.
③ 반대편에서 앞서 좌회전하고 있는 차량이 있으면 안전에 유의하며 함께 우회전한다.
④ 폭이 넓은 도로에서 좁은 도로로 우회전할 때는 다른 차량에 주의할 필요가 없다.

238

신호기의 신호가 있고 차량보조신호가 없는 교차로에서 **우회전**하려고 한다. 도로교통법상 **잘못된** 것은?

① 차량신호가 적색등화인 경우, 횡단보도에서 보행자 신호와 관계없이 정지선 직전에 일시정지한다.
② 차량신호가 녹색등화인 경우, 정지선 직전에 일시정지하지 않고 우회전한다.
③ 차량신호가 좌회전 신호인 경우, 횡단보도에서 보행자신호와 관계없이 정지선 직전에 일시정지한다.
❹ 차량신호에 관계없이 다른 차량의 교통을 방해하지 않은 때 일시정지하지 않고 우회전한다.

한 줄 해설
일시정지하지 않는 경우는 신호위반으로, 일시정지하였으나 보행자 통행을 방해한 경우는 보행자 보호의무위반으로 처벌된다.

239

교차로에서 좌·우회전하는 방법을 가장 바르게 설명한 것은?

① 우회전을 하고자 하는 때에는 신호에 따라 정지 또는 진행하는 보행자와 자전거에 주의하면서 신속히 통과한다.
② 좌회전을 하고자 하는 때에는 항상 교차로 중심 바깥쪽으로 통과해야 한다.
❸ 우회전을 하고자 하는 때에는 미리 우측 가장자리를 따라 서행하여야 한다.
④ 신호기 없는 교차로에서 좌회전을 하고자 할 경우 보행자가 횡단 중이면 그 앞을 신속히 통과한다.

240

정지거리에 대한 설명으로 맞는 것은?

① 운전자가 브레이크 페달을 밟은 후 최종적으로 정지한 거리

② 앞차가 급정지 시 앞차와의 추돌을 피할 수 있는 거리

❸ 운전자가 위험을 발견하고 브레이크 페달을 밟아 실제로 차량이 정지하기까지 진행한 거리

④ 운전자가 위험을 감지하고 브레이크 페달을 밟아 브레이크가 실제로 작동하기 전까지의 거리

한 줄 해설

① 제동거리, ② 안전거리, ④ 공주거리에 대한 설명이다.

241

올바른 교차로 통행 방법으로 맞는 것은?

① 신호등이 적색 점멸인 경우 서행한다.

② 신호등이 황색 점멸인 경우 빠르게 통행한다.

❸ 교차로에서는 앞지르기를 하지 않는다.

④ 교차로 접근 시 전조등을 항상 상향으로 켜고 진행한다.

한 줄 해설

①, ② 교차로에서는 황색 점멸인 경우 주의하며 통행, 적색 점멸인 경우 일시정지한다. ④ 교차로 접근 시 전조등을 상향으로 켜는 것은 상대방의 안전운전에 위협이 된다.

242

하이패스 차로 설명 및 이용방법이다. 가장 올바른 것은?

① 하이패스 차로는 항상 1차로에 설치되어 있으므로 미리 일반차로에서 하이패스 차로로 진로를 변경하여 안전하게 통과한다.

② 화물차 하이패스 차로 유도선은 파란색으로 표시되어 있고 화물차 전용차로이므로 주행하던 속도 그대로 통과한다.

③ 다차로 하이패스구간 통과속도는 매시 30킬로미터 이내로 제한하고 있으므로 미리 감속하여 서행한다.

❹ 다차로 하이패스구간은 규정된 속도를 준수하고 하이패스 단말기 고장 등으로 정보를 인식하지 못하는 경우 도착지 요금소에서 정산하면 된다.

한 줄 해설

① 하이패스 차로는 도로 구조에 따라 2차로, 3차로 등 여러 차로에도 설치될 수 있다. ② 화물차 하이패스 차로 유도선은 주황색, 일반 하이패스 차로 유도선은 파란색이다. ③ 다차로 하이패스구간은 매시 50~80킬로미터로 구간에 따라 다르다.

243

편도 3차로 자동차전용도로의 구간에 **최고속도 매시 60킬로미터의 안전표지가 설치**되어 있다. 다음 중 운전자의 속도 준수방법으로 맞는 것은?

① 매시 90킬로미터로 주행한다.

② 매시 80킬로미터로 주행한다.

③ 매시 70킬로미터로 주행한다.

❹ 매시 60킬로미터로 주행한다.

244

도로교통법령상 **주거지역·상업지역 및 공업지역의 일반도로에서 제한**할 수 있는 **속도**로 맞는 것은?

① 시속 20킬로미터 이내

② 시속 30킬로미터 이내

③ 시속 40킬로미터 이내

❹ 시속 50킬로미터 이내

245

교통사고 감소를 위해 도심부 최고속도를 시속 50킬로미터로 제한하고, 주거지역 등 이면도로는 시속 30킬로미터 이하로 하향 조정하는 교통안전 정책으로 맞는 것은?

① 뉴딜 정책
❷ 안전속도 5030
③ 교통사고 줄이기 한마음 대회
④ 지능형 교통체계(ITS)

246

비보호 좌회전 교차로에서 좌회전하고자 할 때 설명으로 맞는 2가지는?

❶ 마주 오는 차량이 없을 때 반드시 녹색등화에서 좌회전하여야 한다.
② 마주 오는 차량이 모두 정지선 직전에 정지하는 적색등화에서 좌회전하여야 한다.
❸ 녹색등화에서 비보호 좌회전할 때 사고가 나면 안전운전의무 위반으로 처벌받는다.
④ 적색등화에서 비보호 좌회전할 때 사고가 나면 안전운전의무 위반으로 처벌받는다.

한 줄 해설

비보호 좌회전은 비보호 좌회전 안전표지가 있고, 차량신호가 녹색신호이고 마주 오는 차량이 없을 때 좌회전할 수 있다.

247

중앙 버스전용차로가 운영 중인 시내 도로를 주행하고 있다. 가장 안전한 운전방법 2가지는?

① 다른 차가 끼어들지 않도록 경음기를 계속 사용하며 주행한다.
❷ 우측의 보행자가 무단횡단할 수 있으므로 주의하며 주행한다.
❸ 좌측의 버스정류장에서 보행자가 나올 수 있으므로 서행한다.
④ 적색신호로 변경될 수 있으므로 신속하게 통과한다.

248

다음 중 도로교통법상 차로를 변경할 때 안전한 운전방법으로 맞는 2가지는?

① 차로를 변경할 때 최대한 빠르게 해야 한다.
② 백색실선 구간에서만 할 수 있다.
❸ 진행하는 차의 통행에 지장을 주지 않을 때 해야 한다.
❹ 백색점선 구간에서만 할 수 있다.

249

교차로에서 우회전할 때 가장 안전한 운전 행동으로 맞는 2가지는?

❶ 방향지시등은 우회전하는 지점의 30미터 이상 후방에서 작동한다.
② 백색 실선이 그려져 있으면 주의하며 우측으로 진로 변경한다.
❸ 진행 방향의 좌측에서 진행해 오는 차량에 방해가 없도록 우회전한다.
④ 다른 교통에 주의하며 신속하게 우회전한다.

한 줄 해설

② 교차로에 접근하여 백색 실선이 그려져 있으면 그 구간에서는 진로 변경해서는 안 되고, 다른 교통에 주의하며 서행으로 회전해야 한다.

250

승용자동차 운전자가 앞지르기할 때의 운전방법으로 옳은 2가지는?

❶ 앞지르기를 시작할 때에는 좌측 공간을 충분히 확보하여야 한다.
❷ 주행하는 도로의 제한속도 범위 내에서 앞지르기 하여야 한다.
③ 안전이 확인된 경우에는 우측으로 앞지르기할 수 있다.
④ 앞차의 좌측으로 통과한 후 후사경에 우측 차량이 보이지 않을 때 빠르게 진입한다.

한 줄 해설

③ 모든 차의 운전자는 다른 차를 앞지르고자 하는 때에는 앞차의 좌측으로 통행하여야 한다.

251

도로를 주행할 때 안전운전 방법으로 맞는 2가지는?

① 주차를 위해서는 되도록 안전지대에 주차를 하는 것이 안전하다.
② 황색 신호가 켜지면 신호를 준수하기 위하여 교차로 내에 정지한다.
❸ 앞 차량이 급제동할 때를 대비하여 추돌을 피할 수 있는 거리를 확보한다.
❹ 앞지르기할 경우 앞 차량의 좌측으로 통행한다.

252

다음 중 소화기를 의무적으로 설치하거나 비치해야 하는 자동차가 아닌 것은?

① 5인승 이상의 승용자동차
② 승합자동차
③ 화물자동차
❹ 이륜자동차

253

도로교통법상 긴급한 용도로 운행 중인 긴급자동차가 다가올 때 운전자의 준수사항으로 맞는 것은?

① 교차로에 긴급자동차가 접근할 때에는 교차로 내 좌측 가장자리에 일시정지하여야 한다.
❷ 교차로 외의 곳에서는 긴급자동차가 우선통행할 수 있도록 진로를 양보하여야 한다.
③ 긴급자동차보다 속도를 높여 신속히 통과한다.
④ 그 자리에 일시정지하여 긴급자동차가 지나갈 때까지 기다린다.

254

교차로에서 우회전 중 소방차가 경광등을 켜고 사이렌을 울리며 접근할 경우에 가장 안전한 운전방법은?

❶ 교차로를 피하여 일시정지하여야 한다.
② 즉시 현 위치에서 정지한다.
③ 서행하면서 우회전한다.
④ 교차로를 신속하게 통과한 후 계속 진행한다.

255

도로교통법상 긴급자동차 특례 적용대상이 아닌 것은?

① 자동차 등의 속도제한 ② 앞지르기의 금지
③ 끼어들기의 금지 ❹ 보행자 보호

256

긴급자동차는 긴급자동차의 구조를 갖추고, 사이렌을 울리거나 경광등을 켜서 긴급한 용무를 수행 중임을 알려야 한다. 이러한 조치를 취하지 않아도 되는 긴급자동차는?

① 불법 주차 단속용 자동차
② 소방차
③ 구급차
❹ 속도위반 단속용 경찰 자동차

257

소방차와 구급차 등이 앞지르기 금지 구역에서 앞지르기를 시도하거나 속도를 초과하여 운행하는 등 특례를 적용받으려면 어떤 조치를 하여야 하는가?

① 경음기를 울리면서 운행하여야 한다.
❷ 자동차관리법에 따른 자동차의 안전 운행에 필요한 구조를 갖추고 사이렌을 울리거나 경광등을 켜야 한다.
③ 전조등을 켜고 운행하여야 한다.
④ 특별한 조치가 없다 하더라도 특례를 적용받을 수 있다.

258

일반자동차가 생명이 위독한 환자를 이송 중인 경우 긴급자동차로 인정받기 위한 조치는?

① 관할 경찰서장의 허가를 받아야 한다.
❷ 전조등 또는 비상등을 켜고 운행한다.
③ 생명이 위독한 환자를 이송 중이기 때문에 특별한 조치가 필요 없다.
④ 반드시 다른 자동차의 호송을 받으면서 운행하여야 한다.

259

다음 중 도로교통법령상 긴급자동차로 볼 수 있는 것 2가지는?

① 고장 수리를 위해 자동차 정비 공장으로 가고 있는 소방차
❷ 생명이 위급한 환자 또는 부상자나 수혈을 위한 혈액을 운송 중인 자동차
③ 퇴원하는 환자를 싣고 가는 구급차
❹ 시·도경찰청장으로부터 지정을 받고 긴급한 우편물의 운송에 사용되는 자동차

260

도로교통법상 긴급한 용도로 운행되고 있는 구급차 운전자가 할 수 있는 2가지는?

① 교통사고를 일으킨 때 사상자 구호 조치 없이 계속 운행할 수 있다.
② 횡단하는 보행자의 통행을 방해하면서 계속 운행할 수 있다.
❸ 도로의 중앙이나 좌측으로 통행할 수 있다.
❹ 정체된 도로에서 끼어들기를 할 수 있다.

261

도로교통법령상 본래의 용도로 운행되고 있는 소방차 운전자가 긴급자동차에 대한 특례를 적용받을 수 없는 것은?

① 좌석안전띠 미착용
❷ 음주 운전
③ 중앙선 침범
④ 신호위반

262

도로교통법령상 긴급자동차를 운전하는 사람을 대상으로 실시하는 정기 교통안전교육은 (　)년마다 받아야 한다. (　) 안에 맞는 것은?

① 1
② 2
❸ 3
④ 5

263

도로교통법령상 긴급자동차에 대한 특례의 설명으로 잘못된 것은?

① 앞지르기 금지장소에서 앞지르기할 수 있다.
② 끼어들기 금지장소에서 끼어들기할 수 있다.
❸ 횡단보도를 횡단하는 보행자가 있어도 보호하지 않고 통행할 수 있다.
④ 도로 통행속도의 최고속도보다 빠르게 운전할 수 있다.

한 줄 해설
긴급자동차라도 보행자가 있는 횡단보도에서는 반드시 일시정지하거나 안전을 확보한 뒤 통과해야 한다.

264

도로교통법상 소방용수시설, 비상소화장치, 소방시설로부터 ( )미터 이내인 곳은 정차 및 주차의 금지구역이다. ( ) 안에 맞는 것은?

❶ 5
② 6
③ 8
④ 10

265

다음 중 사용하는 사람 또는 기관 등의 신청에 의하여 시·도경찰청장이 지정할 수 있는 긴급자동차로 맞는 것은?

① 소방차
❷ 가스누출 복구를 위한 응급작업에 사용되는 가스 사업용 자동차
③ 구급차
④ 혈액공급 차량

266

다음 중 사용하는 사람 또는 기관 등의 신청에 의하여 시·도경찰청장이 지정할 수 있는 긴급자동차가 아닌 것은?

❶ 교통단속에 사용되는 경찰용 자동차
② 긴급한 우편물의 운송에 사용되는 자동차
③ 전화의 수리공사 등 응급작업에 사용되는 자동차
④ 긴급복구를 위한 출동에 사용되는 민방위업무를 수행하는 기관용 자동차

267

도로교통법령상 긴급자동차가 긴급한 용도 외에도 경광등 등을 사용할 수 있는 경우가 아닌 것은?

① 소방차가 화재 예방 및 구조·구급 활동을 위하여 순찰을 하는 경우
❷ 소방차가 정비를 위해 긴급히 이동하는 경우
③ 민방위업무용 자동차가 그 본래의 긴급한 용도와 관련된 훈련에 참여하는 경우
④ 경찰용 자동차가 범죄 예방 및 단속을 위하여 순찰을 하는 경우

268

도로교통법상 긴급출동 중인 긴급자동차의 법규위반으로 맞는 것은?

① 편도 2차로 일반도로에서 매시 100킬로미터로 주행하였다.
② 백색 실선으로 차선이 설치된 터널 안에서 앞지르기 하였다.
③ 우회전하기 위해 교차로에서 끼어들기를 하였다.
❹ 인명 피해 교통사고가 발생하여도 긴급출동 중이므로 필요한 신고나 조치 없이 계속 운전하였다.

269

긴급자동차가 긴급한 용도 외에 경광등을 사용할 수 있는 경우가 아닌 것은?

① 소방차가 화재예방을 위하여 순찰하는 경우
❷ 도로관리용 자동차가 도로상의 위험을 방지하기 위하여 도로 순찰하는 경우
③ 구급차가 긴급한 용도와 관련된 훈련에 참여하는 경우
④ 경찰용 자동차가 범죄예방을 위하여 순찰하는 경우

270

긴급한 용도로 운행 중인 긴급자동차에게 양보하는 운전 방법으로 맞는 2가지는?

① 모든 자동차는 좌측 가장자리로 피하는 것이 원칙이다.
② 비탈진 좁은 도로에서 서로 마주보고 진행하는 경우 올라가는 긴급자동차는 도로의 우측 가장자리로 피하여 차로를 양보하여야 한다.
❸ 교차로 부근에서는 교차로를 피하여 일시정지하여야 한다.
❹ 교차로나 그 부근 외의 곳에서 긴급자동차가 접근한 경우에는 긴급자동차가 우선통행할 수 있도록 진로를 양보하여야 한다.

한 줄 해설
① 긴급자동차에 양보할 때에는 도로의 우측 가장자리로 피해야 한다. ② 긴급자동차와 마주보는 경우에는 긴급자동차가 우선 통행하고, 일반 차량은 일시정지하여 진로를 양보해야 한다.

271

다음 중 긴급자동차에 해당하는 2가지는?

❶ 경찰용 긴급자동차에 의하여 유도되고 있는 자동차
② 수사기관의 자동차이지만 수사와 관련 없는 기능으로 사용되는 자동차
③ 구난활동을 마치고 복귀하는 구난차
❹ 생명이 위급한 환자 또는 부상자나 수혈을 위한 혈액을 운송 중인 자동차

272

도로교통법령상 어린이통학버스 운전자 및 운영자의 의무에 대한 설명으로 맞지 않은 것은?

① 어린이통학버스 운전자는 어린이나 영유아가 타고 내리는 경우에만 점멸등을 작동하여야 한다.
② 어린이통학버스 운전자는 승차한 모든 어린이나 영유아가 좌석안전띠를 매도록 한 후 출발한다.
③ 어린이통학버스 운영자는 어린이통학버스에 보호자를 함께 태우고 운행하는 경우에는 보호자 동승표지를 부착할 수 있다.
❹ 어린이통학버스 운영자는 어린이통학버스에 보호자가 동승한 경우에는 안전운행기록을 작성하지 않아도 된다.

한 줄 해설
보호자가 동승해도 안전운행기록을 반드시 작성해야 한다.

273

도로교통법령상 보행자의 통행 여부에 관계없이 반드시 일시정지하여야 할 장소는?

① 보도와 차도가 구분되지 아니한 도로 중 중앙선이 없는 도로
❷ 어린이 보호구역 내 신호기가 설치되지 아니한 횡단보도 앞
③ 보행자우선도로
④ 도로 외의 곳

274

편도 2차로 도로에서 1차로로 어린이 통학버스가 어린이나 영유아를 태우고 있음을 알리는 표시를 한 상태로 주행 중이다. 가장 안전한 운전 방법은?

❶ 2차로가 비어 있어도 앞지르기를 하지 않는다.
② 2차로로 앞지르기하여 주행한다.
③ 경음기를 울려 전방 차로를 비켜 달라는 표시를 한다.
④ 반대 차로의 상황을 주시한 후 중앙선을 넘어 앞지르기한다.

한 줄 해설
모든 차의 운전자는 어린이나 영유아를 태우고 있다는 표시를 한 상태로 도로를 통행하는 어린이통학버스를 앞지르지 못한다.

275

도로교통법령상 어린이 보호구역에 관한 설명 중 맞는 것은?

① 유치원이나 중학교 앞에 설치할 수 있다.
② 시장 등은 차의 통행을 금지할 수 있다.
③ 어린이 보호구역에서의 어린이는 12세 미만인 자를 말한다.
❹ 자동차 등의 통행속도를 시속 30킬로미터 이내로 제한할 수 있다.

276

교통사고처리특례법상 어린이 보호구역 내에서 매시 40킬로미터로 주행 중 어린이를 다치게 한 경우의 처벌로 맞는 것은?

① 피해자가 형사처벌을 요구할 경우에만 형사 처벌된다.
❷ 피해자의 처벌 의사에 관계없이 형사 처벌된다.
③ 종합보험에 가입되어 있는 경우에는 형사 처벌되지 않는다.
④ 피해자와 합의하면 형사 처벌되지 않는다.

277

도로교통법령상 어린이통학버스로 신고할 수 있는 자동차의 승차정원 기준으로 맞는 것은?(어린이 1명을 승차정원 1명으로 본다.)

① 11인승 이상　② 16인승 이상
③ 17인승 이상　❹ 9인승 이상

278

승용차 운전자가 08:30경 어린이 보호구역에서 최고제한속도를 매시 25킬로미터 초과하여 위반한 경우 벌점으로 맞는 것은?

① 10점　② 15점
❸ 30점　④ 60점

279

승용차 운전자가 어린이나 영유아를 태우고 있다는 표시를 하고 도로를 통행하는 어린이통학버스를 앞지르기한 경우 몇 점의 벌점이 부과되는가?

① 10점　② 15점
❸ 30점　④ 40점

280

도로교통법령상 어린이통학버스 안전교육 대상자의 교육시간 기준으로 맞는 것은?

① 1시간 이상　❷ 3시간 이상
③ 5시간 이상　④ 6시간 이상

281

도로교통법상 어린이 및 영유아 연령기준으로 맞는 것은?

① 어린이는 13세 이하인 사람
❷ 영유아는 6세 미만인 사람
③ 어린이는 15세 미만인 사람
④ 영유아는 7세 미만인 사람

282

도로교통법령상 승용차 운전자가 13:00경 어린이 보호구역에서 신호위반을 한 경우 범칙금은?

① 5만 원　② 7만 원
❸ 12만 원　④ 15만 원

283

어린이가 보호자 없이 도로에서 놀고 있는 경우 가장 올바른 운전방법은?

① 어린이 잘못이므로 무시하고 지나간다.
② 경음기를 울려 겁을 주며 진행한다.
❸ 일시정지하여야 한다.
④ 어린이에 조심하며 급히 지나간다.

284

어린이가 횡단보도 위를 걸어가고 있을 때 도로교통법령상 규정 및 운전자의 행동으로 올바른 것은?

① 횡단보도표지는 보행자가 횡단보도로 통행할 것을 권유하는 것으로 횡단보도 앞에서 일시정지하여야 한다.
② 신호등이 없는 일반도로의 횡단보도일 경우 횡단보도 정지선을 지나쳐도 횡단보도 내에만 진입하지 않으면 된다.
③ 신호등이 없는 일반도로의 횡단보도일 경우 신호등이 없으므로 어린이 뒤쪽으로 서행하여 통과하면 된다.
❹ 횡단보도표지는 횡단보도를 설치한 장소의 필요한 지점의 도로 양측에 설치하며 횡단보도 앞에서 일시정지하여야 한다.

285

어린이통학버스가 편도 1차로 도로에서 정차하여 영유아가 타고 내리는 중임을 표시하는 점멸등이 작동하고 있을 때 반대 방향에서 진행하는 차의 운전자는 어떻게 하여야 하는가?

❶ 일시정지하여 안전을 확인한 후 서행하여야 한다.
② 서행하면서 안전을 확인한 후 통과한다.
③ 그대로 통과해도 된다.
④ 경음기를 울리면서 통과하면 된다.

286

차의 운전자가 운전 중 '어린이를 충격한 경우' 가장 올바른 행동은?

① 이륜차운전자는 어린이에게 다쳤냐고 물어보았으나 아무 말도 하지 않아 안 다친 것으로 판단하여 계속 주행하였다.
② 승용차운전자는 바로 정차한 후 어린이를 육안으로 살펴본 후 다친 곳이 없다고 판단하여 계속 주행하였다.
③ 화물차운전자는 어린이가 넘어졌다 금방 일어나는 것을 본 후 안 다친 것으로 판단하여 계속 주행하였다.
❹ 자전거운전자는 넘어진 어린이가 재빨리 일어나 뛰어가는 것을 본 후 경찰관서에 신고하고 현장에 대기하였다.

287

골목길에서 갑자기 뛰어나오는 어린이를 자동차가 충격하였다. 어린이는 외견상 다친 곳이 없어 보였고, "괜찮다"고 말하고 있다. 이런 경우 운전자의 올바른 행동으로 맞는 것은?

① 반의사불벌죄에 해당하므로 운전자는 가던 길을 가면 된다.
② 어린이의 피해가 없어 교통사고가 아니므로 별도의 조치 없이 현장을 벗어난다.
❸ 부모에게 연락하는 등 반드시 필요한 조치를 다한 후 현장을 벗어난다.
④ 어린이의 과실이므로 운전자는 어린이의 연락처만 확인하고 귀가한다.

288

도로교통법령상 **어린이 보호구역 지정 및 관리 주체**는?

① 경찰서장　　❷ 시장 등
③ 시·도경찰청장　　④ 교육감

289

도로교통법령상 **어린이 보호구역**에 대한 설명으로 맞는 **2가지**는?

① 어린이 보호구역은 초등학교 주출입문 100미터 이내의 도로 중 일정구간을 말한다.
❷ 어린이 보호구역 안에서 오전 8시부터 오후 8시까지 주·정차 위반한 경우 범칙금이 가중된다.
③ 어린이 보호구역 내 설치된 신호기의 보행 시간은 어린이 최고 보행속도를 기준으로 한다.
❹ 어린이 보호구역 안에서 오전 8시부터 오후 8시까지 보행자보호 불이행하면 벌점이 2배가 된다.

한 줄 해설
① 어린이 보호구역은 초등학교 주출입문 300미터 이내의 도로 중 일정구간을 말한다. ③ 어린이 보호구역 내 설치된 신호기의 보행 시간은 어린이 평균 보행 속도를 기준으로 한다.

290

어린이통학버스의 특별 보호에 대한 설명으로 맞는 **2가지**는?

① 어린이 통학버스를 앞지르기하고자 할 때는 다른 차의 앞지르기 방법과 같다.
② 어린이들이 승하차 시, 중앙선이 없는 도로에서는 반대편에서 오는 차량도 안전을 확인한 후, 서행하여야 한다.
❸ 어린이들이 승하차 시, 편도 1차로 도로에서는 반대편에서 오는 차량도 일시정지하여 안전을 확인한 후, 서행하여야 한다.
❹ 어린이들이 승하차 시, 동일 차로와 그 차로의 바로 옆 차량은 일시정지하여 안전을 확인한 후, 서행하여야 한다.

291

도로교통법상 **자전거 통행방법**에 대한 설명이다. **틀린** 것은?

① 자전거도로가 따로 있는 곳에서는 그 자전거도로로 통행하여야 한다.
② 자전거도로가 설치되지 아니한 곳에서는 도로 우측 가장자리에 붙어서 통행하여야 한다.
③ 자전거의 운전자는 길가장자리구역(안전표지로 자전거 통행을 금지한 구간은 제외)을 통행할 수 있다.
❹ 자전거의 운전자가 횡단보도를 이용하여 도로를 횡단할 때에는 자전거를 타고 통행할 수 있다.

한 줄 해설
자전거 운전자가 횡단보도를 이용할 때에는 반드시 내려서 끌고 가야 한다.

292

도로교통법상 **'보호구역의 지정절차 및 기준'** 등에 관하여 필요한 사항을 정하는 **공동부령 기관**으로 맞는 것은?

① 어린이 보호구역은 행정안전부, 보건복지부, 국토교통부의 공동부령으로 정한다.
② 노인 보호구역은 행정안전부, 국토교통부, 환경부의 공동부령으로 정한다.
❸ 장애인 보호구역은 행정안전부, 보건복지부, 국토교통부의 공동부령으로 정한다.
④ 교통약자 보호구역은 행정안전부, 환경부, 국토교통부의 공동부령으로 정한다.

293

어린이통학버스 특별보호를 위한 운전자의 올바른 운행 방법은?

❶ 편도 1차로인 도로에서는 반대 방향에서 진행하는 차의 운전자도 어린이통학버스에 이르기 전에 일시 정지하여 안전을 확인한 후 서행하여야 한다.

② 어린이통학버스가 어린이가 하차하고자 점멸등을 표시할 때는 어린이통학버스가 정차한 차로 외의 차로로 신속히 통행한다.

③ 중앙선이 설치되지 아니한 도로인 경우 반대 방향에서 진행하는 차는 기존 속도로 진행한다.

④ 모든 차의 운전자는 어린이나 영유아를 태우고 있다는 표시를 한 경우라도 도로를 통행하는 어린이통학버스를 앞지를 수 있다.

294

도로교통법령상 어린이통학버스 신고에 관한 설명이다. 맞는 것 2가지는?

① 어린이통학버스를 운영하려면 미리 도로교통공단에 신고하고 신고증명서를 발급받아야 한다.

❷ 어린이통학버스는 원칙적으로 승차정원 9인승(어린이 1명을 승차정원 1인으로 본다) 이상의 자동차로 한다.

❸ 어린이통학버스 신고증명서가 헐어 못쓰게 되어 다시 신청하는 때에는 어린이통학버스 신고증명서 재교부신청서에 헐어 못쓰게 된 신고증명서를 첨부하여 제출하여야 한다.

④ 어린이통학버스 신고증명서는 그 자동차의 앞면 창유리 좌측상단의 보기 쉬운 곳에 부착하여야 한다.

한 줄 해설

① 어린이통학버스를 운영하려는 자는 미리 관할 경찰서장에게 신고하고 신고증명서를 발급받아야 한다. ④ 어린이통학버스 신고증명서는 그 자동차의 앞면 창유리 우측상단의 보기 쉬운 곳에 부착하여야 한다.

295

어린이통학버스 운전자가 영유아를 승하차하는 방법으로 바른 것은?

❶ 영유아가 승차하고 있는 경우에는 점멸등 장치를 작동하여 안전을 확보하여야 한다.

② 교통이 혼잡한 경우 점멸등을 잠시 끄고 영유아를 승차시킨다.

③ 영유아를 어린이통학버스 주변에 내려주고 바로 출발한다.

④ 어린이 보호구역에서는 좌석안전띠를 매지 않아도 된다.

한 줄 해설

③ 영유아가 어린이통학버스에 내릴 때에는 보도나 길가장자리구역 등 자동차로부터 안전한 장소에 도착한 것을 확인한 후에 출발하여야 한다. ④ 어린이통학버스를 운전하는 사람은 어린이나 영유아가 어린이통학버스를 탈 때에는 승차한 모든 어린이나 영유아가 좌석안전띠를 매도록 한 후에 출발하여야 한다.

296

도로교통법령상 어린이 보호구역에 대한 설명으로 바르지 않은 것은?

❶ 주차금지위반에 대한 범칙금은 노인보호구역과 같다.

② 어린이 보호구역 내에는 서행표시를 설치할 수 있다.

③ 어린이 보호구역 내에는 주정차가 금지된다.

④ 어린이를 다치게 한 교통사고가 발생하면 합의여부와 관계없이 형사처벌을 받는다.

한 줄 해설

주·정차 위반 범칙금은 어린이 보호구역에서만 일반 도로의 2배가 부과되며, 노인보호구역은 일반 도로와 동일하다.

297

어린이 보호구역에서 어린이가 영유아를 동반하여 함께 횡단하고 있다. 운전자의 올바른 주행방법은?

❶ 어린이와 영유아 보호를 위해 일시정지하였다.
② 어린이가 영유아를 보호하면서 횡단하고 있으므로 서행하였다.
③ 어린이와 영유아가 아직 반대편 차로 쪽에 있어 신속히 주행하였다.
④ 어린이와 영유아는 걸음이 느리므로 안전거리를 두고 옆으로 피하여 주행하였다.

298

도로교통법상 어린이 보호구역과 관련된 설명으로 맞는 것은?

① 어린이가 무단횡단을 하다가 교통사고가 발생한 경우 운전자의 모든 책임은 면제된다.
② 자전거 운전자가 운전 중 어린이를 충격하는 경우 자전거는 차마가 아니므로 민사책임만 존재한다.
❸ 차도로 갑자기 뛰어드는 어린이를 보면 서행하지 말고 일시정지한다.
④ 경찰서장은 자동차 등의 통행속도를 시속 50킬로미터 이내로 지정할 수 있다.

299

어린이 보호구역에 대한 설명과 주행방법이다. 맞는 것 2가지는?

❶ 어린이 보호를 위해 필요한 경우 통행속도를 시속 30킬로미터 이내로 제한할 수 있고 통행할 때는 항상 제한속도 이내로 서행한다.
❷ 어린이 보호구역 내 속도제한의 대상은 자동차, 원동기장치자전거, 노면전차이며 어린이가 횡단하는 경우 일시정지한다.
③ 대안학교나 외국인학교의 주변도로는 어린이 보호구역 지정 대상이 아니므로 횡단보도가 아닌 곳에서 어린이가 횡단하는 경우 서행한다.
④ 어린이 보호구역에 속도 제한 및 횡단보도에 관한 안전표지를 우선적으로 설치할 수 있으며 어린이가 중앙선 부근에 서 있는 경우 서행한다.

한 줄 해설
③ 외국인학교, 대안학교도 어린이 보호구역으로 지정할 수 있다.

300

도로교통법령상 승용차 운전자가 어린이통학버스 특별보호 위반행위를 한 경우 범칙금액으로 맞는 것은?

① 13만 원
❷ 9만 원
③ 7만 원
④ 5만 원

301

도로교통법령상 영유아 및 어린이에 대한 규정 및 어린이 통학버스 운전자의 의무에 대한 설명으로 올바른 것은?

① 어린이는 13세 이하의 사람을 의미하며, 어린이가 타고 내릴 때에는 반드시 안전을 확인한 후 출발한다.
② 출발하기 전 영유아를 제외한 모든 어린이가 좌석안전띠를 매도록 한 후 출발하여야 한다.
③ 어린이가 내릴 때에는 어린이가 요구하는 장소에 안전하게 내려준 후 출발하여야 한다.
❹ 영유아는 6세 미만의 사람을 의미하며, 영유아가 타고 내리는 경우에도 점멸등 등의 장치를 작동해야 한다.

302

도로교통법령상 어린이나 영유아가 타고 내리게 하기 위한 어린이통학버스에 장착된 황색 및 적색표시등의 작동방법에 대한 설명으로 맞는 것은?

① 정차할 때는 적색표시등을 점멸 작동하여야 한다.
② 제동할 때는 적색표시등을 점멸 작동하여야 한다.
❸ 도로에 정지하려는 때에는 황색표시등을 점멸 작동하여야 한다.
④ 주차할 때는 황색표시등과 적색표시등을 동시에 점멸 작동하여야 한다.

303

도로교통법령상 어린이 보호구역의 지정 대상의 근거가 되는 법률이 아닌 것은?

① 유아교육법
② 초·중등교육법
③ 학원의 설립·운영 및 과외교습에 관한 법률
❹ 아동복지법

304

다음 중 어린이 보호구역에 대한 설명이다. 옳지 않은 것은?

① 이곳에서의 교통사고는 교통사고처리특례법상 중과실에 해당될 수 있다.
② 자동차 등의 통행속도를 시속 30킬로미터 이내로 제한할 수 있다.
❸ 범칙금과 벌점은 일반도로의 3배이다.
④ 주·정차가 금지된다.

한 줄 해설
어린이 보호구역에서의 범칙금과 벌점은 일반도로의 2배이다.

305

도로교통법령상 안전한 보행을 하고 있지 않은 어린이는?

❶ 보도와 차도가 구분된 도로에서 차도 가장자리를 걸어가고 있는 어린이
② 일방통행도로의 가장자리에서 차가 오는 방향을 바라보며 걸어가고 있는 어린이
③ 보도와 차도가 구분되지 않은 도로의 가장자리구역에서 차가 오는 방향을 마주보고 걸어가는 어린이
④ 보도 내에서 우측으로 걸어가고 있는 어린이

한 줄 해설
보행자는 보·차도가 구분된 도로에서는 언제나 보도로 통행하여야 한다.

306

도로교통법령상 어린이 보호에 대한 설명이다. 옳지 않은 것은?

❶ 횡단보도가 없는 도로에서 어린이가 횡단하고 있는 경우 서행하여야 한다.
② 안전지대에 어린이가 서 있는 경우 안전거리를 두고 서행하여야 한다.
③ 좁은 골목길에서 어린이가 걸어가고 있는 경우 안전한 거리를 두고 서행하여야 한다.
④ 횡단보도에 어린이가 통행하고 있는 경우 횡단보도 앞에 일시정지하여야 한다.

한 줄 해설
모든 차 또는 노면전차의 운전자는 보행자가 횡단보도가 설치되어 있지 아니한 도로를 횡단하고 있을 때에는 안전거리를 두고 일시정지하여 보행자가 안전하게 횡단할 수 있도록 하여야 한다.

307

도로교통법령상 어린이통학버스 특별보호에 대한 운전자 의무를 맞게 설명한 것은?

❶ 적색 점멸장치를 작동 중인 어린이통학버스가 정차한 차로의 바로 옆 차로로 통행하는 경우 일시정지하여야 한다.
② 도로를 통행 중인 모든 어린이통학버스를 앞지르기할 수 없다.
③ 이 의무를 위반하면 운전면허 벌점 15점을 부과받는다.
④ 편도 1차로의 도로에서 적색 점멸장치를 작동 중인 어린이통학버스가 정차한 경우는 이 의무가 제외된다.

한 줄 해설
② 모든 차의 운전자는 어린이나 영유아를 태우고 있다는 표시를 한 상태로 도로를 통행하는 어린이통학버스를 앞지르지 못한다. ③ 어린이통학버스 특별보호 의무 위반 시는 운전면허 벌점 30점이 부과된다. ④ 편도 1차로의 도로에서는 반대 방향에서 진행하는 차의 운전자도 어린이통학버스에 이르기 전에 일시정지하여 안전을 확인한 후 서행하여야 한다.

308

도로교통법령상 어린이의 보호자가 과태료 부과처분을 받는 경우에 해당하는 것은?

① 차도에서 어린이가 자전거를 타게 한 보호자
② 놀이터에서 어린이가 전동킥보드를 타게 한 보호자
❸ 차도에서 어린이가 전동킥보드를 타게 한 보호자
④ 놀이터에서 어린이가 자전거를 타게 한 보호자

309

어린이 보호구역에서 어린이를 상해에 이르게 한 경우 특정범죄 가중처벌 등에 관한 법률에 따른 형사처벌 기준은?

❶ 1년 이상 15년 이하의 징역 또는 500만 원 이상 3천만 원 이하의 벌금
② 무기 또는 5년 이상의 징역
③ 2년 이하의 징역이나 500만 원 이하의 벌금
④ 5년 이하의 징역이나 2천만 원 이하의 벌금

310

도로교통법령상 어린이통학버스 운영자의 의무를 설명한 것으로 틀린 것은?

① 어린이통학버스에 어린이를 태울 때에는 성년인 사람 중 보호자를 지정해야 한다.
❷ 어린이통학버스에 어린이를 태울 때에는 성년인 사람 중 보호자를 함께 태우고 어린이 보호 표지만 부착해야 한다.
③ 좌석안전띠 착용 및 보호자 동승 확인 기록을 작성·보관해야 한다.
④ 좌석안전띠 착용 및 보호자 동승 확인 기록을 매 분기 어린이통학버스를 운영하는 시설의 감독 기관에 제출해야 한다.

한 줄 해설

어린이통학버스에 어린이나 영유아를 태울 때에는 성년인 사람 중 어린이통학버스를 운영하는 자가 지명한 보호자를 함께 태우고 운행하여야 하며 이때 보호자 동승을 표시하는 표지를 부착할 수 있다.

311

도로교통법령상 어린이통학버스에 성년 보호자가 없을 때 '보호자 동승표지'를 부착한 경우의 처벌로 맞는 것은?

① 20만 원 이하의 벌금이나 구류
❷ 30만 원 이하의 벌금이나 구류
③ 40만 원 이하의 벌금이나 구류
④ 50만 원 이하의 벌금이나 구류

312

도로교통법령상 고령운전자 표지에 대한 설명으로 맞는 것은?

❶ 고령운전자 표지란 운전면허를 받은 65세 이상인 사람이 운전하는 차임을 나타내는 표지이다.
② 바탕은 청색, 글씨는 노란색으로 한다.
③ 앞면은 탈부착이 가능하도록 고무자석으로 제작하고, 뒷면은 반사지로 제작한다.
④ 차의 앞면 중 안전운전에 지장을 주지 않고, 시인성을 확보할 수 있는 장소에 부착한다.

한 줄 해설

② 바탕은 하늘색, 글씨는 흰색으로 한다. ③ 앞면은 반사지로 제작하고, 뒷면은 탈부착이 가능하도록 고무자석으로 제작한다. ④ 차의 뒷면 중 안전운전에 지장을 주지 않고, 시인성을 확보할 수 있는 장소에 부착한다.

313

노인보호구역에서 노인을 위해 시·도경찰청장이나 경찰서장이 할 수 있는 조치가 아닌 것은?

① 차마의 통행을 금지하거나 제한할 수 있다.
② 이면도로를 일방통행로로 지정·운영할 수 있다.
③ 차마의 운행속도를 시속 30킬로미터 이내로 제한할 수 있다.
❹ 주출입문 연결도로에 노인을 위한 노상주차장을 설치할 수 있다.

314

도로교통법령상 노인보호구역에서 통행을 금지할 수 있는 대상으로 바른 것은?

❶ 개인형 이동장치, 노면전차
② 트럭적재식 천공기, 어린이용 킥보드
③ 원동기장치자전거, 폭 1미터 이내의 보행보조용 의자차
④ 노상안정기, 폭 1미터 이내의 노약자용 보행기

315

도로교통법령상 노인보호구역에서 오전 10시경 발생한 법규위반에 대한 설명으로 맞는 것은?

❶ 덤프트럭 운전자가 신호위반을 하는 경우 범칙금은 13만 원이다.
② 승용차 운전자가 노인보행자의 통행을 방해하면 범칙금은 7만 원이다.
③ 자전거 운전자가 횡단보도에서 횡단하는 노인보행자의 횡단을 방해하면 범칙금은 5만 원이다.
④ 경운기 운전자가 보행자보호를 불이행하는 경우 범칙금은 3만 원이다.

316

시장 등이 노인보호구역으로 지정할 수 있는 곳이 아닌 곳은?

❶ 고등학교 ② 노인복지시설
③ 도시공원 ④ 생활체육시설

317

다음 중 노인보호구역을 지정할 수 없는 자는?

① 특별시장 ② 광역시장
③ 특별자치도지사 ❹ 시·도경찰청장

318

교통약자인 고령자의 일반적인 특징에 대한 설명으로 올바른 것은?

① 반사 신경이 둔하지만 경험에 의한 신속한 판단은 가능하다.
② 시력은 약화되지만 청력은 발달되어 작은 소리에도 민감하게 반응한다.
③ 돌발 사태에 대응능력은 미흡하지만 인지능력은 강화된다.
❹ 신체상태가 노화될수록 행동이 원활하지 않다.

319

도로교통법령상 시장 등이 노인보호구역에서 할 수 있는 조치로 옳은 것은?

❶ 차마와 노면전차의 통행을 제한하거나 금지할 수 있다.
② 대형승합차의 통행을 금지할 수 있지만 노면전차는 제한할 수 없다.
③ 이륜차의 통행은 금지할 수 있으나 자전거는 제한할 수 없다.
④ 건설기계는 통행을 금지할 수는 없지만 제한할 수 있다.

320

보행자 신호등이 없는 횡단보도로 횡단하는 노인을 뒤늦게 발견한 승용차 운전자가 급제동을 하였으나 노인을 충격(2주 진단)하는 교통사고가 발생하였다. 올바른 설명 2가지는?

① 보행자 신호등이 없으므로 자동차 운전자는 과실이 전혀 없다.
❷ 자동차 운전자에게 민사책임이 있다.
③ 횡단한 노인만 형사처벌된다.
❹ 자동차 운전자에게 형사책임이 있다.

321

관할 경찰서장이 노인보호구역 안에서 할 수 있는 조치로 맞는 2가지는?

❶ 자동차의 통행을 금지하거나 제한하는 것
❷ 자동차의 정차나 주차를 금지하는 것
③ 노상주차장을 설치하는 것
④ 보행자의 통행을 금지하거나 제한하는 것

322

노인보호구역에서 노인의 옆을 지나갈 때 운전자의 운전방법 중 맞는 것은?

① 주행 속도를 유지하여 신속히 통과한다.
❷ 노인과의 간격을 충분히 확보하며 서행으로 통과한다.
③ 경음기를 울리며 신속히 통과한다.
④ 전조등을 점멸하며 통과한다.

323

노인보호구역에서 노인의 안전을 위하여 설치할 수 있는 도로시설물과 가장 거리가 먼 것은?

① 미끄럼방지시설, 방호울타리
② 과속방지시설, 미끄럼방지시설
❸ 가속차로, 보호구역 도로표지
④ 방호울타리, 도로반사경

324

야간에 노인보호구역을 통과할 때 운전자가 주의해야 할 사항으로 아닌 것은?

① 증발현상이 발생할 수 있으므로 주의한다.
❷ 야간에는 노인이 없으므로 속도를 높여 통과한다.
③ 무단횡단하는 노인에 주의하며 통과한다.
④ 검은색 옷을 입은 노인은 잘 보이지 않으므로 유의한다.

325

도로교통법령상 노인보호구역 내 신호등 있는 횡단보도 통행방법 및 법규위반에 대한 설명으로 틀린 것은?

① 자동차 운전자는 신호가 바뀌면 즉시 출발하지 말고 주변을 살피고 천천히 출발한다.
② 승용차 운전자가 오전 8시부터 오후 8시 사이에 신호를 위반하고 통과하는 경우 범칙금은 12만 원이 부과된다.
③ 자전거 운전자도 아직 횡단하지 못한 노인이 있는 경우 노인이 안전하게 건널 수 있도록 기다린다.
❹ 이륜차 운전자가 오전 8시부터 오후 8시 사이에 횡단보도 보행자의 통행을 방해하면 범칙금 9만 원이 부과된다.

한 줄 해설
이륜차 운전자가 횡단보도 보행자의 횡단을 방해하는 경우 8만 원의 범칙금이 부과된다.

326

노인보호구역에 대한 설명이다. 틀린 것은?

① 오전 8시부터 오후 8시까지 제한속도를 위반한 경우 범칙금액이 가중된다.
② 보행신호의 시간이 일반도로의 보행신호보다 더 길다.
③ 노상주차장 설치를 할 수 없다.
❹ 노인들이 잘 보일 수 있도록 규정보다 신호등을 크게 설치할 수 있다.

한 줄 해설
신호등은 규정보다 크게 설치할 수 없다.

327

도로교통법령상 승용차 운전자가 오전 11시경 노인보호구역에서 제한속도를 25km/h 초과한 경우 벌점은?

① 60점　② 40점
❸ 30점　④ 15점

328

노인보호구역 내 신호등이 있는 횡단보도에 접근하고 있을 때 운전방법으로 바르지 않은 것은?

① 보행신호가 적색으로 바뀐 후에도 노인이 보행하는 경우 대기하고 있다가 횡단을 마친 후 주행한다.
❷ 신호의 변경을 예상하여 예측 출발할 수 있도록 한다.
③ 안전하게 정지할 속도로 서행하고 정지신호에 맞춰 정지하여야 한다.
④ 노인의 경우 보행속도가 느리다는 것을 감안하여 주의하여야 한다.

한 줄 해설
횡단보도 신호가 변경된 후 차량 진행신호에 따라 진행한다.

329

노인보호구역으로 지정된 경우 할 수 있는 조치사항이다. 바르지 않은 것은?

① 노인보호구역의 경우 시속 30킬로미터 이내로 제한할 수 있다.
❷ 보행신호의 신호시간이 일반 보행신호기와 같기 때문에 주의표지를 설치할 수 있다.
③ 과속방지턱 등 교통안전시설을 보강하여 설치할 수 있다.
④ 보호구역으로 지정한 시설의 주출입문과 가장 가까운 거리에 위치한 간선도로의 횡단보도에는 신호기를 우선적으로 설치·관리해야 한다.

한 줄 해설
노인보호구역에 설치되는 보행신호등의 녹색신호시간은 어린이, 노인 또는 장애인의 평균 보행속도를 기준으로 하여 설정되고 있다.

330

도로교통법령상 오전 8시부터 오후 8시까지 사이에 노인보호구역에서 교통법규 위반 시 범칙금이 가중되는 행위가 아닌 것은?

① 신호 위반
② 주차금지 위반
③ 횡단보도 보행자 횡단 방해
❹ 중앙선 침범

331

도로교통법령상 노인보호구역에 대한 설명으로 잘못된 것은?

① 노인보호구역을 통과할 때는 위험상황 발생을 대비해 주의하면서 주행해야 한다.
② 노인보호표지란 노인보호구역 안에서 노인의 보호를 지시하는 것을 말한다.
❸ 노인보호표지는 노인보호구역의 도로 중앙에 설치한다.
④ 승용차 운전자가 노인보호구역에서 오전 10시에 횡단보도 보행자의 횡단을 방해하면 범칙금 12만 원이 부과된다.

한 줄 해설
노인보호표지는 노인보호구역의 도로변에 설치한다.

332

도로교통법령상 노인보호구역에 대한 설명이다. 옳지 않은 것은?

① 노인보호구역의 지정·해제 및 관리권은 시장 등에게 있다.
② 노인을 보호하기 위하여 일정 구간을 노인보호구역으로 지정할 수 있다.
③ 노인보호구역 내에서 차마의 통행을 제한할 수 있다.
❹ 노인보호구역 내에서 차마의 통행을 금지할 수 없다.

한 줄 해설
노인보호구역 내에서는 차마의 통행을 금지하거나 제한할 수 있다.

333

다음 중 도로교통법을 가장 잘 준수하고 있는 보행자는?

❶ 횡단보도가 없는 도로를 가장 짧은 거리로 횡단하였다.
② 통행차량이 없어 횡단보도로 통행하지 않고 도로를 가로질러 횡단하였다.
③ 정차하고 있는 화물자동차 바로 뒤쪽으로 도로를 횡단하였다.
④ 보도에서 좌측으로 통행하였다.

한 줄 해설
③ 보행자는 모든 차의 앞이나 뒤로 횡단하여서는 안 된다. ④ 보행자는 보도에서 우측통행을 원칙으로 한다.

334

도로교통법령상 노인운전자가 다음과 같은 운전행위를 하는 경우 벌점기준이 가장 높은 위반행위는?

① 횡단보도 내에 정차하여 보행자 통행을 방해하였다.
② 보행자를 뒤늦게 발견하고 급제동하여 보행자가 넘어질 뻔하였다.
③ 무단횡단하는 보행자를 발견하고 경음기를 울리며 보행자 앞으로 재빨리 통과하였다.
❹ 황색실선의 중앙선을 넘어 앞지르기하였다.

한 줄 해설
①, ② 범칙금 6만 원, 벌점 10점, ③ 범칙금 4만 원, 벌점 10점, ④ 범칙금 6만 원, 벌점 30점

335

다음 중 교통약자의 이동편의 증진법상 교통약자에 해당되지 않는 사람은?

① 어린이 ② 노인
❸ 청소년 ④ 임산부

한 줄 해설
약자란 장애인, 고령자, 임산부, 영유아를 동반한 사람, 어린이 등 일상생활에서 이동에 불편을 느끼는 사람을 말한다.

336

노인의 일반적인 신체적 특성에 대한 설명으로 적당하지 않은 것은?

① 행동이 느려진다.
❷ 시력은 저하되나 청력은 향상된다.
③ 반사 신경이 둔화된다.
④ 근력이 약화된다.

337

다음 중 가장 바람직한 운전을 하고 있는 노인운전자는?

① 장거리를 이동할 때는 안전을 위하여 서행 운전한다.
② 시간절약을 위해 목적지까지 쉬지 않고 운행한다.
❸ 도로 상황을 주시하면서 규정 속도를 준수하고 운행한다.
④ 통행차량이 적은 야간에 주로 운전을 한다.

338

노인운전자의 안전운전과 가장 거리가 먼 것은?

① 운전하기 전 충분한 휴식
② 주기적인 건강상태 확인
③ 운전하기 전에 목적지 경로확인
❹ 심야운전

339

승용자동차 운전자가 노인보호구역에서 전방주시태만으로 노인에게 3주간의 상해를 입힌 경우 형사처벌에 대한 설명으로 틀린 것은?

① 종합보험에 가입되어 있으면 형사처벌되지 않는다.
❷ 노인보호구역을 알리는 안전표지가 있는 경우 형사처벌된다.
③ 피해자가 처벌을 원하지 않으면 형사처벌되지 않는다.
④ 합의하면 형사처벌되지 않는다.

한 줄 해설
노인보호구역은 표지 설치 여부만으로 '합의와 무관한 형사처벌'이 되는 특별 규정이 없다.

340

도로교통법령상 승용자동차 운전자가 노인보호구역에서 15:00경 규정속도보다 시속 60킬로미터를 초과하여 운전한 경우 범칙금과 벌점은?(가산금은 제외)

① 6만 원, 60점 ② 9만 원, 60점
③ 12만 원, 120점 ❹ 15만 원, 120점

341

장애인주차구역에 대한 설명이다. 잘못된 것은?

❶ 장애인전용주차구역 주차표지가 붙어 있는 자동차에 장애가 있는 사람이 탑승하지 않아도 주차가 가능하다.
② 장애인전용주차구역 주차표지를 발급받은 자가 그 표지를 양도·대여하는 등 부당한 목적으로 사용한 경우 표지를 회수하거나 재발급을 제한할 수 있다.
③ 장애인전용주차구역에 물건을 쌓거나 통행로를 막는 등 주차를 방해하는 행위를 하여서는 안 된다.
④ 장애인전용주차구역 주차표지를 붙이지 않은 자동차를 장애인전용주차구역에 주차한 경우 10만 원의 과태료가 부과된다.

한 줄 해설
장애인전용주차구역 주차표지가 붙어 있는 자동차에 보행에 장애가 있는 사람이 타지 아니한 경우에는 장애인전용주차구역에 주차하여서는 아니 된다.

342

장애인 전용 주차구역 주차표지 발급 기관이 아닌 것은?

① 국가보훈부장관
② 특별자치시장·특별자치도지사
③ 시장·군수·구청장
❹ 보건복지부장관

343

도로교통법령상 밤에 자동차(이륜자동차 제외)의 운전자가 고장 그 밖의 부득이한 사유로 도로에 정차할 경우 켜야 하는 등화로 맞는 것은?

① 전조등 및 미등　② 실내 조명등 및 차폭등
③ 번호등 및 전조등　❹ 미등 및 차폭등

344

도로교통법령상 도로의 가장자리에 설치한 황색 점선에 대한 설명이다. 가장 알맞은 것은?

① 주차와 정차를 동시에 할 수 있다.
❷ 주차는 금지되고 정차는 할 수 있다.
③ 주차는 할 수 있으나 정차는 할 수 없다.
④ 주차와 정차를 동시에 금지한다.

345

도로교통법령상 개인형 이동장치의 정차 및 주차가 금지되는 기준으로 틀린 것은?

❶ 교차로의 가장자리로부터 10미터 이내인 곳, 도로의 모퉁이로부터 5미터 이내인 곳
② 횡단보도로부터 10미터 이내인 곳, 건널목의 가장자리로부터 10미터 이내인 곳
③ 안전지대의 사방으로부터 각각 10미터 이내인 곳, 버스정류장 기둥으로부터 10미터 이내인 곳
④ 비상소화장치가 설치된 곳으로부터 5미터 이내인 곳, 소방용수시설이 설치된 곳으로부터 5미터 이내인 곳

한 줄 해설
교차로의 가장자리로부터 5미터 이내인 곳

346

전기자동차가 아닌 자동차를 환경친화적 자동차 충전시설의 충전구역에 주차했을 때 과태료는 얼마인가?

① 3만 원　② 5만 원
③ 7만 원　❹ 10만 원

347

자동차에서 하차할 때 문을 여는 방법인 '더치 리치(Dutch Reach)'에 대한 설명으로 맞는 것은?

❶ 자동차 하차 시 창문에서 먼 쪽 손으로 손잡이를 잡아 뒤를 확인한 후 문을 연다.
② 자동차 하차 시 창문에서 가까운 쪽 손으로 손잡이를 잡아 앞을 확인한 후 문을 연다.
③ 개문발차사고를 예방한다.
④ 영국에서 처음 시작된 교통안전 캠페인이다.

348

전기자동차 또는 외부충전식 하이브리드자동차는 급속충전시설의 충전 시작 이후 충전구역에서 얼마나 주차할 수 있는가?

❶ 1시간 ② 2시간
③ 3시간 ④ 4시간

349

도로교통법령상 경사진 곳에서의 정차 및 주차 방법과 그 기준에 대한 설명으로 올바른 것은?

① 경사의 내리막 방향으로 바퀴에 고임목, 고임돌 등 자동차의 미끄럼 사고를 방지할 수 있는 것을 설치해야 하며 비탈진 내리막길은 주차금지 장소이다.
② 조향장치를 자동차에서 멀리 있는 쪽 도로의 가장자리 방향으로 돌려놓아야 하며 경사진 장소는 정차금지 장소이다.
③ 운전자가 운전석에 대기하고 있는 경우에는 조향장치를 도로 쪽으로 돌려놓아야 하며 고장이 나서 부득이 정지하고 있는 것은 주차에 해당하지 않는다.
❹ 도로 외의 경사진 곳에서 정차하는 경우에는 조향장치를 자동차에서 가까운 쪽 도로의 가장자리 방향으로 돌려놓아야 하며 정차는 5분을 초과하지 않는 주차 외의 정지 상태를 말한다.

한 줄 해설

경사진 곳은 주정차 금지장소가 아니며, 경사진 곳에서 주정차 시 조향장치를 도로 가장자리 방향(자동차에서 가까운 쪽)으로 돌려놓아야 한다.

350

장애인전용주차구역에 물건 등을 쌓거나 그 통행로를 가로막는 등 주차를 방해하는 행위를 한 경우 과태료 부과 금액으로 맞는 것은?

① 4만 원 ② 20만 원
❸ 50만 원 ④ 100만 원

351

운전자의 준수 사항에 대한 설명으로 맞는 2가지는?

① 승객이 문을 열고 내릴 때에는 승객에게 안전 책임이 있다.
❷ 물건 등을 사기 위해 일시 정차하는 경우에도 시동을 끈다.
❸ 운전자는 차의 시동을 끄고 안전을 확인한 후 차의 문을 열고 내려야 한다.
④ 주차 구역이 아닌 경우에는 누구라도 즉시 이동이 가능하도록 조치해 둔다.

한 줄 해설

운전자가 운전석으로부터 떠나는 때에는 차의 시동을 끄고 제동 장치를 철저하게 하는 등 차의 정지 상태를 안전하게 유지하고 다른 사람이 함부로 운전하지 못하도록 필요한 조치를 하도록 규정하고 있다.

352

도로교통법령상 급경사로에 주차할 경우 가장 안전한 방법 2가지는?

① 자동차의 주차제동장치만 작동시킨다.
❷ 조향장치를 도로의 가장자리(자동차에서 가까운 쪽을 말한다) 방향으로 돌려놓는다.
❸ 경사의 내리막 방향으로 바퀴에 고임목 등 자동차의 미끄럼 사고를 방지할 수 있는 것을 설치한다.
④ 수동변속기 자동차는 기어를 중립에 둔다.

353

도로교통법령상 주·정차 방법에 대한 설명이다. 맞는 2가지는?

❶ 도로에서 정차를 하고자 하는 때에는 차도의 우측 가장자리에 세워야 한다.
② 안전표지로 주·정차 방법이 지정되어 있는 곳에서는 그 방법에 따를 필요는 없다.
③ 평지에서는 수동변속기 차량의 경우 기어를 1단 또는 후진에 넣어두기만 하면 된다.
❹ 경사진 도로에서는 고임목을 받쳐두어야 한다.

354

도로교통법령상 주차에 해당하는 2가지는?

❶ 차량이 고장 나서 계속 정지하고 있는 경우
② 위험 방지를 위한 일시정지
❸ 5분을 초과하지 않았지만 운전자가 차를 떠나 즉시 운전할 수 없는 상태
④ 지하철역에 친구를 내려 주기 위해 일시정지

한 줄 해설
신호 대기를 위한 정지, 위험 방지를 위한 일시정지는 5분을 초과하여도 주차에 해당하지 않는다.

355

도로교통법령상 정차에 해당하는 2가지는?

① 택시 정류장에서 대기 중 운전자가 화장실을 간 경우
② 화물을 싣기 위해 운전자가 차를 떠나 즉시 운전할 수 없는 경우
❸ 신호 대기를 위해 정지한 경우
❹ 차를 정지하고 지나가는 행인에게 길을 묻는 경우

한 줄 해설
정차라 함은 운전자가 5분을 초과하지 아니하고 차를 정지시키는 것으로서 주차 외의 정지 상태를 말한다.

356

도로교통법령상 정차 또는 주차를 금지하는 장소의 특례를 적용하지 않는 2가지는?

① 어린이 보호구역 내 주출입문으로부터 50미터 이내
② 횡단보도로부터 10미터 이내
❸ 비상소화장치가 설치된 곳으로부터 5미터 이내
❹ 안전지대의 사방으로부터 각각 10미터 이내

한 줄 해설
③ 소방 활동 공간이므로 특례가 불가하다. ④ 보행자안전구역에 해당하므로 특례가 불가하다.

357

도로교통법령상 주차가 가능한 장소로 맞는 2가지는?

① 도로의 모퉁이로부터 5미터 지점
❷ 소방용수시설이 설치된 곳으로부터 7미터 지점
❸ 비상소화장치가 설치된 곳으로부터 7미터 지점
④ 안전지대로부터 5미터 지점

358

도로교통법령상 교통정리를 하고 있지 아니하는 교차로를 좌회전하려고 할 때 가장 안전한 운전 방법은?

① 먼저 진입한 다른 차량이 있어도 서행하며 조심스럽게 좌회전한다.
❷ 폭이 넓은 도로의 차에 진로를 양보한다.
③ 직진 차에는 차로를 양보하나 우회전 차보다는 우선권이 있다.
④ 미리 도로의 중앙선을 따라 서행하다 교차로 중심 바깥쪽을 이용하여 좌회전한다.

한 줄 해설
① 먼저 진입한 차량에 차로를 양보해야 한다. ③ 좌회전 차량은 직진 및 우회전 차량에게 우선권을 양보해야 한다. ④ 교차로 중심 안쪽을 이용하여 좌회전해야 한다.

359

도로교통법령상 회전교차로 통행방법에 대한 설명으로 잘못된 것은?

① 진입할 때는 속도를 줄여 서행한다.
② 양보선에 대기하여 일시정지한 후 서행으로 진입한다.
❸ 진입 차량에 우선권이 있어 회전 중인 차량이 양보한다.
④ 반시계방향으로 회전한다.

한 줄 해설
회전 중인 차량에 대해 진입하고자 하는 차량이 양보해야 한다.

360

도로교통법령상 신호등이 없는 교차로에 선진입하여 좌회전하는 차량이 있는 경우에 옳은 것은?

① 직진 차량은 주의하며 진행한다.
② 우회전 차량은 서행으로 우회전한다.
❸ 직진 차량과 우회전 차량 모두 좌회전 차량에 차로를 양보한다.
④ 폭이 좁은 도로에서 진행하는 차량은 서행하며 통과한다.

361

도로교통법령상 교차로에서 좌회전 시 가장 적절한 통행방법은?

❶ 중앙선을 따라 서행하면서 교차로 중심 안쪽으로 좌회전한다.
② 중앙선을 따라 빠르게 진행하면서 교차로 중심 안쪽으로 좌회전한다.
③ 중앙선을 따라 빠르게 진행하면서 교차로 중심 바깥쪽으로 좌회전한다.
④ 중앙선을 따라 서행하면서 운전자가 편리한 대로 좌회전한다.

362

도로교통법령상 교통정리가 없는 교차로 통행방법으로 알맞은 것은?

① 좌우를 확인할 수 없는 경우에는 서행하여야 한다.
② 좌회전하려는 차는 직진차량보다 우선 통행해야 한다.
③ 우회전하려는 차는 직진차량보다 우선 통행해야 한다.
❹ 통행하고 있는 도로의 폭보다 교차하는 도로의 폭이 넓은 경우 서행하여야 한다.

한 줄 해설
① 좌우를 확인할 수 없는 경우에는 일시정지하여야 한다.

363

도로의 원활한 소통과 안전을 위하여 회전교차로의 설치가 권장되는 경우는?

❶ 교통량 수준이 높지 않으나, 교차로 교통사고가 많이 발생하는 곳
② 교차로에서 하나 이상의 접근로가 편도 3차로 이상인 곳
③ 회전교차로의 교통량 수준이 처리용량을 초과하는 곳
④ 신호연동에 필요한 구간 중 회전교차로이면 연동효과가 감소되는 곳

364

회전교차로에 대한 설명으로 맞는 것은?

① 회전교차로는 신호교차로에 비해 상충지점 수가 많다.
❷ 진입 시 회전교차로 내에 여유 공간이 있을 때까지 양보선에서 대기하여야 한다.
③ 신호등 설치로 진입차량을 유도하여 교차로 내의 교통량을 처리한다.
④ 회전 중에 있는 차는 진입하는 차량에게 양보해야 한다.

한 줄 해설
① 회전교차로는 신호교차로에 비해 상충지점 수가 적다. ③ 회전교차로는 원칙적으로 신호등 없이 운용된다. ④ 회전 중인 차량에 대해 진입하고자 하는 차량이 양보해야 한다.

365

도로교통법령상 운전자가 좌회전 시 정확하게 진행할 수 있도록 교차로 내에 백색점선으로 한 노면표시는 무엇인가?

❶ 유도선　② 연장선
③ 지시선　④ 규제선

366

교차로에서 좌회전하는 차량 운전자의 가장 안전한 운전 방법 2가지는?

① 반대 방향에 정지하는 차량을 주의해야 한다.
❷ 반대 방향에서 우회전하는 차량을 주의하면 된다.
③ 같은 방향에서 우회전하는 차량을 주의해야 한다.
❹ 함께 좌회전하는 측면 차량도 주의해야 한다.

367

교차로에서 좌·우회전을 할 때 가장 안전한 운전방법 2가지는?

❶ 우회전 시에는 미리 도로의 우측 가장자리로 서행하면서 우회전해야 한다.
② 혼잡한 도로에서 좌회전할 때에는 좌측 유도선과 상관없이 신속히 통과해야 한다.
❸ 좌회전할 때에는 미리 도로의 중앙선을 따라 서행하면서 교차로의 중심 안쪽을 이용하여 좌회전해야 한다.
④ 유도선이 있는 교차로에서 좌회전할 때에는 좌측 바퀴가 유도선 안쪽을 통과해야 한다.

368

도로교통법령상 회전교차로의 통행방법으로 맞는 것은?

❶ 회전하고 있는 차가 우선이다.
② 진입하려는 차가 우선이다.
③ 진출한 차가 우선이다.
④ 차량의 우선순위는 없다.

369

도로교통법령상 회전교차로에서의 금지 행위가 아닌 것은?

① 정차　② 주차
❸ 서행 및 일시정지　④ 앞지르기

370

다음 중 회전교차로에서 통행 우선권이 인정되는 차량은?

❶ 회전교차로 내 회전차로에서 주행 중인 차량
② 회전교차로 진입 전 좌회전하려는 차량
③ 회전교차로 진입 전 우회전하려는 차량
④ 회전교차로 진입 전 좌회전 및 우회전하려는 차량

371

회전교차로에 대한 설명으로 옳지 않은 것은?

① 차량이 서행으로 교차로에 접근하도록 되어 있다.
② 회전하고 있는 차량이 우선이다.
③ 신호가 없기 때문에 연속적으로 차량 진입이 가능하다.
❹ 회전교차로는 시계방향으로 회전한다.

한 줄 해설

회전교차로에서는 반시계방향으로 회전한다.

372

회전교차로 통행방법으로 가장 알맞은 2가지는?

❶ 교차로 진입 전 일시정지 후 교차로 내 왼쪽에서 다가오는 차량이 없으면 진입한다.
② 회전교차로에서의 회전은 시계방향으로 회전해야 한다.
③ 회전교차로를 진·출입할 때에는 방향지시등을 작동할 필요가 없다.
❹ 회전교차로 내에 진입한 후에도 다른 차량에 주의하면서 진행해야 한다.

> 한 줄 해설
> ② 회전교차로에서의 회전은 반시계방향으로 회전해야 한다. ③ 회전교차로를 진·출입할 때에는 방향지시등을 작동해야 한다.

373

도로교통법령상 **일시정지하여야 할 장소**로 맞는 것은?

① 도로의 구부러진 부근
② 가파른 비탈길의 내리막
③ 비탈길의 고갯마루 부근
❹ 교통정리가 없는 교통이 빈번한 교차로

> 한 줄 해설
> ①, ②, ③ 서행해야 할 장소이다.

374

도로교통법령상 반드시 **일시정지하여야 할 장소**로 맞는 것은?

❶ 교통정리를 하고 있지 아니하고 좌우를 확인할 수 없는 교차로
② 녹색등화가 켜져 있는 교차로
③ 교통이 빈번한 다리 위 또는 터널 내
④ 도로의 구부러진 부근 또는 비탈길의 고갯마루 부근

375

도로교통법령상 **일시정지해야 하는 장소**는?

① 터널 안 및 다리 위
❷ 신호등이 없는 교통이 빈번한 교차로
③ 가파른 비탈길의 내리막
④ 도로가 구부러진 부근

376

가변형 속도제한 구간에 대한 설명으로 **옳지 않은** 것은?

① 상황에 따라 규정 속도를 변화시키는 능동적인 시스템이다.
② 규정 속도 숫자를 바꿔서 표현할 수 있는 전광표지판을 사용한다.
③ 가변형 속도제한 표지로 최고속도를 정한 경우에는 이에 따라야 한다.
❹ 가변형 속도제한 표지로 정한 최고속도와 안전표지 최고속도가 다를 때는 안전표지 최고속도를 따라야 한다.

> 한 줄 해설
> 가변형 속도제한 표지로 정한 최고속도와 그 밖의 안전표지로 정한 최고속도가 다를 때에는 가변형 속도제한 표지에 따라야 한다.

377

도로교통법상 ( )의 운전자는 **철길 건널목을 통과**하려는 경우 **건널목 앞에서** ( )하여 **안전한지 확인한 후에 통과**하여야 한다. ( ) 안에 맞는 것은?

① 모든 차, 서행
② 모든 자동차 등 또는 건설기계, 서행
③ 모든 차 또는 모든 전차, 일시정지
❹ 모든 차 또는 노면전차, 일시정지

378

다음 중 **고속도로 나들목**에서 가장 **안전한 운전 방법**은?

① 나들목에서는 차량이 정체되므로 사고 예방을 위해서 뒤차가 접근하지 못하도록 급제동한다.
② 나들목에서는 속도에 대한 감각이 둔해지므로 일시정지한 후 출발한다.
❸ 진출하고자 하는 나들목을 지나친 경우 다음 나들목을 이용한다.
④ 급가속하여 나들목으로 진출한다.

379

도로교통법령상 앞차의 운전자가 왼팔을 수평으로 펴서 차체의 좌측 밖으로 내밀었을 때 취해야 할 조치로 가장 올바른 것은?

① 앞차가 우회전할 것이 예상되므로 서행한다.
② 앞차가 횡단할 것이 예상되므로 상위 차로로 진로변경한다.
③ 앞차가 유턴할 것이 예상되므로 앞지르기한다.
❹ 앞차의 차로 변경이 예상되므로 서행한다.

380

도로교통법령상 운전자가 우회전하고자 할 때 사용하는 수신호는?

❶ 왼팔을 좌측 밖으로 내어 팔꿈치를 굽혀 수직으로 올린다.
② 왼팔은 수평으로 펴서 차체의 좌측 밖으로 내민다.
③ 오른팔을 차체의 우측 밖으로 수평으로 펴서 손을 앞뒤로 흔든다.
④ 왼팔을 차체 밖으로 내어 45도 밑으로 편다.

381

신호기의 신호에 따라 교차로에 진입하려는데, 경찰공무원이 정지하라는 수신호를 보냈다. 다음 중 가장 안전한 운전 방법은?

❶ 정지선 직전에 일시정지한다.
② 급감속하여 서행한다.
③ 신호기의 신호에 따라 진행한다.
④ 교차로에 서서히 진입한다.

382

중앙선이 황색 점선과 황색 실선으로 구성된 복선으로 설치된 때의 앞지르기에 대한 설명으로 맞는 것은?

① 황색 실선과 황색 점선 어느 쪽에서도 중앙선을 넘어 앞지르기할 수 없다.
❷ 황색 점선이 있는 측에서는 중앙선을 넘어 앞지르기할 수 있다.
③ 안전이 확인되면 황색 실선과 황색 점선에 상관없이 앞지르기할 수 있다.
④ 황색 실선이 있는 측에서는 중앙선을 넘어 앞지르기할 수 있다.

한 줄 해설

황색 점선이 있는 측에서는 중앙선을 넘어 앞지르기할 수 있으나, 황색 실선이 있는 측에서는 중앙선을 넘어 앞지르기할 수 없다.

383

운전 중 철길건널목에서 가장 바람직한 통행방법은?

① 기차가 오지 않으면 그냥 통과한다.
❷ 일시정지하여 안전을 확인하고 통과한다.
③ 제한속도 이상으로 통과한다.
④ 차단기가 내려지려고 하는 경우는 빨리 통과한다.

384

도로교통법령상 차로를 왼쪽으로 바꾸고자 할 때의 방법으로 맞는 것은?

❶ 그 행위를 하고자 하는 지점에 이르기 전 30미터(고속도로에서는 100미터) 이상의 지점에 이르렀을 때 좌측 방향지시기를 조작한다.
② 그 행위를 하고자 하는 지점에 이르기 전 10미터(고속도로에서는 100미터) 이상의 지점에 이르렀을 때 좌측 방향지시기를 조작한다.
③ 그 행위를 하고자 하는 지점에 이르기 전 20미터(고속도로에서는 80미터) 이상의 지점에 이르렀을 때 좌측 방향지시기를 조작한다.
④ 그 행위를 하고자 하는 지점에서 좌측 방향지시기를 조작한다.

385

도로교통법령상 자동차 등의 속도와 관련하여 옳지 않은 것은?

① 일반도로, 자동차전용도로, 고속도로와 총 차로 수에 따라 별도로 법정속도를 규정하고 있다.
② 일반도로에는 최저속도 제한이 없다.
③ 이상기후 시에는 감속운행을 하여야 한다.
❹ 가변형 속도제한 표지로 정한 최고속도와 그 밖의 안전표지로 정한 최고속도가 다를 경우 그 밖의 안전표지에 따라야 한다.

한 줄 해설

가변형 속도제한 표지로 정한 최고속도와 그 밖의 안전표지로 정한 최고속도가 다를 때에는 가변형 속도제한 표지에 따라야 한다.

386

도로교통법령상 자동차 등의 속도와 관련하여 옳지 않은 것은?

① 자동차 등의 속도가 높아질수록 교통사고의 위험성이 커짐에 따라 차량의 과속을 억제하려는 것이다.
② 자동차전용도로 및 고속도로에서 도로의 효율성을 제고하기 위해 최저속도를 제한하고 있다.
③ 경찰청장 또는 시·도경찰청장은 교통의 안전과 원활한 소통을 위해 별도로 속도를 제한할 수 있다.
❹ 고속도로는 시·도경찰청장이, 고속도로를 제외한 도로는 경찰청장이 속도규제권자이다.

한 줄 해설

고속도로는 경찰청장, 고속도로를 제외한 도로는 시·도경찰청장이 속도 규제권자이다.

387

도로교통법령상 신호위반이 되는 경우 2가지는?

❶ 적색신호 시 정지선을 초과하여 정지
❷ 교차로 이르기 전 황색신호 시 교차로에 진입
③ 황색 점멸 시 다른 교통 또는 안전표지의 표시에 주의하면서 진행
④ 적색 점멸 시 정지선 직전에 일시정지한 후 다른 교통에 주의하면서 진행

388

편도 3차로인 도로의 교차로에서 우회전할 때 올바른 통행 방법 2가지는?

① 우회전할 때에는 교차로 직전에서 방향지시등을 켜서 진행방향을 알려주어야 한다.
❷ 우측 도로의 횡단보도 보행 신호등이 녹색이라도 보행자가 없으면 통과할 수 있다.
❸ 우회전 삼색등이 적색일 경우에는 보행자가 없어도 통과할 수 없다.
④ 편도 3차로인 도로에서는 2차로에서 우회전하는 것이 안전하다.

한 줄 해설

① 우회전 전에 미리 방향지시등을 켜야 한다. ④ 우회전은 반드시 가장 우측 차로(3차로)에서만 가능하다.

389

다음은 자동차관리법상 승합차의 기준과 승합차를 따라 좌회전하고자 할 때 주의해야 할 운전방법으로 올바른 것 2가지는?

❶ 대형승합차는 36인승 이상을 의미하며, 대형승합차로 인해 신호등이 안 보일 수 있으므로 안전거리를 유지하면서 서행한다.
② 중형승합차는 16인 이상 35인승 이하를 의미하며, 승합차가 방향지시기를 켜는 경우 다른 차가 끼어들 수 있으므로 차간거리를 좁혀 서행한다.
❸ 소형승합차는 15인승 이하를 의미하며, 승용차에 비해 무게중심이 높아 전도될 수 있으므로 안전거리를 유지하며 진행한다.
④ 경형승합차는 배기량이 1200시시 미만을 의미하며, 승용차와 무게중심이 동일하지만 충분한 안전거리를 유지하고 뒤따른다.

390

차로를 변경할 때 안전한 운전방법 2가지는?

❶ 변경하고자 하는 차로의 뒤따르는 차와 거리가 있을 때 속도를 유지한 채 차로를 변경한다.
② 변경하고자 하는 차로의 뒤따르는 차와 거리가 있을 때 감속하면서 차로를 변경한다.
❸ 변경하고자 하는 차로의 뒤따르는 차가 접근하고 있을 때 속도를 늦추어 뒤차를 먼저 통과시킨다.
④ 변경하고자 하는 차로의 뒤따르는 차가 접근하고 있을 때 급하게 차로를 변경한다.

391

차로를 구분하는 차선에 대한 설명으로 맞는 것 2가지는?

❶ 차로가 실선과 점선이 병행하는 경우 실선에서 점선 방향으로 차로 변경이 불가능하다.
② 차로가 실선과 점선이 병행하는 경우 실선에서 점선 방향으로 차로 변경이 가능하다.
③ 차로가 실선과 점선이 병행하는 경우 점선에서 실선 방향으로 차로 변경이 불가능하다.
❹ 차로가 실선과 점선이 병행하는 경우 점선에서 실선 방향으로 차로 변경이 가능하다.

392

도로교통법상 적색등화 점멸일 때 의미는?

① 차마는 다른 교통에 주의하면서 서행하여야 한다.
② 차마는 다른 교통에 주의하면서 진행할 수 있다.
③ 차마는 안전표지에 주의하면서 후진할 수 있다.
❹ 차마는 정지선 직전에 일시정지한 후 다른 교통에 주의하면서 진행할 수 있다.

393

비보호 좌회전 표지가 있는 교차로에 대한 설명이다. 맞는 것은?

① 신호와 관계없이 다른 교통에 주의하면서 좌회전할 수 있다.
② 적색신호에 다른 교통에 주의하면서 좌회전할 수 있다.
❸ 녹색신호에 다른 교통에 주의하면서 좌회전할 수 있다.
④ 황색신호에 다른 교통에 주의하면서 좌회전할 수 있다.

394

도로교통법령상 자동차의 속도와 관련하여 맞는 것은?

❶ 고속도로의 최저속도는 매시 50킬로미터로 규정되어 있다.
② 자동차전용도로에서는 최고속도는 제한하지만 최저속도는 제한하지 않는다.
③ 일반도로에서는 최저속도와 최고속도를 제한하고 있다.
④ 편도 2차로 이상 고속도로의 최고속도는 차종에 관계없이 동일하게 규정되어 있다.

한 줄 해설
② 자동차전용도로에서는 최고속도와 최저속도 둘 다 제한이 있다. ③ 일반도로에서는 최저속도 제한이 없다. ④ 편도 2차로 이상 고속도로의 최고속도는 차종에 따라 다르게 규정되어 있다.

395

도로교통법령상 앞지르기에 대한 설명으로 맞는 것은?

① 앞차가 다른 차를 앞지르고 있는 경우에는 앞지르기할 수 있다.
② 터널 안에서 앞지르고자 할 경우에는 반드시 우측으로 해야 한다.
③ 편도 1차로 도로에서 앞지르기는 황색실선 구간에서만 가능하다.
❹ 교차로 내에서는 앞지르기가 금지되어 있다.

한 줄 해설
① 앞차가 다른 차를 앞지르고 있는 경우에는 앞지르기를 할 수 없게 규정되어 있다. ② 터널 안이나 다리 위는 앞지르기 금지장소이다. ③ 황색실선 구간은 앞지르기가 금지된다.

396

도로교통법령상 도로의 중앙선과 관련된 설명이다. 맞는 것은?

① 황색실선이 단선인 경우는 앞지르기가 가능하다.
❷ 가변차로에서는 신호기가 지시하는 진행방향의 가장 왼쪽에 있는 황색점선을 말한다.
③ 편도 1차로의 지방도에서 버스가 승하차를 위해 정차한 경우에는 황색실선의 중앙선을 넘어 앞지르기 할 수 있다.
④ 중앙선은 도로의 폭이 최소 4.75미터 이상일 때부터 설치가 가능하다.

> **한 줄 해설**
> ① 복선이든 단선이든 앞지르기가 금지된다. ③ 버스가 승하차를 위해 정차한 경우에는 앞지르기를 할 수 없다. ④ 중앙선은 차도 폭이 6미터 이상인 곳에 설치한다.

397

도로교통법령상 편도 3차로 고속도로에서 2차로를 이용하여 주행할 수 있는 자동차는?

① 화물자동차
② 특수자동차
③ 건설기계
❹ 소·중형승합자동차

398

도로교통법령상 편도 2차로 고속도로에서 1차로가 차량 통행량 증가 등으로 인하여 부득이하게 시속 ( )킬로미터 미만으로 통행할 수밖에 없는 경우에는 앞지르기를 하는 경우가 아니더라도 통행할 수 있다. ( ) 안에 기준으로 맞는 것은?

❶ 80
② 90
③ 100
④ 110

399

도로교통법령상 고속도로 갓길 이용에 대한 설명으로 맞는 것은?

① 졸음운전 방지를 위해 갓길에 정차 후 휴식한다.
② 해돋이 풍경 감상을 위해 갓길에 주차한다.
③ 고속도로 주행차로에 정체가 있는 때에는 갓길로 통행한다.
❹ 부득이한 사유 없이 갓길로 통행한 승용자동차 운전자의 범칙금액은 6만 원이다.

400

도로교통법령상 편도 5차로 고속도로에서 차로에 따른 통행차의 기준에 따르면 몇 차로까지 왼쪽 차로인가?(단, 소통은 원활하며 전용차로와 가·감속 차로 없음)

① 1~2차로
❷ 2~3차로
③ 1~3차로
④ 2차로만

> **한 줄 해설**
> 왼쪽 차도란 1차로를 제외한 차로를 반으로 나누어 그중 1차로에 가까운 부분의 차로를 말한다. 다만, 1차로를 제외한 차로의 수가 홀수인 경우 가운데 차로는 제외한다.

401

도로교통법령상 고속도로 지정차로에 대한 설명으로 잘못된 것은?(소통이 원활하며, 버스전용차로 없음)

① 편도 3차로에서 1차로는 앞지르기하려는 승용자동차, 경형·소형·중형 승합자동차가 통행할 수 있다.
② 앞지르기를 할 때에는 지정된 차로의 왼쪽 바로 옆 차로로 통행할 수 있다.
❸ 모든 차는 지정된 차로보다 왼쪽에 있는 차로로 통행할 수 있다.
④ 고속도로 지정차로 통행위반 승용자동차 운전자의 벌점은 10점이다.

> **한 줄 해설**
> 지정된 차로를 지켜야 하며, 필요한 경우에만 일시적으로 차로 변경이 가능하다.

402

도로교통법령상 소통이 원활한 편도 3차로 고속도로에서 승용자동차의 앞지르기 방법에 대한 설명으로 잘못된 것은?

❶ 승용자동차가 앞지르기하려고 1차로로 차로를 변경한 후 계속해서 1차로로 주행한다.
② 3차로로 주행 중인 대형승합자동차가 2차로로 앞지르기한다.
③ 2차로로 주행 중인 소형승합자동차는 1차로를 이용하여 앞지르기한다.
④ 5톤 화물차는 2차로를 이용하여 앞지르기한다.

한 줄 해설

고속도로에서 승용자동차가 앞지르기할 때에는 1차로를 이용하고, 앞지르기를 마친 후에는 지정된 주행차로에서 주행하여야 한다.

403

도로교통법령상 차로에 따른 통행차의 기준에 대한 설명이다. 잘못된 것은?

① 모든 차는 지정된 차로의 오른쪽 차로로 통행할 수 있다.
❷ 승용자동차가 앞지르기를 할 때에는 통행 기준에 지정된 차로의 바로 옆 오른쪽 차로로 통행해야 한다.
③ 편도 4차로 일반도로에서 승용자동차의 주행차로는 모든 차로이다.
④ 편도 4차로 고속도로에서 대형화물자동차의 주행차로는 오른쪽 차로이다.

한 줄 해설

앞지르기를 할 때에는 통행 기준에 지정된 차로의 바로 옆 왼쪽 차로로 통행할 수 있다.

404

도로교통법령상 일반도로의 버스전용차로로 통행할 수 있는 경우로 맞는 것은?

① 12인승 승합자동차가 6인의 동승자를 싣고 가는 경우
② 내국인 관광객 수송용 승합자동차가 25명의 관광객을 싣고 가는 경우
③ 노선을 운행하는 12인승 통근용 승합자동차가 직원들을 싣고 가는 경우
❹ 택시가 승객을 태우거나 내려주기 위하여 일시 통행하는 경우

405

도로교통법령상 고속도로 버스전용차로를 통행할 수 있는 9인승 승용자동차는 (　)명 이상 승차한 경우로 한정한다. (　) 안에 기준으로 맞는 것은?

① 3　　② 4
③ 5　　❹ 6

406

편도 3차로 고속도로에서 통행차의 기준으로 맞는 것은?(소통이 원활하며, 버스전용차로 없음)

① 승용자동차의 주행차로는 1차로이므로 1차로로 주행하여야 한다.
❷ 주행차로가 2차로인 소형승합자동차가 앞지르기할 때에는 1차로를 이용하여야 한다.
③ 대형승합자동차는 1차로로 주행하여야 한다.
④ 적재중량 1.5톤 이하인 화물자동차는 1차로로 주행하여야 한다.

407

도로교통법령상 편도 3차로 고속도로에서 승용자동차가 2차로로 주행 중이다. 앞지르기할 수 있는 차로로 맞는 것은?(소통이 원활하며, 버스전용차로 없음)

❶ 1차로　　② 2차로
③ 3차로　　④ 1, 2, 3차로 모두

408

도로교통법령상 앞지르기하는 방법에 대한 설명으로 가장 잘못된 것은?

① 다른 차를 앞지르려면 앞차의 왼쪽 차로를 통행해야 한다.
② 중앙선이 황색 점선인 경우 반대방향에 차량이 없을 때는 앞지르기가 가능하다.
③ 가변차로의 경우 신호기가 지시하는 진행방향의 가장 왼쪽 황색 점선에서는 앞지르기를 할 수 없다.
❹ 편도 4차로 고속도로에서 오른쪽 차로로 주행하는 차는 1차로까지 진입이 가능하다.

한 줄 해설
앞지르기를 할 때에는 차로에 따른 통행차의 기준에 따라 왼쪽 바로 옆 차로로 통행할 수 있으므로 편도 3차로 이상의 고속도로에서 오른쪽 차로로 주행하는 차량은 1차로까지 진입이 불가능하고 바로 옆 차로를 이용하여 앞지르기를 할 수 있다.

409

도로교통법령상 차로에 따른 통행차의 기준에 대한 설명이다. 잘못된 것은?(고속도로의 경우 소통이 원활하며, 버스전용차로 없음)

① 느린 속도로 진행할 때에는 그 통행하던 차로의 오른쪽 차로로 통행할 수 있다.
② 편도 2차로 고속도로의 1차로는 앞지르기를 하려는 모든 자동차가 통행할 수 있다.
❸ 일방통행도로에서는 도로의 오른쪽부터 1차로로 한다.
④ 편도 3차로 고속도로의 오른쪽 차로는 화물자동차가 통행할 수 있는 차로이다.

한 줄 해설
차로의 순위는 도로의 중앙선쪽에 있는 차로부터 1차로로 한다. 다만, 일방통행도로에서는 도로의 왼쪽부터 1차로로 한다.

410

도로교통법령상 편도 3차로 고속도로에서 통행차의 기준에 대한 설명으로 맞는 것은?(소통이 원활하며, 버스전용차로 없음)

❶ 1차로는 2차로가 주행차로인 승용자동차의 앞지르기 차로이다.
② 1차로는 승합자동차의 주행차로이다.
③ 갓길은 긴급자동차 및 견인자동차의 주행차로이다.
④ 버스전용차로가 운용되고 있는 경우, 1차로가 화물자동차의 주행차로이다.

411

다음 중 도로교통법령상 전용차로의 종류가 아닌 것은?

① 버스 전용차로
② 다인승 전용차로
❸ 자동차 전용차로
④ 자전거 전용차로

412

수막현상에 대한 설명으로 가장 적절한 것은?

① 수막현상을 줄이기 위해 기본 타이어보다 폭이 넓은 타이어로 교환한다.
② 빗길보다 눈길에서 수막현상이 더 발생하므로 감속운행을 해야 한다.
③ 트레드가 마모되면 접지력이 높아져 수막현상의 가능성이 줄어든다.
❹ 타이어의 공기압이 낮아질수록 고속주행 시 수막현상이 증가된다.

413

빙판길에서 차가 미끄러질 때 안전 운전방법 중 옳은 것은?

❶ 핸들을 미끄러지는 방향으로 조작한다.
② 수동 변속기 차량의 경우 기어를 고단으로 변속한다.
③ 핸들을 미끄러지는 반대 방향으로 조작한다.
④ 주차 브레이크를 이용하여 정차한다.

414

안개 낀 도로에서 자동차를 운행할 때 가장 안전한 운전 방법은?

① 커브길이나 교차로 등에서는 경음기를 울려서 다른 차를 비키도록 하고 빨리 운행한다.
② 안개가 심한 경우에는 시야 확보를 위해 전조등을 상향으로 한다.
③ 안개가 낀 도로에서는 안개등만 켜는 것이 안전 운전에 도움이 된다.
❹ 어느 정도 시야가 확보되는 경우에는 가드레일, 중앙선, 차선 등 자동차의 위치를 파악할 수 있는 지형지물을 이용하여 서행한다.

415

눈길이나 빙판길 주행 중에 정지하려고 할 때 가장 안전한 제동 방법은?

① 브레이크 페달을 힘껏 밟는다.
② 풋 브레이크와 주차브레이크를 동시에 작동하여 신속하게 차량을 정지시킨다.
③ 차가 완전히 정지할 때까지 엔진브레이크로만 감속한다.
❹ 엔진브레이크로 감속한 후 브레이크 페달을 가볍게 여러 번 나누어 밟는다.

416

폭우가 내리는 도로의 지하차도를 주행하는 운전자의 마음가짐으로 가장 바람직한 것은?

① 모든 도로의 지하차도는 배수시설이 잘 되어 있어 위험요소는 발생하지 않는다.
❷ 재난방송, 안내판 등 재난 정보를 청취하면서 위험요소에 대응한다.
③ 폭우가 지나갈 때까지 지하차도 갓길에 정차하여 휴식을 취한다.
④ 신속히 지나가야 하기 때문에 지정속도보다 빠르게 주행한다.

417

겨울철 빙판길에 대한 설명이다. 가장 바르게 설명한 것은?

① 터널 안에서 주로 발생하며, 안개입자가 얼면서 노면이 빙판길이 된다.
❷ 다리 위, 터널 출입구, 그늘진 도로에서는 블랙아이스 현상이 자주 나타난다.
③ 블랙아이스 현상은 차량의 매연으로 오염된 눈이 노면에 쌓이면서 발생한다.
④ 빙판길을 통과할 경우에는 핸들을 고정하고 급제동하여 최대한 속도를 줄인다.

> **한 줄 해설**
> 블랙아이스는 눈에 잘 보이지 않는 얇은 얼음막이 생기는 현상으로, 다리 위, 터널 출입구, 그늘진 도로에서 자주 발생한다.

418

집중호우로 차량 침수 시 대처 방법으로 가장 올바르지 않은 것은?

① 급류가 밀려오는 반대쪽 문을 열고 탈출을 시도한다.
② 차량 문이 열리지 않는다면 뾰족한 물체(목받침대, 안전벨트 잠금장치 등)로 창문 유리의 가장자리를 강하게 내리쳐 창문을 깨고 탈출을 시도한다.
③ 차량 창문을 깰 수 없다면 당황하지 말고, 119 신고 후 차량 내·외부 수위가 비슷해지는 시점에(30㎝ 이하) 신속하게 문을 열어 탈출한다.
❹ 탈출하였다면 최대한 저지대 혹은 차량의 아래로 대피하도록 한다.

> **한 줄 해설**
> 차량 침수 시 신속히 탈출 후 물보다 높은 곳으로 대피하거나, 차량 지붕 위로 올라가 구조를 기다린다.

419

내리막길 주행 중 브레이크가 제동되지 않을 때 가장 적절한 조치 방법은?

① 즉시 시동을 끈다.
② 저단 기어로 변속한 후 차에서 뛰어내린다.
③ 핸들을 지그재그로 조작하며 속도를 줄인다.
❹ 저단 기어로 변속하여 감속한 후 차체를 가드레일이나 벽에 부딪친다.

420

터널 안 주행 중 자동차 사고로 인한 화재 목격 시 가장 바람직한 대응 방법은?

① 차량 통행이 가능하더라도 차를 세우는 것이 안전하다.
② 차량 통행이 불가능할 경우 차를 세운 후 자동차 안에서 화재 진압을 기다린다.
③ 차량 통행이 불가능할 경우 차를 세운 후 자동차 열쇠를 챙겨 대피한다.
❹ 하차 후 연기가 많이 나면 최대한 몸을 낮춰 연기가 나는 반대 방향으로 유도표시등을 따라 이동한다.

한 줄 해설
① 차량 통행이 가능하면 신속하게 터널 밖으로 빠져 나온다. ② 즉시 차에서 내려 안전한 장소로 대피해야 한다. ③ 엔진 시동을 끄고, 열쇠는 그대로 꽂아둔 채 차에서 내린다.

421

커브길을 주행 중일 때의 설명으로 올바른 것은?

① 커브길 진입 이전의 속도 그대로 정속주행하여 통과한다.
② 커브길 진입 후에는 변속 기어비를 높혀서 원심력을 줄이는 것이 좋다.
③ 커브길에서 후륜구동 차량은 언더스티어(Understeer) 현상이 발생할 수 있다.
❹ 커브길에서 오버스티어(Oversteer) 현상을 줄이기 위해 조향방향의 반대로 핸들을 조금씩 돌려야 한다.

한 줄 해설
① 커브길 진입 이전의 속도 그대로 정속주행하면 도로이탈 위험이 있다. ② 커브길 진입 후에는 변속 기어비를 낮추어야 원심력을 줄인다. ③ 커브길에서 전륜구동 차량은 언더스티어(Understeer) 현상이 발생할 수 있다.

422

풋 브레이크 과다 사용으로 인한 마찰열 때문에 브레이크액에 기포가 생겨 제동이 되지 않는 현상을 무엇이라 하는가?

① 스탠딩웨이브(Standing wave)
❷ 베이퍼록(Vapor lock)
③ 로드홀딩(Road holding)
④ 언더스티어링(Under steering)

423

안개 낀 도로를 주행할 때 안전한 운전 방법으로 바르지 않은 것은?

① 커브길이나 언덕길 등에서는 경음기를 사용한다.
② 전방 시야확보가 70미터 내외인 경우 규정속도의 절반 이하로 줄인다.
❸ 평소보다 전방 시야확보가 어려우므로 안개등과 상향등을 함께 켜서 충분한 시야를 확보한다.
④ 차의 고장이나 가벼운 접촉사고일지라도 도로의 가장자리로 신속히 대피한다.

한 줄 해설
안개등과 하향등을 유지하는 것이 더 좋은 방법이다.

424

겨울철 블랙 아이스(Black ice)에 대해 바르게 설명하지 못한 것은?

① 도로 표면에 코팅한 것처럼 얇은 얼음막이 생기는 현상이다.
② 아스팔트 표면의 눈과 습기가 공기 중의 오염물질과 뒤섞여 스며든 뒤 검게 얼어붙은 현상이다.
③ 추운 겨울에 다리 위, 터널 출입구, 그늘진 도로, 산모퉁이 음지 등 온도가 낮은 곳에서 주로 발생한다.
❹ 햇볕이 잘 드는 도로에 눈이 녹아 스며들어 도로의 검은 색이 햇빛에 반사되어 반짝이는 현상을 말한다.

425

다음 중 겨울철 도로 결빙 상황과 관련한 설명으로 잘못된 것은?

① 아스팔트보다 콘크리트로 포장된 도로가 결빙이 더 많이 발생한다.
② 콘크리트보다 아스팔트 포장된 도로가 결빙이 더 늦게 녹는다.
❸ 아스팔트 포장도로의 마찰계수는 건조한 노면일 때 1.6으로 커진다.
④ 동일한 조건의 결빙상태에서 콘크리트와 아스팔트 포장된 도로의 노면마찰계수는 같다.

한 줄 해설
동일한 조건의 결빙상태에서 콘크리트와 아스팔트로 포장된 도로의 노면마찰계수는 0.3으로, 건조한 노면의 마찰계수보다 절반 이하로 작아진다.

426

다음 중 지진발생 시 운전자의 조치로 가장 바람직하지 못한 것은?

❶ 운전 중이던 차의 속도를 높여 신속히 그 지역을 통과한다.
② 차를 이용해 이동이 불가능할 경우 차는 가장자리에 주차한 후 대피한다.
③ 주차된 차는 이동될 경우를 대비하여 자동차 열쇠는 꽂아둔 채 대피한다.
④ 라디오를 켜서 재난방송에 집중한다.

한 줄 해설
차량을 우측 가장자리에 정차하고 시동을 끈 후 라디오 등으로 상황을 확인해야 한다.

427

다음 중 강풍이나 돌풍 상황에서 가장 올바른 운전방법 2가지는?

❶ 핸들을 양손으로 꽉 잡고 차로를 유지한다.
② 바람에 관계없이 속도를 높인다.
③ 표지판이나 신호등, 가로수 부근에 주차한다.
❹ 산악 지대나 다리 위, 터널 출입구에서는 강풍의 위험이 많으므로 주의한다.

한 줄 해설
③ 강풍이나 돌풍에 표지판이나 신호등, 가로수들이 넘어질 수 있으므로 근처에 주차하지 않도록 한다.

428

자갈길 운전에 대한 설명이다. 가장 적절한 2가지는?

① 운전대는 최대한 느슨하게 잡아 팔에 전달되는 충격을 최소화한다.
② 바퀴가 최대한 노면에 접촉되도록 속도를 높여서 운전한다.
❸ 보행자 또는 다른 차마에게 자갈이 튀지 않도록 서행한다.
❹ 타이어의 적정공기압보다 약간 낮은 것이 높은 것보다 운전에 유리하다.

한 줄 해설
①, ② 최대한 핸들 조작을 작게 하면서 속도를 줄이고, 저단기어를 사용하여 일정 속도를 유지한다.

429

빗길 주행 중 앞차가 정지하는 것을 보고 제동했을 때 발생하는 현상으로 바르지 않은 2가지는?

① 급제동 시에는 타이어와 노면의 마찰로 차량의 앞숙임 현상이 발생한다.
❷ 노면의 마찰력이 작아지기 때문에 빗길에서는 공주거리가 길어진다.
③ 수막현상과 편(偏)제동 현상이 발생하여 차로를 이탈할 수 있다.
❹ 자동차 타이어의 마모율이 커질수록 제동거리가 짧아진다.

한 줄 해설
② 빗길에서는 타이어와 노면의 마찰력이 작아지므로 제동거리가 길어진다. ④ 자동차의 타이어가 마모될수록 제동거리가 길어진다.

430

언덕길의 오르막 정상 부근으로 접근 중이다. 안전한 운전행동 2가지는?

① 연료 소모를 줄이기 위해 엔진의 RPM(분당 회전수)을 높인다.
② 오르막의 정상에서는 반드시 일시정지한 후 출발한다.
❸ 앞 차량과의 안전거리를 유지하며 운행한다.
❹ 고단기어보다 저단기어로 주행한다.

> 한 줄 해설
> ① RPM이 높으면 연료 소모가 크다. ② 오르막의 정상에서는 서행하도록 하며 반드시 일시정지해야 하는 것은 아니다.

431

내리막길 주행 시 가장 안전한 운전 방법 2가지는?

① 기어 변속과는 아무런 관계가 없으므로 풋 브레이크만을 사용하여 내려간다.
② 위급한 상황이 발생하면 바로 주차 브레이크를 사용한다.
❸ 올라갈 때와 동일한 변속기어를 사용하여 내려가는 것이 좋다.
❹ 풋 브레이크와 엔진 브레이크를 적절히 함께 사용하면서 내려간다.

432

겨울철 도로 결빙 시 안전한 차량운행에 대한 설명으로 가장 적절하지 않은 것은?

① 겨울철 도로 주행 시 사전에 기상정보, 교통상황을 확인한 후 운행하여야 한다.
② 결빙에 취약한 터널, 교량 구간은 더욱 주의하여 주행하여야 한다.
❸ 터널, 교량 부근의 강설 전·후로 제설제가 살포되었다면 평상시 제한속도로 정상운행이 가능하다.
④ 일부 시·도경찰청은 고시에 의해 눈길, 빙판길 운행 시 월동장구를 사용 운행하도록 명문화하고 있다.

> 한 줄 해설
> 제설제 살포 후 녹은 눈이 강설, 염수 등과 함께 재결빙될 우려가 있어 감속운행을 하여야 한다.

433

포트홀(도로의 움푹 패인 곳)에 대한 설명으로 맞는 것은?

❶ 포트홀은 여름철 집중 호우 등으로 인해 만들어지기 쉽다.
② 포트홀로 인한 피해를 예방하기 위해 주행 속도를 높인다.
③ 도로 표면 온도가 상승한 상태에서 횡단보도 부근에 대형 트럭 등이 급제동하여 발생한다.
④ 도로가 마른 상태에서는 포트홀 확인이 쉬우므로 그 위를 그냥 통과해도 무방하다.

434

집중 호우 시 안전한 운전 방법과 가장 거리가 먼 것은?

① 차량의 전조등과 미등을 켜고 운전한다.
❷ 히터를 내부공기 순환 모드 상태로 작동한다.
③ 수막현상을 예방하기 위해 타이어의 마모 정도를 확인한다.
④ 빗길에서는 안전거리를 2배 이상 길게 확보한다.

> 한 줄 해설
> 외부공기 유입모드로 작동한다.

435

강풍 및 폭우를 동반한 태풍이 발생한 도로를 주행 중일 때 운전자의 조치방법으로 적절하지 못한 것은?

① 브레이크 성능이 현저히 감소하므로 앞차와의 거리를 평소보다 2배 이상 둔다.
② 침수지역을 지나갈 때는 중간에 멈추지 말고 그대로 통과하는 것이 좋다.
③ 주차할 때는 침수 위험이 높은 강변이나 하천 등의 장소를 피한다.
❹ 담벼락 옆이나 대형 간판 아래 주차하는 것이 안전하다.

한 줄 해설
붕괴 우려가 있는 담벼락 옆이나 대형 간판 아래 주차하는 것도 위험할 수 있으니 피한다.

436

눈길 운전에 대한 설명으로 틀린 것은?

❶ 운전자의 시야 확보를 위해 앞 유리창에 있는 눈만 치우고 주행하면 안전하다.
② 풋 브레이크와 엔진브레이크를 같이 사용하여야 한다.
③ 스노체인을 한 상태라면 매시 30킬로미터 이하로 주행하는 것이 안전하다.
④ 평상시보다 안전거리를 충분히 확보하고 주행한다.

한 줄 해설
차량 모든 부분에 쌓인 눈을 치우고 주행하여야 안전하다.

437

다음 중 우천 시에 안전한 운전방법이 아닌 것은?

① 상황에 따라 제한 속도에서 50퍼센트 정도 감속 운전한다.
② 길 가는 행인에게 물을 튀지 않도록 적절한 간격을 두고 주행한다.
❸ 비가 내리는 초기에 가속페달과 브레이크 페달을 밟지 않는 상태에서 바퀴가 굴러가는 크리프(Creep) 상태로 운전하는 것은 좋지 않다.
④ 낮에 운전하는 경우에도 미등과 전조등을 켜고 운전하는 것이 좋다.

한 줄 해설
크리프 상태로 운전하는 것이 좋다.

438

다음 중 안개 낀 도로를 주행할 때 바람직한 운전방법과 거리가 먼 것은?

① 뒤차에게 나의 위치를 알려주기 위해 차폭등, 미등, 전조등을 켠다.
❷ 앞차에게 나의 위치를 알려주기 위해 반드시 상향등을 켠다.
③ 안전거리를 확보하고 속도를 줄인다.
④ 습기가 맺혀 있을 경우 와이퍼를 작동해 시야를 확보한다.

한 줄 해설
하향등 또는 안개등을 켜도록 한다.

439

도로교통법상 편도 2차로 자동차전용도로에 비가 내려 노면이 젖어있는 경우 감속운행 속도로 맞는 것은?

① 매시 80킬로미터　② 매시 90킬로미터
❸ 매시 72킬로미터　④ 매시 100킬로미터

440

주행 중 벼락이 칠 때 안전한 운전 방법 2가지는?

① 자동차는 큰 나무 아래에 잠시 세운다.
❷ 차의 창문을 닫고 자동차 안에 그대로 있는다.
❸ 건물 옆은 젖은 벽면을 타고 전기가 흘러오기 때문에 피해야 한다.
④ 벼락이 자동차에 친다면 매우 위험한 상황이니 차 밖으로 피신한다.

441

다음 중 교통사고 발생 시 가장 적절한 행동은?

① 비상등을 켜고 트렁크를 열어 비상상황임을 알릴 필요가 없다.

② 사고지점 도로 내에서 사고 상황에 대한 사진을 촬영하고 차량 안에 대기한다.

③ 사고지점에서 빠져나올 필요 없이 차량 안에 대기한다.

❹ 주변 가로등, 교통신호등에 부착된 기초번호판을 보고 사고 발생지역을 보다 구체적으로 119, 112에 신고한다.

442

야간에 마주 오는 차의 전조등 불빛으로 인한 눈부심을 피하는 방법으로 올바른 것은?

① 전조등 불빛을 정면으로 보지 말고 자기 차로의 바로 아래쪽을 본다.

❷ 전조등 불빛을 정면으로 보지 말고 도로 우측의 가장자리 쪽을 본다.

③ 눈을 가늘게 뜨고 자기 차로 바로 아래쪽을 본다.

④ 눈을 가늘게 뜨고 좌측의 가장자리 쪽을 본다.

443

도로교통법령상 밤에 고속도로 등에서 고장으로 자동차를 운행할 수 없는 경우, 운전자가 조치해야 할 사항으로 적절치 않은 것은?

① 사방 500미터에서 식별할 수 있는 적색의 섬광신호·전기제등 또는 불꽃신호를 설치해야 한다.

② 표지를 설치할 경우 후방에서 접근하는 자동차의 운전자가 확인할 수 있는 위치에 설치하여야 한다.

③ 고속도로 등이 아닌 다른 곳으로 옮겨 놓는 등 필요한 조치를 하여야 한다.

❹ 안전삼각대는 고장차가 서있는 지점으로부터 200미터 후방에 반드시 설치해야 한다.

한 줄 해설

안전삼각대는 일반도로에서는 고장차 후방 약 100m, 고속도로에서는 약 200m 지점에 설치해야 한다.

444

도로교통법령상 비사업용 승용차 운전자가 전조등, 차폭등, 미등, 번호등을 모두 켜야 하는 경우로 맞는 것은?

① 밤에 도로에서 정차하는 경우

② 안개가 가득 낀 도로에서 정차하는 경우

③ 주차위반으로 견인되는 자동차의 경우

❹ 터널 안 도로에서 운행하는 경우

445

도로교통법령상 고속도로에서 자동차 고장 시 적절한 조치요령은?

① 신속히 비상점멸등을 작동하고 차를 도로 위에 멈춘 후 보험사에 알린다.

② 트렁크를 열어 놓고 고장 난 곳을 신속히 확인한 후 구난차를 부른다.

③ 이동이 불가능한 경우 고장차량의 앞쪽 500미터 지점에 안전삼각대를 설치한다.

❹ 이동이 가능한 경우 신속히 비상점멸등을 켜고 갓길에 정지시킨다.

446

주행 중 타이어 펑크 예방방법 및 조치요령으로 바르지 않은 것은?

① 도로와 접지되는 타이어의 바닥면에 나사못 등이 박혀있는지 수시로 점검한다.

② 정기적으로 타이어의 적정 공기압을 유지하고 트레드 마모한계를 넘어섰는지 살펴본다.

❸ 핸들이 한쪽으로 쏠리는 경우 뒷 타이어의 펑크일 가능성이 높다.

④ 핸들은 정면으로 고정시킨 채 주행하는 기어상태로 엔진브레이크를 이용하여 감속을 유도한다.

한 줄 해설

핸들이 한쪽으로 쏠리는 경우 앞 타이어의 펑크일 가능성이 높다.

447

도로교통법령상 밤에 고속도로에서 자동차 고장으로 운행할 수 없게 되었을 때 안전삼각대와 함께 추가로 ( )에서 식별할 수 있는 불꽃 신호 등을 설치해야 한다. ( )에 맞는 것은?

① 사방 200미터 지점
② 사방 300미터 지점
③ 사방 400미터 지점
❹ 사방 500미터 지점

448

자동차 주행 중 타이어가 펑크 났을 때 가장 올바른 조치는?

① 한 쪽으로 급격하게 쏠리면 사고를 예방하기 위해 급제동을 한다.
❷ 핸들을 꽉 잡고 직진하면서 급제동을 삼가고 엔진 브레이크를 이용하여 안전한 곳에 정지한다.
③ 차량이 쏠리는 방향으로 핸들을 꺾는다.
④ 브레이크 페달이 작동하지 않기 때문에 주차 브레이크를 이용하여 정지한다.

449

고속도로에서 경미한 교통사고가 발생한 경우, 2차 사고를 방지하기 위한 조치요령으로 가장 올바른 것은?

① 보험처리를 위해 우선적으로 증거 등에 대해 사진촬영을 한다.
② 상대운전자에게 과실이 있음을 명확히 하고 보험적용을 요청한다.
❸ 자동차를 도로의 우측 가장자리에 정지시키고 행정안전부령으로 정하는 바에 따라 그 표지를 설치하여야 한다.
④ 비상점멸등을 작동하고 자동차 안에서 관계기관에 신고한다.

450

다음 중 고속도로 공사구간에 관한 설명으로 틀린 것은?

① 차로를 차단하는 공사의 경우 정체가 발생할 수 있어 주의해야 한다.
② 화물차의 경우 순간 졸음, 전방주시태만은 대형사고로 이어질 수 있다.
③ 이동공사, 고정공사 등 다양한 유형의 공사가 진행된다.
❹ 제한속도는 시속 80킬로미터로만 제한되어 있다.

한 줄 해설

공사구간의 경우 구간별로 시속 80킬로미터와 시속 60킬로미터로 제한되어 있다.

451

다음 중 하이패스 단말기 고장으로 하이패스가 인식되지 않은 경우, 올바른 조치방법 2가지는?

① 비상점멸등을 작동하고 일시정지한 후 일반차로의 통행권을 발권한다.
❷ 목적지 요금소에서 정산 담당자에게 진입한 장소를 설명하고 정산한다.
③ 목적지 요금소의 하이패스 차로를 통과하면 자동 정산된다.
❹ 목적지 요금소에서 하이패스 단말기의 카드를 분리한 후 정산담당자에게 그 카드로 요금을 정산할 수 있다.

452

다음 중 터널 안 화재가 발생했을 때 운전자의 행동으로 가장 올바른 것은?

① 도난 방지를 위해 자동차 문을 잠그고 터널 밖으로 대피한다.
② 화재로 인해 터널 안은 연기로 가득차기 때문에 차 안에 대기한다.
❸ 차량 엔진 시동을 끄고 차량 이동을 위해 열쇠는 꽂아둔 채 신속하게 내려 대피한다.
④ 유턴해서 출구 반대방향으로 되돌아간다.

453

다음 중 터널을 통과할 때 운전자의 안전수칙으로 잘못된 것은?

❶ 터널 진입 전, 명순응에 대비하여 색안경을 벗고 밤에 준하는 등화를 켠다.
② 터널 안 차선이 백색실선인 경우, 차로를 변경하지 않고 터널을 통과한다.
③ 앞차와의 안전거리를 유지하면서 급제동에 대비한다.
④ 터널 진입 전, 입구에 설치된 도로안내정보를 확인한다.

한 줄 해설
터널 진입 전, 명순응에 대비하여 색안경을 벗고 전조등을 켠다.

454

다음은 자동차 주행 중 긴급 상황에서 제동과 관련한 설명이다. 맞는 것은?

① 수막현상이 발생할 때는 브레이크의 제동력이 평소보다 높아진다.
❷ 비상시 충격 흡수 방호벽을 활용하는 것은 대형 사고를 예방하는 방법 중 하나이다.
③ 노면에 습기가 있을 때 급브레이크를 밟으면 항상 직진 방향으로 미끄러진다.
④ ABS를 장착한 차량은 제동거리가 절반 이상 줄어든다.

한 줄 해설
① 제동력이 떨어진다. ③ 편제동으로 인해 옆으로 미끄러질 수 있다. ④ ABS는 빗길 원심력 감소, 일정 속도에서 제동거리가 어느 정도 감소되나 절반 이상 줄어들지는 않는다.

455

지진이 발생할 경우 안전한 대처 요령 2가지는?

① 지진이 발생하면 신속하게 주행하여 지진 지역을 벗어난다.
❷ 차간거리를 충분히 확보한 후 도로의 우측에 정차한다.
❸ 차를 두고 대피할 필요가 있을 때는 차의 시동을 끈다.
④ 지진 발생과 관계없이 계속 주행한다.

456

고속도로 공사구간을 주행할 때 운전자의 올바른 운전요령이 아닌 2가지는?

① 전방 공사 구간 상황에 주의하며 운전한다.
❷ 공사구간 제한속도표지에서 지시하는 속도보다 빠르게 주행한다.
③ 무리한 끼어들기 및 앞지르기를 하지 않는다.
❹ 원활한 교통흐름을 위하여 공사구간 접근 전 속도를 일관되게 유지하여 주행한다.

한 줄 해설
공사장에 설치되어 있는 제한속도표지에 표시된 속도에 맞게 감속하여 주행하여야 한다.

457

자동차 운전 중 터널 내에서 화재가 났을 경우 조치해야 할 행동으로 맞는 2가지는?

❶ 차에서 내려 이동할 경우 자동차의 시동을 끄고 하차한다.
❷ 소화기로 불을 끌 경우 바람을 등지고 서야 한다.
③ 터널 밖으로 이동이 어려운 경우 차량은 최대한 중앙선 쪽으로 정차시킨다.
④ 차를 두고 대피할 경우는 자동차 열쇠를 뽑아 가지고 이동한다.

한 줄 해설

③ 측벽 쪽으로 정차시켜야 응급차량 등이 소통할 수 있다. ④ 자동차 열쇠를 꽂아두어야만 다른 상황 발생 시 조치 가능하다.

458

자동차가 미끄러지는 현상에 관한 설명으로 맞는 2가지는?

❶ 고속 주행 중 급제동 시에 주로 발생하기 때문에 과속이 주된 원인이다.
② 빗길에서는 저속 운행 시에 주로 발생한다.
③ 미끄러지는 현상에 의한 노면 흔적은 사고 원인 추정에 별 도움이 되질 않는다.
❹ ABS 장착 차량도 미끄러지는 현상이 발생할 수 있다.

한 줄 해설

② 고속 운행 시에 주로 발생한다. ③ 미끄러짐 현상에 의한 노면 흔적은 사고 처리에 중요한 자료가 된다.

459

자동차가 차로를 이탈할 가능성이 가장 큰 경우 2가지는?

① 오르막길에서 주행할 때
❷ 커브 길에서 급히 핸들을 조작할 때
③ 내리막길에서 주행할 때
❹ 노면이 미끄러울 때

460

고속도로 주행 중 엔진 룸(보닛)에서 연기가 나고 화재가 발생하였을 때 가장 바람직한 조치 방법 2가지는?

① 발견 즉시 그 자리에 정차한다.
❷ 갓길로 이동한 후 시동을 끄고 재빨리 차에서 내려 대피한다.
❸ 초기 진화가 가능한 경우에는 차량에 비치된 소화기를 사용하여 불을 끈다.
④ 초기 진화에 실패했을 때에는 119 등에 신고한 후 차량 바로 옆에서 기다린다.

461

도로 공사장의 안전한 통행을 위해 차선변경이 필요한 구간으로 차로 감소가 시작되는 지점은?

① 주의구간 시작점
❷ 완화구간 시작점
③ 작업구간 시작점
④ 종결구간 시작점

462

야간운전과 관련된 내용으로 가장 올바른 것은?

① 전면유리에 틴팅(일명 썬팅)을 하면 야간에 넓은 시야를 확보할 수 있다.
② 맑은 날은 야간보다 주간운전 시 제동거리가 길어진다.
③ 야간에는 전조등보다 안개등을 켜고 주행하면 전방의 시야확보에 유리하다.
❹ 반대편 차량의 불빛을 정면으로 쳐다보면 증발현상이 발생한다.

463

야간 운전 중 나타나는 증발현상에 대한 설명 중 옳은 것은?

① 증발현상이 나타날 때 즉시 차량의 전조등을 끄면 증발현상이 사라진다.
❷ 증발현상은 마주 오는 두 차량이 모두 상향 전조등일 때 발생하는 경우가 많다.
③ 야간에 혼잡한 시내도로를 주행할 때 발생하는 경우가 많다.
④ 야간에 터널을 진입하게 되면 밝은 불빛으로 잠시 안 보이는 현상을 말한다.

464

야간 운전 시 운전자의 '각성저하주행'에 대한 설명으로 옳은 것은?

① 평소보다 인지능력이 향상된다.
② 안구동작이 상대적으로 활발해진다.
③ 시내 혼잡한 도로를 주행할 때 발생하는 경우가 많다.
❹ 단조로운 시계에 익숙해져 일종의 감각 마비 상태에 빠지는 것을 말한다.

465

해가 지기 시작하면서 어두워질 때 운전자의 조치로 거리가 먼 것은?

① 차폭등, 미등을 켠다.
② 주간 주행속도보다 감속 운행한다.
③ 석양이 지면 눈이 어둠에 적응하는 시간이 부족해 주의하여야 한다.
❹ 주간보다 시야확보가 용의하여 운전하기 편하다.

한 줄 해설
주간보다 시야확보가 어려워지기 때문에 주의할 필요가 있다.

466

다음 중 전기자동차의 충전 케이블의 커플러에 관한 설명이 잘못된 것은?

① 다른 배선기구와 대체 불가능한 구조로서 극성이 구분되고 접지극이 있는 것일 것
❷ 접지극은 투입 시 제일 나중에 접속되고, 차단 시 제일 먼저 분리되는 구조일 것
③ 의도하지 않은 부하의 차단을 방지하기 위해 잠금 또는 탈부착을 위한 기계적 장치가 있는 것일 것
④ 전기자동차 커넥터가 전기자동차 접속구로부터 분리될 때 충전 케이블의 전원공급을 중단시키는 인터록 기능이 있는 것일 것

한 줄 해설
접지극은 투입 시 제일 먼저 접속되고, 차단 시 제일 나중에 분리되는 구조일 것

467

자동차 화재를 예방하기 위한 방법으로 가장 올바른 것은?

① 차량 내부에 앰프 설치를 위해 배선장치를 임의로 조작한다.
❷ 겨울철 주유 시 정전기가 발생하지 않도록 주의한다.
③ LPG차량은 비상시를 대비하여 일회용 부탄가스를 차량에 싣고 다닌다.
④ 일회용 라이터는 여름철 차 안에 두어도 괜찮다.

한 줄 해설
① 배선은 임의로 조작하면 안 된다. ③ 차량 안에 일회용 부탄가스를 두는 것은 위험하다. ④ 일회용 라이터에는 폭발방지장치가 없어 여름철 차 안에 두면 위험하다.

468

앞 차량의 급제동으로 인해 추돌할 위험이 있는 경우, 그 대처 방법으로 가장 올바른 것은?

❶ 충돌 직전까지 포기하지 말고, 브레이크 페달을 밟아 감속한다.
② 앞차와의 추돌을 피하기 위해 핸들을 급하게 좌측으로 꺾어 중앙선을 넘어간다.
③ 피해를 최소화하기 위해 눈을 감는다.
④ 와이퍼와 상향등을 함께 조작한다.

한 줄 해설
② 핸들을 급하게 좌측으로 꺾어 중앙선을 넘어가면 반대편에서 주행하는 차량과 사고가 발생할 수 있다. ③, ④ 눈을 감는 것과 와이퍼와 상향등을 조작하는 것은 추돌의 피해를 감소시키는 것과 상관없다.

469

다음 중 고속으로 주행하는 차량의 타이어 이상으로 발생하는 현상 2가지는?

① 베이퍼록 현상　❷ 스탠딩웨이브 현상
③ 페이드 현상　❹ 하이드로플레이닝 현상

한 줄 해설
고속으로 주행하는 차량의 타이어 공기압이 부족하면 스탠딩웨이브 현상이 발생하며, 고속으로 주행하는 차량의 타이어가 마모된 상태에서 물 고인 곳을 지나가면 하이드로플레이닝 현상이 발생한다.

470

도로교통법령상 좌석안전띠 착용에 대한 내용으로 올바른 것은?

① 좌석안전띠는 허리 위로 고정시켜 교통사고 충격에 대비한다.
❷ 화재진압을 위해 출동하는 소방관은 좌석안전띠를 착용하지 않아도 된다.
③ 어린이는 앞좌석에 앉혀 좌석안전띠를 매도록 하는 것이 가장 안전하다.
④ 13세 미만의 자녀에게 좌석안전띠를 매도록 하지 않으면 과태료가 3만 원이다.

471

교통사고 시 머리와 목 부상을 최소화하기 위해 출발 전에 조절해야 하는 것은?

① 좌석의 전후 조절　② 등받이 각도 조절
❸ 머리받침대 높이 조절　④ 좌석의 높낮이 조절

472

터널에서 안전운전과 관련된 내용으로 맞는 것은?

① 앞지르기는 왼쪽 방향지시등을 켜고 좌측으로 한다.
❷ 터널 안에서는 앞차와의 거리감이 저하된다.
③ 터널 진입 시 명순응 현상을 주의해야 한다.
④ 터널 출구에서는 암순응 현상이 발생한다.

한 줄 해설
① 교차로, 다리 위, 터널 안 등은 앞지르기가 금지된 장소이다. ③, ④ 터널 진입 시에는 암순응 현상이, 터널 출구에서는 명순응 현상이 발생한다.

473

다음은 진로를 변경할 때 켜야 하는 신호에 대한 설명이다. 가장 알맞은 것은?

① 신호를 하지 않고 진로를 변경해도 다른 교통에 방해되지 않았다면 교통법규 위반으로 볼 수 없다.
② 진로 변경이 끝난 후 상당 기간 신호를 계속하여야 한다.
❸ 진로 변경 시 신호를 하지 않으면 승용차 등과 승합차 등은 3만 원의 범칙금 대상이 된다.
④ 고속도로에서 진로 변경을 하고자 할 때에는 30미터 지점부터 진로변경이 완료될 때까지 신호를 한다.

한 줄 해설
① 신호불이행의 교통법규 위반 대상이 된다. ② 진로 변경이 끝난 후에는 바로 신호를 중지해야 한다. ③ 100미터 이전 지점부터 신호를 해야 한다.

474

앞지르기를 할 수 있는 경우로 맞는 것은?

① 앞차가 다른 차를 앞지르고 있을 경우
② 앞차가 위험 방지를 위하여 정지 또는 서행하고 있는 경우
③ 앞차의 좌측에 다른 차가 앞차와 나란히 진행하고 있는 경우
❹ 앞차가 저속으로 진행하면서 다른 차와 안전거리를 확보하고 있을 경우

475

다음은 다른 차를 앞지르기하려는 자동차의 속도에 대한 설명이다. 맞는 것은?

① 다른 차를 앞지르기하는 경우에는 속도의 제한이 없다.
② 해당 도로의 법정 최고 속도의 100분의 50을 더한 속도까지는 가능하다.
③ 운전자의 운전 능력에 따라 제한 없이 가능하다.
❹ 해당 도로의 최고 속도 이내에서만 앞지르기가 가능하다.

476

고속도로에서 사고예방을 위해 정차 및 주차를 금지하고 있다. 이에 대한 설명으로 바르지 않은 것은?

① 소방차가 생활안전활동을 수행하기 위하여 정차 또는 주차할 수 있다.
② 경찰공무원의 지시에 따르거나 위험을 방지하기 위하여 정차 또는 주차할 수 있다.
③ 일반자동차가 통행료를 지불하기 위해 통행료를 받는 장소에서 정차할 수 있다.
❹ 터널 안 비상주차대는 소방차와 경찰용 긴급자동차만 정차 또는 주차할 수 있다.

한 줄 해설
비상주차대는 경찰용 긴급자동차와 소방차 외 일반자동차도 정차 또는 주차할 수 있다.

477

다음 중 자동차 운전자가 위험을 느끼고 브레이크 페달을 밟아 실제로 정지할 때까지의 '정지거리'가 가장 길어질 수 있는 경우 2가지는?

① 차량의 중량이 상대적으로 가벼울 때
❷ 차량의 속도가 상대적으로 빠를 때
③ 타이어를 새로 구입하여 장착한 직후
❹ 과로 및 음주 운전 시

478

자동차 승차인원에 관한 설명으로 맞는 2가지는?

❶ 고속도로에서는 자동차의 승차정원을 넘어서 운행할 수 없다.
② 자동차등록증에 명시된 승차정원은 운전자를 제외한 인원이다.
❸ 출발지를 관할하는 경찰서장의 허가를 받은 때에는 승차정원을 초과하여 운행할 수 있다.
④ 승차정원 초과 시 도착지 관할 경찰서장의 허가를 받아야 한다.

한 줄 해설
② 자동차등록증의 승차정원은 운전자 포함이다. ④ 허가는 출발지 관할 경찰서장에게 받는 것이 원칙이다.

479

전방에 교통사고로 앞차가 급정지했을 때 추돌 사고를 방지하기 위한 가장 안전한 운전방법 2가지는?

❶ 앞차와 정지거리 이상을 유지하며 운전한다.
② 비상점멸등을 켜고 긴급자동차를 따라서 주행한다.
❸ 앞차와 추돌하지 않을 정도로 충분히 감속하며 안전거리를 확보한다.
④ 위험이 발견되면 풋 브레이크와 주차브레이크를 동시에 사용하여 제동거리를 줄인다.

480

좌석안전띠에 대한 설명으로 맞는 2가지는?

① 운전자가 안전띠를 착용하지 않은 경우 과태료 3만 원이 부과된다.
❷ 일반적으로 경부에 대한 편타손상은 2점식에서 더 많이 발생한다.
③ 13세 미만의 어린이가 안전띠를 착용하지 않으면 범칙금 6만 원이 부과된다.
❹ 안전띠는 2점식, 3점식, 4점식으로 구분된다.

한 줄 해설

① 운전자가 안전띠를 착용하지 않은 경우 범칙금 3만 원이 부과된다. ③ 13세 미만의 어린이가 안전띠를 착용하지 않으면 과태료 6만 원이 부과된다.

481

좌석안전띠 착용에 대한 설명으로 맞는 2가지는?

① 가까운 거리를 운행할 경우에는 큰 효과가 없으므로 착용하지 않아도 된다.
❷ 자동차의 승차자는 안전을 위하여 좌석안전띠를 착용하여야 한다.
③ 어린이는 부모의 도움을 받을 수 있는 운전석 옆 좌석에 태우고, 좌석안전띠를 착용시키는 것이 안전하다.
❹ 긴급한 용무로 출동하는 경우 이외에는 긴급자동차의 운전자도 좌석안전띠를 반드시 착용하여야 한다.

482

교통사고로 심각한 척추 골절 부상이 예상되는 경우에 가장 적절한 조치방법은?

① 의식이 있는지 확인하고 즉시 심폐소생술을 실시한다.
② 부상자를 부축하여 안전한 곳으로 이동하고 119에 신고한다.
③ 상기도 폐색이 발생될 수 있으므로 하임리히법을 시행한다.
❹ 긴급한 경우가 아니면 이송을 해서는 안 되며, 부득이한 경우에는 이송해야 한다면 부목을 이용해서 척추 부분을 고정한 후 안전한 곳으로 우선 대피해야 한다.

483

교통사고 발생 시 부상자의 의식 상태를 확인하는 방법으로 가장 먼저 해야 할 것은?

① 부상자의 맥박 유무를 확인한다.
❷ 말을 걸어보거나 어깨를 가볍게 두드려 본다.
③ 어느 부위에 출혈이 심한지 살펴본다.
④ 입안을 살펴서 기도에 이물질이 있는지 확인한다.

484

도로교통법령상 교통사고 발생 시 긴급을 요하는 경우 동승자에게 조치를 하도록 하고 운전을 계속할 수 있는 차량 2가지는?

❶ 병원으로 부상자를 운반 중인 승용자동차
② 화재진압 후 소방서로 돌아오는 소방자동차
③ 교통사고 현장으로 출동하는 견인자동차
❹ 택배화물을 싣고 가던 중인 우편물자동차

485

도로교통법령상 교통사고 발생 시 계속 운전할 수 있는 경우로 옳은 2가지는?

❶ 긴급한 환자를 수송 중인 구급차 운전자는 동승자로 하여금 필요한 조치 등을 하게 하고 계속 운전하였다.
② 긴급한 회의에 참석하기 위해 이동 중인 운전자는 동승자로 하여금 필요한 조치 등을 하게 하고 계속 운전하였다.
❸ 긴급 우편물을 수송하는 차량 운전자는 동승자로 하여금 필요한 조치 등을 하게 하고 계속 운전하였다.
④ 긴급한 약품을 수송 중인 구급차 운전자는 동승자로 하여금 필요한 조치 등을 하게 하고 계속 운전하였다.

486

야간에 도로에서 로드킬(Road kill)을 예방하기 위한 운전 방법으로 바람직하지 않은 것은?

① 사람이나 차량의 왕래가 적은 국도나 산길을 주행할 때는 감속운행을 해야 한다.
② 야생동물 발견 시에는 서행으로 접근하고 한적한 갓길에 세워 동물과의 충돌을 방지한다.
③ 야생동물 발견 시에는 전조등을 끈 채 경음기를 가볍게 울려 도망가도록 유도한다.
❹ 출현하는 동물의 발견을 용이하게 하기 위해 가급적 갓길에 가까운 도로를 주행한다.

한 줄 해설
동물이 출현할 가능성이 높은 도로에서는 감속 운행하는 것이 좋다.

487

고속도로에서 고장 등으로 긴급 상황 발생 시 일정 거리를 무료로 견인서비스를 제공해 주는 기관은?

① 한국도로교통공단 ❷ 한국도로공사
③ 경찰청 ④ 한국교통안전공단

488

도로에서 로드킬(Road kill)이 발생하였을 때 조치요령으로 바르지 않은 것은?

① 감염병 위험이 있을 수 있으므로 동물사체 등을 함부로 만지지 않는다.
② 로드킬 사고가 발생하면 야생동물구조센터나 지자체 콜센터 '지역번호+120번' 등에 신고한다.
❸ 2차 사고 방지를 위해 사고 당한 동물을 자기 차에 싣고 주행한다.
④ 2차 사고 방지와 원활한 소통을 위한 조치를 한 경우에는 신고하지 않아도 된다.

489

보복운전 또는 교통사고 발생을 방지하기 위한 분노조절 기법에 대한 설명으로 맞는 것은?

① 감정이 끓어오르는 상황에서 잠시 빠져나와 시간적 여유를 갖고 마음의 안정을 찾는 분노조절방법을 스톱버튼기법이라 한다.
② 분노를 유발하는 부정적인 사고를 중지하고 평소 생각해 둔 행복한 장면을 1~2분간 떠올려 집중하는 분노조절방법을 타임아웃기법이라 한다.
③ 분노를 유발하는 종합적 신념체계와 과거의 왜곡된 사고에 대한 수동적 인식경험을 자신에게 질문하는 방법을 경험회상질문기법이라 한다.
❹ 양팔, 다리, 아랫배, 가슴, 어깨 등 몸의 각 부분을 최대한 긴장시켰다가 이완시켜 편안한 상태를 반복하는 방법을 긴장이완훈련기법이라 한다.

한 줄 해설
① 타임아웃기법, ② 스톱버튼기법에 대한 설명이다. ③ 경험회상질문기법은 분노조절방법에 해당하지 않는다.

490

폭우로 인하여 지하차도가 물에 잠겨 있는 상황이다. 다음 중 가장 안전한 운전 방법은?

① 물에 바퀴가 다 잠길 때까지는 무사히 통과할 수 있으니 서행으로 지나간다.
② 최대한 빠른 속도로 빠져 나간다.
❸ 우회도로를 확인한 후에 돌아간다.
④ 통과하다가 시동이 꺼지면 바로 다시 시동을 걸고 빠져 나온다.

491

교통사고 등 응급상황 발생 시 조치요령과 거리가 먼 것은?

① 위험여부 확인
② 환자의 반응 확인
③ 기도 확보 및 호흡 확인
❹ 환자의 목적지와 신상 확인

492

주행 중 자동차 돌발 상황에 대한 올바른 대처 방법과 거리가 먼 것은?

❶ 주행 중 핸들이 심하게 떨리면 핸들을 꽉 잡고 계속 주행한다.
② 자동차에서 연기가 나면 즉시 안전한 곳으로 이동 후 시동을 끈다.
③ 타이어 펑크가 나면 핸들을 꽉 잡고 감속하며 안전한 곳에 정차한다.
④ 철길건널목 통과 중 시동이 꺼져서 다시 걸리지 않는다면 신속히 대피 후 신고한다.

한 줄 해설
핸들이 심하게 떨리면 타이어 펑크나 휠이 빠질 수 있기 때문에 반드시 안전한 곳에 정차하고 점검한다.

493

교통사고 현장에서 증거확보를 위한 사진 촬영 방법으로 맞는 2가지는?

① 블랙박스 영상이 촬영되는 경우 추가하여 사진 촬영할 필요가 없다.
② 도로에 엔진오일, 냉각수 등의 흔적은 오랫동안 지속되므로 촬영하지 않아도 된다.
❸ 파편물, 자동차와 도로의 파손 부위 등 동일한 대상에 대해 근접촬영과 원거리 촬영을 같이 한다.
❹ 차량 바퀴의 진행 방향을 스프레이 등으로 표시하거나 촬영을 해 둔다.

494

다음 중 장거리 운행 전에 반드시 점검해야 할 우선순위 2가지는?

① 차량 청결 상태 점검
② DMB(영상표시장치) 작동여부 점검
❸ 각종 오일류 점검
❹ 타이어 상태 점검

495

도로교통법령상 운전면허 취소 사유에 해당하는 것은?

① 정기 적성검사 기간 만료 다음 날부터 적성검사를 받지 아니하고 6개월을 초과한 경우
❷ 운전자가 단속 공무원(경찰공무원, 시·군·구 공무원)을 폭행하여 불구속 형사 입건된 경우
③ 자동차 등록 후 자동차 등록번호판을 부착하지 않고 운전한 경우
④ 제2종 보통면허를 갱신하지 않고 2년을 초과한 경우

496

도로교통법령상 범칙금 납부 통고서를 받은 사람이 1차 납부 기간 경과 시 20일 이내 납부해야 할 금액으로 맞는 것은?

① 통고 받은 범칙금에 100분의 10을 더한 금액
❷ 통고 받은 범칙금에 100분의 20을 더한 금액
③ 통고 받은 범칙금에 100분의 30을 더한 금액
④ 통고 받은 범칙금에 100분의 40을 더한 금액

497

도로교통법령상 누산 점수 초과로 인한 운전면허 취소 기준으로 옳은 것은?

① 1년간 100점 이상
② 2년간 191점 이상
❸ 3년간 271점 이상
④ 5년간 301점 이상

498

도로교통법령상 교통사고 결과에 따른 벌점 기준으로 맞는 것은?

① 행정 처분을 받을 운전자 본인의 인적 피해에 대해서도 인적 피해 교통사고 구분에 따라 벌점을 부과한다.
② 자동차 등 대 사람 교통사고의 경우 쌍방 과실인 때에는 벌점을 부과하지 않는다.
③ 교통사고 발생 원인이 불가항력이거나 피해자의 명백한 과실인 때에는 벌점을 2분의 1로 감경한다.
❹ 자동차 등 대 자동차 등 교통사고의 경우에는 그 사고 원인 중 중한 위반행위를 한 운전자에게만 벌점을 부과한다.

499

도로교통법령상 영상기록매체에 의해 입증되는 주차위반에 대한 과태료의 설명으로 알맞은 것은?

① 승용차의 소유자는 3만 원의 과태료를 내야 한다.
② 승합차의 소유자는 7만 원의 과태료를 내야 한다.
③ 기간 내에 과태료를 내지 않아도 불이익은 없다.
❹ 같은 장소에서 2시간 이상 주차 위반을 하는 경우 과태료가 가중된다.

500

다음 중 교통사고를 일으킨 운전자가 종합보험이나 공제조합에 가입되어 있어 교통사고처리특례법의 특례가 적용되는 경우로 맞는 것은?

❶ 안전운전 의무위반으로 자동차를 손괴하고 경상의 교통사고를 낸 경우
② 교통사고로 사람을 사망에 이르게 한 경우
③ 교통사고를 야기한 후 부상자 구호를 하지 않은 채 도주한 경우
④ 신호 위반으로 경상의 교통사고를 일으킨 경우

501

도로교통법령상 도로에서 동호인 7명이 4대의 차량에 나누어 타고 공동으로 다른 사람에게 위해를 끼쳐 형사입건되었다. 처벌기준으로 틀린 것은?(개인형 이동장치는 제외)

① 2년 이하의 징역이나 500만 원 이하의 벌금
❷ 적발 즉시 면허정지
③ 구속된 경우 면허취소
④ 형사입건된 경우 벌점 40점

502

도로교통법령상 자동차 운전자가 난폭운전으로 형사입건되었다. 운전면허 행정처분은?

① 면허 취소
② 면허 정지 100일
③ 면허 정지 60일
❹ 면허 정지 40일

503

도로교통법령상 술에 취한 상태에서 자전거를 운전한 경우 어떻게 되는가?

① 처벌하지 않는다.
❷ 범칙금 3만 원의 통고처분한다.
③ 과태료 4만 원을 부과한다.
④ 10만 원 이하의 벌금 또는 구류에 처한다.

504

도로교통법령상 술에 취한 상태에 있다고 인정할 만한 상당한 이유가 있는 자전거 운전자가 경찰공무원의 정당한 음주측정 요구에 불응한 경우 처벌은?

① 처벌하지 않는다.
② 과태료 7만 원을 부과한다.
❸ 범칙금 10만 원의 통고처분한다.
④ 10만 원 이하의 벌금 또는 구류에 처한다.

505

교통사고처리특례법상 형사 처벌되는 경우로 맞는 2가지는?

① 종합보험에 가입하지 않은 차가 물적 피해가 있는 교통사고를 일으키고 피해자와 합의한 때
❷ 택시공제조합에 가입한 택시가 중앙선을 침범하여 인적 피해가 있는 교통사고를 일으킨 때
❸ 종합보험에 가입한 차가 신호를 위반하여 인적 피해가 있는 교통사고를 일으킨 때
④ 화물공제조합에 가입한 화물차가 안전운전 불이행으로 물적 피해가 있는 교통사고를 일으킨 때

506

도로교통법령상 범칙금 납부 통고서를 받은 사람이 2차 납부기간을 경과한 경우에 대한 설명으로 맞는 2가지는?

❶ 지체 없이 즉결심판을 청구하여야 한다.
❷ 즉결심판을 받지 아니한 때 운전면허를 40일 정지한다.
③ 과태료를 부과한다.
④ 범칙금액에 100분의 30을 더한 금액을 납부하면 즉결심판을 청구하지 않는다.

507

도로교통법령상 승용자동차 운전자가 주·정차된 차만 손괴하는 교통사고를 일으키고 피해자에게 인적사항을 제공하지 아니한 경우 어떻게 되는가?

① 처벌하지 않는다.
② 과태료 10만 원을 부과한다.
❸ 범칙금 12만 원의 통고처분한다.
④ 30만 원 이하의 벌금 또는 구류에 처한다.

508

도로교통법령상 혈중알코올농도 0.03퍼센트 이상 0.08퍼센트 미만의 술에 취한 상태로 승용차를 운전한 사람에 대한 처벌기준으로 맞는 것은?(1회 위반한 경우)

❶ 1년 이하의 징역이나 500만 원 이하의 벌금
② 2년 이하의 징역이나 1천만 원 이하의 벌금
③ 3년 이하의 징역이나 1천500만 원 이하의 벌금
④ 2년 이상 5년 이하의 징역이나 1천만 원 이상 2천만 원 이하의 벌금

509

도로교통법령상 운전면허 행정처분에 대한 이의 신청을 하여 인용된 경우, 취소처분에 대한 감경 기준으로 맞는 것은?

① 처분벌점 90점으로 한다.
② 처분벌점 100점으로 한다.
❸ 처분벌점 110점으로 한다.
④ 처분벌점 120점으로 한다.

510

도로교통법령상 연습운전면허 소지자가 혈중알코올농도 ( )퍼센트 이상을 넘어서 운전한 때 연습운전면허를 취소한다. ( ) 안에 기준으로 맞는 것은?

❶ 0.03
② 0.05
③ 0.08
④ 0.10

511

도로교통법령상 운전자가 단속 경찰공무원 등에 대한 폭행을 하여 형사 입건된 때 처분으로 맞는 것은?

① 벌점 40점을 부과한다.
② 벌점 100점을 부과한다.
❸ 운전면허를 취소 처분한다.
④ 즉결심판을 청구한다.

512

도로교통법령상 인적 피해 있는 교통사고를 야기하고 도주한 차량의 운전자를 검거하거나 신고하여 검거하게 한 운전자(교통사고의 피해자가 아닌 경우)에게 검거 또는 신고할 때마다 ( )의 특혜점수를 부여한다. ( )에 맞는 것은?

① 10점 ② 20점
③ 30점 ❹ 40점

513

도로교통법령상 승용자동차 운전자에 대한 위반행위별 범칙금이 틀린 것은?

① 속도 위반(매시 60킬로미터 초과)의 경우 12만 원
② 신호 위반의 경우 6만 원
③ 중앙선 침범의 경우 6만 원
❹ 앞지르기 금지 시기·장소 위반의 경우 5만 원

514

도로교통법령상 화재진압용 연결송수관 설비의 송수구로부터 5미터 이내 승용자동차를 정차한 경우 범칙금은?(안전표지 미설치)

❶ 4만 원 ② 3만 원
③ 2만 원 ④ 처벌되지 않는다.

515

도로교통법상 벌점 부과기준이 다른 위반행위 하나는?

❶ 승객의 차내 소란행위 방치운전
② 철길건널목 통과방법 위반
③ 고속도로 갓길 통행 위반
④ 운전면허증 등의 제시의무위반

516

도로교통법령상 즉결심판이 청구된 운전자가 즉결심판의 선고 전까지 통고받은 범칙금액에 ( )을 더한 금액을 내고 납부를 증명하는 서류를 제출하면 경찰서장은 운전자에 대한 즉결심판 청구를 취소하여야 한다. ( ) 안에 맞는 것은?

① 100분의 20 ② 100분의 30
❸ 100분의 50 ④ 100분의 70

517

도로교통법령상 술에 취한 상태에 있다고 인정할 만한 상당한 이유가 있는 자동차 운전자가 경찰공무원의 정당한 음주측정 요구에 불응한 경우 처벌기준으로 맞는 것은?(1회 위반한 경우)

① 1년 이상 2년 이하의 징역이나 500만 원 이하의 벌금
② 1년 이상 3년 이하의 징역이나 1천만 원 이하의 벌금
③ 1년 이상 4년 이하의 징역이나 500만 원 이상 1천만 원 이하의 벌금
❹ 1년 이상 5년 이하의 징역이나 500만 원 이상 2천만 원 이하의 벌금

518

자동차 번호판을 가리고 자동차를 운행한 경우의 벌칙으로 맞는 것은?

❶ 1년 이하의 징역 또는 1천만 원 이하의 벌금
② 1년 이하의 징역 또는 2천만 원 이하의 벌금
③ 2년 이하의 징역 또는 1천만 원 이하의 벌금
④ 2년 이하의 징역 또는 2천만 원 이하의 벌금

519

도로교통법령상 자동차 운전자가 고속도로에서 자동차 내에 고장자동차의 표지를 비치하지 않고 운행하였다. 어떻게 되는가?

❶ 2만 원의 과태료가 부과된다.
② 3만 원의 범칙금으로 통고 처분된다.
③ 30만 원 이하의 벌금으로 처벌된다.
④ 아무런 처벌이나 처분되지 않는다.

520

도로교통법령상 고속도로에서 승용자동차 운전자의 과속행위에 대한 범칙금 기준으로 맞는 것은?

❶ 제한속도기준 시속 60킬로미터 초과 80킬로미터 이하 – 범칙금 12만 원
② 제한속도기준 시속 40킬로미터 초과 60킬로미터 이하 – 범칙금 8만 원
③ 제한속도기준 시속 20킬로미터 초과 40킬로미터 이하 – 범칙금 5만 원
④ 제한속도기준 시속 20킬로미터 이하 – 범칙금 2만 원

521

도로교통법령상 교통사고를 일으킨 자동차 운전자에 대한 벌점기준으로 맞는 것은?

❶ 신호위반으로 사망(72시간 이내) 1명의 교통사고가 발생하면 벌점은 105점이다.
② 피해차량의 탑승자와 가해차량 운전자의 피해에 대해서도 벌점을 산정한다.
③ 교통사고의 원인 점수와 인명피해 점수, 물적피해 점수를 합산한다.
④ 자동차 대 자동차 교통사고의 경우 사고원인이 두 차량에 있으면 둘 다 벌점을 산정하지 않는다.

522

도로교통법령상 적성검사 기준을 갖추었는지를 판정하는 건강검진 결과통보서는 운전면허시험 신청일부터 (　) 이내에 발급된 서류이어야 한다. (　) 안에 기준으로 맞는 것은?

① 1년　　❷ 2년
③ 3년　　④ 4년

523

도로교통법령상 운전면허 취소처분에 대한 이의가 있는 경우, 운전면허행정처분 이의심의위원회에 신청할 수 있는 기간은?

① 그 처분을 받은 날로부터 90일 이내
② 그 처분을 안 날로부터 90일 이내
❸ 그 처분을 받은 날로부터 60일 이내
④ 그 처분을 안 날로부터 60일 이내

524

도로교통법령상 연습운전면허 소지자가 도로에서 주행연습을 할 때 연습하고자 하는 자동차를 운전할 수 있는 운전면허를 받은 날부터 2년이 경과된 사람(운전면허 정지기간 중인 사람 제외)과 함께 승차하지 아니하고 단독으로 운행한 경우 처분은?

① 통고처분　　② 과태료 부과
③ 연습운전면허 정지　　❹ 연습운전면허 취소

525

도로교통법령상 원동기장치자전거를 운전할 수 있는 운전면허를 받지 아니하고 개인형 이동장치를 운전한 경우 처벌기준은?

❶ 20만 원 이하 벌금이나 구류 또는 과료
② 30만 원 이하 벌금이나 구류
③ 50만 원 이하 벌금이나 구류
④ 6개월 이하 징역 또는 200만 원 이하 벌금

526

도로교통법령상 승용자동차의 고용주 등에게 부과되는 위반행위별 과태료 금액이 틀린 것은?(어린이 보호구역 및 노인·장애인보호구역 제외)

① 중앙선 침범의 경우, 과태료 9만 원
② 신호 위반의 경우, 과태료 7만 원
③ 보도를 침범한 경우, 과태료 7만 원
❹ 속도 위반(매시 20킬로미터 이하)의 경우, 과태료 5만 원

527

도로교통법령상 벌점이 부과되는 운전자의 행위는?

❶ 주행 중 차 밖으로 물건을 던지는 경우
② 차로변경 시 신호 불이행한 경우
③ 불법부착장치 차를 운전한 경우
④ 서행의무를 위반한 경우

528

도로교통법령상 무사고·무위반 서약에 의한 벌점 감경(착한운전 마일리지제도)에 대한 설명으로 맞는 것은?

① 40점의 특혜점수를 부여한다.
② 2년간 교통사고 및 법규위반이 없어야 특혜점수를 부여한다.
❸ 운전자가 정지처분을 받게 될 경우 누산점수에서 특혜점수를 공제한다.
④ 운전면허시험장에 직접 방문하여 서약서를 제출해야만 한다.

529

도로교통법령상 연습운전면허 취소사유로 규정된 2가지는?

❶ 단속하는 경찰공무원 등 및 시·군·구 공무원을 폭행한 때
② 도로에서 자동차의 운행으로 물적 피해만 발생한 교통사고를 일으킨 때
❸ 다른 사람에게 연습운전면허증을 대여하여 운전하게 한 때
④ 신호위반을 2회한 때

530

도로교통법령상 특별교통안전 의무교육을 받아야 하는 사람은?

① 처음으로 운전면허를 받으려는 사람
② 처분벌점이 30점인 사람
③ 교통참여교육을 받은 사람
❹ 난폭운전으로 면허가 정지된 사람

531

도로교통법령상 교차로·횡단보도·건널목이나 보도와 차도가 구분된 도로의 보도에 2시간 이상 주차한 승용자동차의 소유자에게 부과되는 과태료 금액으로 맞는 것은?(어린이 보호구역 및 노인·장애인보호구역 제외)

① 4만 원　　❷ 5만 원
③ 6만 원　　④ 7만 원

532

도로교통법령상 운전면허 취소 사유가 아닌 것은?

① 정기 적성검사 기간을 1년 초과한 경우
② 보복운전으로 구속된 경우
❸ 제한속도를 시속 100킬로미터 초과하여 2회 운전한 경우
④ 자동차 등을 이용하여 다른 사람을 약취 유인 또는 감금한 경우

533

2회 이상 경찰공무원의 음주측정을 거부한 승용차운전자의 처벌 기준은?(벌금 이상의 형이 확정된 날부터 10년 내)

❶ 1년 이상 6년 이하의 징역이나 500만 원 이상 3천만 원 이하의 벌금
② 2년 이상 6년 이하의 징역이나 500만 원 이상 2천만 원 이하의 벌금
③ 3년 이상 5년 이하의 징역이나 1천만 원 이상 3천만 원 이하의 벌금
④ 1년 이상 5년 이하의 징역이나 500만 원 이상 2천만 원 이하의 벌금

534

도로교통법령상 혈중알코올농도 0.08퍼센트 이상 0.2퍼센트 미만의 술에 취한 상태로 자동차를 운전한 사람에 대한 처벌기준으로 맞는 것은?(1회 위반한 경우, 개인형 이동장치 제외)

① 2년 이하의 징역이나 500만 원 이하의 벌금
② 3년 이하의 징역이나 500만 원 이상 1천만 원 이하의 벌금
❸ 1년 이상 2년 이하의 징역이나 500만 원 이상 1천만 원 이하의 벌금
④ 2년 이상 5년 이하의 징역이나 1천만 원 이상 2천만 원 이하의 벌금

535

도로교통법령상 도로에서 자동차 운전자가 물적 피해 교통사고를 일으킨 후 조치 등 불이행에 따른 벌점기준은?

❶ 15점 ② 20점
③ 30점 ④ 40점

536

도로교통법령상 4.5톤 화물자동차의 적재물 추락 방지 조치를 하지 않은 경우 범칙금액은?

❶ 5만 원 ② 4만 원
③ 3만 원 ④ 2만 원

537

도로교통법령상 전용차로 통행에 대한 설명으로 맞는 것은?

① 승용차에 2인이 승차한 경우 다인승 전용차로를 통행할 수 있다.
❷ 승차정원 9인승 이상 승용차는 6인이 승차하면 고속도로 버스전용차로를 통행할 수 있다.
③ 승차정원 12인승 이하인 승합차는 5인이 승차해도 고속도로 버스전용차로를 통행할 수 있다.
④ 승차정원 16인승 자가용 승합차는 고속도로 외의 도로에 설치된 버스전용차로를 통행할 수 있다.

한 줄 해설
① 3인 이상 승차하여야 한다. ③ 승차자가 6인 이상이어야 한다.

538

도로교통법령상 75세 이상인 사람이 받아야 하는 교통안전교육에 대한 설명으로 틀린 것은?

① 75세 이상인 사람에 대한 교통안전교육은 한국도로교통공단에서 실시한다.
② 운전면허증 갱신일에 75세 이상인 사람은 갱신기간 이내에 교육을 받아야 한다.
❸ 75세 이상인 사람이 운전면허를 처음 받으려는 경우 교육시간은 1시간이다.
④ 교육은 강의·시청각·인지능력 자가진단 등의 방법으로 2시간 실시한다.

한 줄 해설
교육시간은 2시간이다.

539

도로교통법령상 자동차 운전자가 중앙선 침범으로 피해자에게 중상 1명, 경상 1명의 교통사고를 일으킨 경우 벌점은?

① 30점 ② 40점
❸ 50점 ④ 60점

한 줄 해설
운전면허 취소·정지처분 기준에 따라 중앙선 침범 벌점 30점, 중상 1명당 벌점 15점, 경상 1명당 벌점 5점이다.

540

도로교통법령상 "도로에서 어린이에게 개인형 이동장치를 운전하게 한 보호자의 과태료"와 "술에 취한 상태로 개인형 이동장치를 운전한 사람의 범칙금(측정거부 제외)"을 합산한 것으로 맞는 것은?

① 10만 원 ❷ 20만 원
③ 30만 원 ④ 40만 원

한 줄 해설
두 경우의 과태료와 범칙금은 각각 10만 원이다.

541

도로교통법령상 고속도로 버스전용차로를 이용할 수 있는 자동차의 기준으로 맞는 것은?

① 11인승 승합 자동차는 승차 인원에 관계없이 통행이 가능하다.
❷ 9인승 승용자동차는 6인 이상 승차한 경우에 통행이 가능하다.
③ 15인승 이상 승합자동차만 통행이 가능하다.
④ 45인승 이상 승합자동차만 통행이 가능하다.

542

다음 교통상황에서 일시정지해야 하는 곳이 아닌 것은?

❶ 신호기의 신호가 황색 점멸 중인 교차로
② 신호기의 신호가 적색 점멸 중인 교차로
③ 교통정리를 하고 있지 아니하고 좌·우를 확인할 수 없는 교차로
④ 교통정리를 하고 있지 아니하고 교통이 빈번한 교차로

한 줄 해설
황색 등화의 점멸 시 차마는 도로 교통 또는 안전표지의 표시에 주의하면서 진행할 수 있다.

543

유료도로법령상 통행료를 미납하고 고속도로를 통과한 차량에 대한 부가통행료 부과기준으로 맞는 것은?

① 통행료의 5배에 해당하는 금액을 부과할 수 있다.
❷ 통행료의 10배에 해당하는 금액을 부과할 수 있다.
③ 통행료의 20배에 해당하는 금액을 부과할 수 있다.
④ 통행료의 30배에 해당하는 금액을 부과할 수 있다.

544

도로교통법령상 전용차로 통행차 외에 전용차로로 통행할 수 있는 경우가 아닌 것은?

① 긴급자동차가 그 본래의 긴급한 용도로 운행되고 있는 경우
② 도로의 파손 등으로 전용차로가 아니면 통행할 수 없는 경우
③ 전용차로 통행차의 통행에 장해를 주지 아니하는 범위에서 택시가 승객을 태우기 위하여 일시 통행하는 경우
❹ 택배차가 물건을 내리기 위해 일시 통행하는 경우

545

도로교통법령상 자동차전용도로에서 자동차의 최고 속도와 최저 속도는?

① 매시 110킬로미터, 매시 50킬로미터
② 매시 100킬로미터, 매시 40킬로미터
❸ 매시 90킬로미터, 매시 30킬로미터
④ 매시 80킬로미터, 매시 20킬로미터

546

고속도로 통행료 미납 시 강제징수의 방법으로 맞지 않는 것은?

① 예금압류 ② 가상자산압류
③ 공매 ❹ 번호판영치

547

도로교통법령상 개인형 이동장치 운전자(13세 이상)의 법규위반에 대한 범칙금액이 다른 것은?

① 운전면허를 받지 아니하고 운전
❷ 경찰공무원의 호흡조사 측정에 불응한 경우
③ 술에 취한 상태에서 운전
④ 약물의 영향으로 정상적으로 운전하지 못할 우려가 있는 상태에서 운전

한 줄 해설

①, ③, ④의 범칙금은 10만 원, ②의 범칙금은 13만 원이다.

548

도로교통법령상 음주운전 방지장치 부착 조건부 운전면허 취득대상에 해당하지 않는 것은?

① 음주운전 위반한 사람이 5년 이내 술에 취한 상태에서 원동기장치자전거를 운전하여 면허취소 처분을 받은 경우
❷ 음주운전 위반한 사람이 3년 이내 술에 취한 상태에서 개인형 이동장치를 운전하여 면허취소 처분을 받은 경우
③ 음주운전 위반한 사람이 5년 이내 술에 취한 상태에서 경찰공무원의 음주측정에 응하지 아니하여 면허취소 처분을 받은 경우
④ 음주운전 위반한 사람이 3년 이내 술에 취한 상태에서 음주측정방해행위로 면허취소 처분을 받은 경우

549

도로교통법령상 정비불량차량 발견 시 ( )일의 범위 내에서 그 사용을 정지시킬 수 있다. ( ) 안에 기준으로 맞는 것은?

① 5 ② 7
❸ 10 ④ 14

550

도로교통법령상 신호의 뜻에 대한 설명으로 맞는 2가지는?

❶ 황색 등화의 점멸 – 차마는 다른 교통 또는 안전표지에 주의하면서 진행할 수 있다.
② 적색의 등화 – 보행자는 횡단보도를 주의하면서 횡단할 수 있다.
❸ 녹색 화살 표시의 등화 – 차마는 화살표 방향으로 진행할 수 있다.
④ 황색의 등화 – 차마가 이미 교차로에 진입하고 있는 경우에는 교차로 내에 정지해야 한다.

한 줄 해설

② 보행 신호등 적색의 등화: 보행자는 횡단보도를 횡단하여서는 아니 된다. ④ 차량 신호등 황색의 등화: 차마는 정지선이 있거나 횡단보도가 있을 때에는 그 직전이나 교차로의 직전에 정지하여야 하며, 이미 교차로에 차마의 일부라도 진입한 경우에는 신속히 교차로 밖으로 진행하여야 한다.

551

도로교통법령상 '자동차'에 해당하는 2가지는?

❶ 천공기(트럭적재식)
❷ 노상안정기
③ 자전거
④ 유모차(폭 1미터 이내)

552

도로교통법상 자동차 등(개인형 이동장치 제외)을 운전한 사람에 대한 처벌기준에 대한 내용이다. 잘못 연결된 2가지는?

❶ 혈중알콜농도 0.2% 이상으로 음주운전한 사람 – 1년 이상 2년 이하의 징역이나 1천만 원 이하의 벌금
② 공동위험행위를 한 사람 – 2년 이하의 징역이나 500만 원 이하의 벌금
③ 난폭운전한 사람 – 1년 이하의 징역이나 500만 원 이하의 벌금
❹ 원동기장치자전거 무면허운전 – 50만 원 이하의 벌금이나 구류

한 줄 해설

① 2년 이상 5년 이하의 징역이나 1천만 원 이상 2천만 원 이하의 벌금 ④ 30만 원 이하의 벌금이나 구류

553

도로교통법령상 음주측정방해행위에 해당하는 설명으로 가장 적절하지 않은 2가지는?

① 술에 취한 상태에 있다고 인정할 만한 상당한 이유가 있는 사람이 경찰공무원의 측정을 곤란하게 할 목적으로 추가로 술을 마시는 경우가 이에 해당한다.
❷ 자동차 등을 운전한 후 음주측정방해행위를 위반할 경우 1년 이하의 징역이나 500만 원 이하의 벌금에 처한다.
③ 술에 취한 상태에 있다고 인정할 만한 상당한 이유가 있는 사람이 혈중알코올농도에 영향을 줄 수 있는 의약품 등 행정안전부령으로 정하는 물품을 사용하는 행위가 이에 해당한다.
❹ 술에 취한 상태에 있다고 인정할 만한 상당한 이유가 있는 사람이 자전거를 운전한 후 음주측정방해행위를 하는 경우는 이에 해당하지 않는다.

한 줄 해설

② 1년 이상 5년 이하의 징역이나 500만 원 이상 2천만 원 이하의 벌금에 처한다. ④ 20만 원 이하의 벌금이나 구류 또는 과료에 처한다.

554

도로교통법령상 승용차가 해당 도로에서 법정 속도를 위반하여 운전하고 있는 경우 2가지는?

❶ 편도 2차로인 일반도로를 매시 85킬로미터로 주행 중이다.
② 서해안 고속도로를 매시 90킬로미터로 주행 중이다.
❸ 자동차전용도로를 매시 95킬로미터로 주행 중이다.
④ 편도 1차로인 고속도로를 매시 75킬로미터로 주행 중이다.

한 줄 해설

일반도로의 법정 최고속도는 80km/h 이하이고, 자동차전용도로는 90km/h 이하이다.

555

도로교통법령상 길가장자리구역에 대한 설명으로 맞는 2가지는?

① 경계 표시는 하지 않는다.
❷ 보행자의 안전 확보를 위하여 설치한다.
❸ 보도와 차도가 구분되지 아니한 도로에 설치한다.
④ 도로가 아니다.

556

교통사고처리 특례법상 처벌의 특례에 대한 설명으로 맞는 것은?

① 차의 교통으로 중과실치상죄를 범한 운전자에 대해 자동차 종합보험에 가입되어 있는 경우 무조건 공소를 제기할 수 없다.
② 차의 교통으로 업무상과실치상죄를 범한 운전자에 대해 피해자의 명시적인 의사에 반하여 항상 공소를 제기할 수 있다.
❸ 차의 운전자가 교통사고로 인하여 형사처벌을 받게 되는 경우 5년 이하의 금고 또는 2천만 원 이하의 벌금형을 받는다.
④ 규정 속도보다 매시 20킬로미터를 초과한 운행으로 인명피해 사고 발생 시 종합보험에 가입되어 있으면 공소를 제기할 수 없다.

557

도로교통법령상 보행보조용 의자차(식품의약품 안전처장이 정하는 의료기기의 규격)로 볼 수 없는 것은?

① 수동휠체어　　② 전동휠체어
③ 의료용 스쿠터　　❹ 전기자전거

558

도로교통법령상 초보운전자에 대한 설명으로 맞는 것은?

① 원동기장치자전거 면허를 받은 날로부터 1년이 지나지 않은 경우를 말한다.
② 연습 운전면허를 받은 날로부터 1년이 지나지 않은 경우를 말한다.
③ 처음 운전면허를 받은 날로부터 2년이 지나기 전에 취소되었다가 다시 면허를 받는 경우 취소되기 전의 기간을 초보운전자 경력에 포함한다.
❹ 처음 제1종 보통면허를 받은 날부터 2년이 지나지 않은 사람은 초보운전자에 해당한다.

559

도로교통법령상 원동기장치자전거에 대한 설명으로 옳은 것은?

① 모든 이륜자동차를 말한다.
② 자동차관리법에 의한 250시시 이하의 이륜자동차를 말한다.
③ 배기량 150시시 이상의 원동기를 단 차를 말한다.
❹ 전기를 동력으로 사용하는 경우는 최고정격출력 11킬로와트 이하의 원동기를 단 차(전기자전거 제외)를 말한다.

560

교통사고처리 특례법상 교통사고에 해당하지 않는 것은?

① 4.5톤 화물차와 승용자동차가 충돌하여 운전자가 다친 경우
❷ 철길건널목에서 보행자가 기차에 부딪혀 다친 경우
③ 보행자가 횡단보도를 횡단하다가 신호위반한 자동차와 부딪혀 보행자가 다친 경우
④ 보도에서 자전거를 타고 가다가 보행자를 충격하여 보행자가 다친 경우

561

도로교통법령상 도로의 구간 또는 장소에 설치되는 노면표시의 색채에 대한 설명으로 맞는 것은?

① 중앙선 표시, 안전지대는 흰색이다.
② 버스전용차로 표시, 안전지대 표시는 노란색이다.
❸ 소방시설 주변 정차·주차금지 표시는 빨간색이다.
④ 주차금지 표시, 정차·주차금지 표시 및 안전지대는 빨간색이다.

562

도로교통법령상 앞지르기에 대한 설명으로 맞는 것은?

① 앞차의 우측에 다른 차가 앞차와 나란히 가고 있는 경우 앞지르기를 해서는 안 된다.
② 최근에 개설한 터널, 다리 위, 교차로에서는 앞지르기가 가능하다.
❸ 차의 운전자가 앞서가는 다른 차의 좌측 옆을 지나서 그 차의 앞으로 나가는 것을 말한다.
④ 고속도로에서 승용차는 버스전용차로를 이용하여 앞지르기할 수 있다.

563

도로교통법령상 자동차가 아닌 것은?

① 승용자동차
❷ 원동기장치자전거
③ 특수자동차
④ 승합자동차

564

교통사고처리 특례법상 피해자의 명시된 의사에 반하여 공소를 제기할 수 있는 속도위반 교통사고는?

① 최고속도가 100킬로미터인 고속도로에서 매시 110킬로미터로 주행하다가 발생한 교통사고
② 최고속도가 80킬로미터인 편도 3차로 일반도로에서 매시 95킬로미터로 주행하다가 발생한 교통사고
③ 최고속도가 90킬로미터인 자동차전용도로에서 매시 100킬로미터로 주행하다가 발생한 교통사고
❹ 최고속도가 60킬로미터인 편도 1차로 일반도로에서 매시 82킬로미터로 주행하다가 발생한 교통사고

565

도로교통법령상 4색 등화의 가로형 신호등 배열 순서로 맞는 것은?

① 우로부터 적색 → 녹색화살표 → 황색 → 녹색
❷ 좌로부터 적색 → 황색 → 녹색화살표 → 녹색
③ 좌로부터 황색 → 적색 → 녹색화살표 → 녹색
④ 우로부터 녹색화살표 → 황색 → 적색 → 녹색

566

도로교통법령상 적성검사 기준을 갖추었는지를 판정하는 서류가 아닌 것은?

① 국민건강보험법에 따른 건강검진 결과통보서
② 의료법에 따라 의사가 발급한 진단서
③ 병역법에 따른 병역판정 신체검사 결과 통보서
❹ 대한 안경사협회장이 발급한 시력검사서

567

다음 중 사용하는 사람 또는 기관 등의 신청에 의하여 시·도경찰청장이 지정할 수 있는 긴급자동차로 맞는 것은?

① 혈액공급차량
② 경찰용 자동차 중 범죄수사, 교통단속, 그 밖의 긴급한 경찰업무 수행에 사용되는 자동차
❸ 전파감시업무에 사용되는 자동차
④ 수사기관의 자동차 중 범죄수사를 위하여 사용되는 자동차

568

도로교통법령상 긴급자동차의 준수사항으로 옳은 것 2가지는?

① 속도에 관한 규정을 위반하는 자동차 등을 단속하는 긴급자동차는 자동차의 안전운행에 필요한 기준에서 정한 긴급자동차의 구조를 갖추어야 한다.

❷ 국내외 요인에 대한 경호업무수행에 공무로 사용되는 긴급자동차는 사이렌을 울리거나 경광등을 켜지 않아도 된다.

③ 일반자동차는 전조등 또는 비상표시등을 켜서 긴급한 목적으로 운행되고 있음을 표시하여도 긴급자동차로 볼 수 없다.

❹ 긴급자동차는 원칙적으로 사이렌을 울리거나 경광등을 켜야만 우선통행 및 법에서 정한 특례를 적용받을 수 있다.

569

다음은 도로교통법에서 정의하고 있는 용어이다. 알맞은 내용 2가지는?

① "차로"란 연석선, 안전표지 또는 그와 비슷한 인공구조물을 이용하여 경계(境界)를 표시하여 모든 차가 통행할 수 있도록 설치된 도로의 부분을 말한다.

❷ "차선"이란 차로와 차로를 구분하기 위하여 그 경계지점을 안전표지로 표시한 선을 말한다.

③ "차도"란 차마가 한 줄로 도로의 정하여진 부분을 통행하도록 차선으로 구분한 도로의 부분을 말한다.

❹ "보도"란 연석선 등으로 경계를 표시하여 보행자가 통행할 수 있도록 한 도로의 부분을 말한다.

570

도로교통법령상 자전거의 통행방법에 대한 설명으로 틀린 것은?

① 보도 및 차도로 구분된 도로에서는 차도로 통행하여야 한다.

② 교차로에서 우회전하고자 할 경우 미리 도로의 우측 가장자리를 서행하면서 우회전해야 한다.

❸ 교차로에서 좌회전하고자 할 때는 서행으로 도로의 중앙 또는 좌측 가장자리에 붙어서 좌회전해야 한다.

④ 자전거도로가 따로 설치된 곳에서는 그 자전거도로로 통행하여야 한다.

한 줄 해설

교차로에서 좌회전하려는 차는 미리 도로의 중앙선에 붙어서 서행하면서 좌회전해야 한다. 단, 일방통행도로에서는 좌측 가장자리에 붙어서 좌회전해야 한다.

571

도로교통법령상 용어의 정의에 대한 설명으로 맞는 것은?

❶ "자동차전용도로"란 자동차만이 다닐 수 있도록 설치된 도로를 말한다.

② "자전거도로"란 안전표지, 위험방지용 울타리나 그와 비슷한 인공구조물로 경계를 표시하여 자전거만 통행할 수 있도록 설치된 도로를 말한다.

③ "자동차 등"이란 자동차와 우마를 말한다.

④ "자전거 등"이란 자전거와 전기자전거를 말한다.

한 줄 해설

② "자전거도로"란 자전거 및 개인용 이동장치가 통행할 수 있도록 설치된 도로를 말한다. ③ "자동차 등"이란 자동차와 원동기장치자전거를 말한다. ④ "자전거 등"이란 자전거와 개인형 이동장치를 말한다.

572

도로교통법령상 개인형 이동장치 운전자 준수사항으로 맞지 않는 것은?

❶ 개인형 이동장치는 운전면허를 받지 않아도 운전할 수 있다.
② 승차정원을 초과하여 동승자를 태우고 운전하여서는 아니 된다.
③ 운전자는 인명보호장구를 착용하고 운행하여야 한다.
④ 자전거도로가 따로 있는 곳에서는 그 자전거도로로 통행하여야 한다.

한 줄 해설
운전하려는 자는 원동기장치자전거면허 이상을 받아야 한다.

573

다음 중 도로교통법상 자전거를 타고 보도 통행을 할 수 없는 사람은?

① 「장애인복지법」에 따라 신체장애인으로 등록된 사람
② 어린이
❸ 신체의 부상으로 석고붕대를 하고 있는 사람
④ 「국가유공자 등 예우 및 지원에 관한 법률」에 따른 국가유공자로서 상이등급 제1급부터 제7급까지에 해당하는 사람

574

전방에 자전거를 끌고 차도를 횡단하는 사람이 있을 때 가장 안전한 운전 방법은?

① 횡단하는 자전거의 좌우측 공간을 이용하여 신속하게 통행한다.
② 차량의 접근 정도를 알려주기 위해 전조등과 경음기를 사용한다.
❸ 자전거 횡단지점과 일정한 거리를 두고 일시정지한다.
④ 자동차 운전자가 우선권이 있으므로 횡단하는 사람을 정지하게 한다.

575

도로교통법령상 어린이 보호구역 내의 차로가 설치되지 않은 좁은 도로에서 자전거를 주행하여 보행자 옆을 지나갈 때 안전한 거리를 두지 않고 서행하지 않은 경우 범칙금액은?

① 10만 원
② 8만 원
❸ 4만 원
④ 2만 원

576

도로교통법령상 어린이가 도로에서 타는 경우 인명보호장구를 착용하여야 하는 행정안전부령으로 정하는 위험성이 큰 놀이기구에 해당하지 않는 것은?

① 킥보드
❷ 전동이륜평행차
③ 롤러스케이트
④ 스케이트보드

577

도로교통법령상 자전거 통행방법에 대한 설명으로 맞는 2가지는?

❶ 자전거 운전자는 안전표지로 통행이 허용된 경우를 제외하고는 2대 이상이 나란히 차도를 통행하여서는 아니 된다.
❷ 자전거 운전자가 횡단보도를 이용하여 도로를 횡단할 때에는 자전거를 끌고 통행하여야 한다.
③ 자전거 운전자는 도로의 파손, 도로 공사나 그 밖의 장애 등으로 도로를 통행할 수 없는 경우에도 보도를 통행할 수 없다.
④ 자전거 운전자는 자전거 도로가 설치되지 아니한 곳에서는 도로 중앙으로 붙어서 통행하여야 한다.

578

자전거 이용 활성화에 관한 법률상 ( )세 미만인 어린이의 보호자는 어린이가 전기자전거를 운행하게 하여서는 아니 된다. ( ) 안에 기준으로 알맞은 것은?

① 10
❷ 13
③ 15
④ 18

579

도로교통법령상 자전거 등의 통행방법으로 적절한 행위가 아닌 것은?

❶ 진행방향 가장 좌측 차로에서 좌회전하였다.
② 도로 파손 복구공사가 있어서 보도로 통행하였다.
③ 횡단보도 이용 시 내려서 끌고 횡단하였다.
④ 보행자 사고를 방지하기 위해 서행을 하였다.

한 줄 해설
자전거 등의 운전자는 교차로에서 좌회전하려는 경우에는 미리 도로의 우측 가장자리로 붙어 서행하면서 교차로의 가장자리 부분을 이용하여 좌회전하여야 한다.

580

도로교통법령상 자전거 운전자가 지켜야 할 내용으로 맞는 것은?

❶ 보행자의 통행에 방해가 될 때는 서행 및 일시정지해야 한다.
② 어린이가 자전거를 운전하는 경우에 보도로 통행할 수 없다.
③ 자전거의 통행이 금지된 구간에서는 자전거를 끌고 갈 수도 없다.
④ 길가장자리구역에서는 2대까지 자전거가 나란히 통행할 수 있다.

581

도로교통법령상 자전거(전기자전거 제외) 운전자의 도로 통행 방법으로 가장 바람직하지 않은 것은?

① 어린이가 자전거를 타고 보도를 통행하였다.
② 안전표지로 자전거 통행이 허용된 보도를 통행하였다.
③ 도로의 파손으로 부득이하게 보도를 통행하였다.
❹ 통행 차량이 없어 도로 중앙으로 통행하였다.

한 줄 해설
자전거는 도로 우측 가장자리로 통행해야 한다.

582

도로교통법령상 개인형 이동장치 운전자에 대한 설명으로 바르지 않은 것은?

① 횡단보도를 이용하여 도로를 횡단할 때에는 개인형 이동장치에서 내려서 끌거나 들고 보행하여야 한다.
② 자전거도로가 설치되지 아니한 곳에서는 도로 우측 가장자리에 붙어서 통행하여야 한다.
❸ 전동이륜평행차는 승차정원 1명을 초과하여 동승자를 태우고 운전할 수 있다.
④ 밤에 도로를 통행하는 때에는 전조등과 미등을 켜거나 야광띠 등 발광장치를 착용하여야 한다.

한 줄 해설
전동이륜평행차는 1인용으로만 운행 가능하며, 동승자를 태우는 것은 금지된다.

583

도로교통법령상 자전거 운전자의 교차로 좌회전 통행방법에 대한 설명이다. 맞는 것은?

❶ 도로의 우측 가장자리로 붙어 서행하면서 교차로의 가장자리 부분을 이용하여 좌회전하여야 한다.
② 도로의 좌측 가장자리로 붙어 서행하면서 교차로의 가장자리 부분을 이용하여 좌회전하여야 한다.
③ 도로의 1차로 중앙으로 서행하면서 교차로의 중앙을 이용하여 좌회전하여야 한다.
④ 도로의 가장 하위차로를 이용하여 서행하면서 교차로의 중심 안쪽으로 좌회전하여야 한다.

584

도로교통법령상 승용차가 자전거 전용차로를 통행하다 단속되는 경우 도로교통법상 처벌은?

① 1년 이하 징역에 처한다.
② 300만 원 이하 벌금에 처한다.
❸ 범칙금 4만 원의 통고처분에 처한다.
④ 처벌할 수 없다.

585

도로교통법령상 자전거 도로를 주행할 수 있는 전기자전거의 기준으로 옳지 않은 것은?

① 부착된 장치의 무게를 포함한 자전거 전체 중량이 30킬로그램 미만인 것
② 시속 25킬로미터 이상으로 움직일 경우 전동기가 작동하지 아니할 것
③ 전동기만으로는 움직이지 아니할 것
❹ 최고정격출력 11킬로와트를 초과하는 전기자전거

586

도로교통법령상 자전거 운전자가 밤에 도로를 통행할 때 올바른 주행 방법으로 가장 거리가 먼 것은?

❶ 경음기를 자주 사용하면서 주행한다.
② 전조등과 미등을 켜고 주행한다.
③ 반사조끼 등을 착용하고 주행한다.
④ 야광띠 등 발광장치를 착용하고 주행한다.

한 줄 해설
경음기를 자주 사용하는 것은 다른 운전자와 보행자에게 불필요한 위협이나 불쾌감을 줄 수 있다.

587

도로교통법령상 자전거 운전자가 법규를 위반한 경우 범칙금 대상이 아닌 것은?

① 신호 위반
② 중앙선 침범
③ 횡단보도 보행자 횡단 방해
❹ 제한속도 위반

588

도로교통법령상 자전거도로의 이용과 관련한 내용으로 적절치 않은 2가지는?

① 노인이 자전거를 타는 경우 보도로 통행할 수 있다.
② 자전거전용도로에는 원동기장치자전거가 통행할 수 없다.
❸ 자전거도로는 개인형 이동장치가 통행할 수 없다.
❹ 자전거전용도로는 도로교통법상 도로에 포함되지 않는다.

한 줄 해설
자전거 도로의 통행은 자전거 및 개인형 이동장치(자전거 등) 모두 가능하며, 자전거전용도로도 도로에 포함된다.

589

도로교통법령상 자전거가 통행할 수 있는 도로의 명칭에 해당하지 않는 2가지는?

① 자전거전용도로
❷ 자전거우선차로
❸ 자전거 · 원동기장치자전거 겸용도로
④ 자전거우선도로

590

연료의 소비 효율이 가장 높은 운전방법은?

① 최고속도로 주행한다.
② 최저속도로 주행한다.
❸ 경제속도로 주행한다.
④ 안전속도로 주행한다.

591

친환경 경제운전 방법으로 가장 적절한 것은?

① 가능한 한 빨리 가속한다.
② 내리막길에서는 시동을 끄고 내려온다.
③ 타이어 공기압을 낮춘다.
❹ 급감속은 되도록 피한다.

592

자동차 에어컨 사용 방법 및 점검에 관한 설명으로 가장 타당한 것은?

❶ 에어컨은 처음 켤 때 고단으로 시작하여 저단으로 전환한다.
② 에어컨 냉매는 6개월마다 교환한다.
③ 에어컨의 설정 온도는 섭씨 16도가 가장 적절하다.
④ 에어컨 사용 시 가능하면 외부공기 유입모드로 작동하면 효과적이다.

593

다음 중 **자동차 연비 향상 방법**으로 가장 바람직한 것은?

① 주유할 때 항상 연료를 가득 주유한다.
❷ 엔진오일 교환 시 오일필터와 에어필터를 함께 교환해 준다.
③ 정지할 때에는 한 번에 강한 힘으로 브레이크 페달을 밟아 제동한다.
④ 가속페달과 브레이크 페달을 자주 사용한다.

594

주행 중에 가속 페달에서 발을 떼거나 저단으로 기어를 변속하여 **차량의 속도를 줄이는 운전 방법**은?

① 기어 중립 ② 풋 브레이크
③ 주차 브레이크 ❹ 엔진 브레이크

595

다음 중 **자동차 연비를 향상**시키는 **운전방법**으로 가장 바람직한 것은?

① 자동차 고장에 대비하여 각종 공구 및 부품을 싣고 운행한다.
❷ 법정속도에 따른 정속 주행한다.
③ 급출발, 급가속, 급제동 등을 수시로 한다.
④ 연비 향상을 위해 타이어 공기압을 30퍼센트로 줄여서 운행한다.

596

다음 중 **운전습관 개선**을 통한 **친환경 경제운전이 아닌** 것은?

❶ 자동차 연료를 가득 유지한다.
② 출발은 부드럽게 한다.
③ 정속주행을 유지한다.
④ 경제속도를 준수한다.

597

다음 중 자동차의 **친환경 경제운전 방법**은?

① 타이어 공기압을 낮게 한다.
② 에어컨 작동은 저단으로 시작한다.
③ 엔진오일을 교환할 때 오일필터와 에어클리너는 교환하지 않고 계속 사용한다.
❹ 자동차 연료는 절반 정도만 채운다.

598

수소자동차 관련 설명 중 **적절하지 않은** 것은?

① 차량 화재가 발생했을 시 차량에서 떨어진 안전한 곳으로 대피하였다.
② 수소 누출 경고등이 표시되었을 때 즉시 안전한 곳에 정차 후 시동을 끈다.
③ 수소승용차 운전자는 별도의 안전교육을 이수하지 않아도 된다.
❹ 수소자동차 충전소에서 운전자가 임의로 충전소 설비를 조작하였다.

한 줄 해설
수소자동차 충전소 설비는 운전자가 임의로 조작하여서는 아니 된다.

599

다음 중 경제운전에 대한 운전자의 올바른 운전습관으로 가장 바람직하지 않은 것은?

① 내리막길 운전 시 가속페달 밟지 않기
❷ 경제적 절약을 위해 유사연료 사용하기
③ 출발은 천천히, 급정지하지 않기
④ 주기적 타이어 공기압 점검하기

한 줄 해설
유사연료 사용은 차량의 고장, 환경오염의 원인이 될 수 있다.

600

환경친화적 자동차의 개발 및 보급 촉진에 관한 법률상 환경친화적 자동차 전용주차구역에 주차해서는 안 되는 자동차는?

① 전기자동차
❷ 태양광자동차
③ 하이브리드자동차
④ 수소전기자동차

601

다음 중 수소자동차에 대한 설명으로 옳은 것은?

① 수소는 가연성가스이므로 모든 수소자동차 운전자는 고압가스 안전관리법령에 따라 운전자 특별교육을 이수하여야 한다.
② 수소자동차는 수소를 연소시키기 때문에 환경오염이 유발된다.
③ 수소자동차에는 화재 등 긴급상황 발생 시 폭발방지를 위한 별도의 안전장치가 없다.
❹ 수소자동차 운전자는 해당 차량이 안전운행에 지장이 없는지 점검하고 안전하게 운전하여야 한다.

602

다음 중 자동차 배기가스의 미세먼지를 줄이기 위한 가장 적절한 운전방법은?

① 출발할 때는 가속페달을 힘껏 밟고 출발한다.
❷ 급가속을 하지 않고 부드럽게 출발한다.
③ 주행할 때는 수시로 가속과 정지를 반복한다.
④ 정차 및 주차할 때는 시동을 끄지 않고 공회전한다.

603

다음 중 수소자동차의 주요 구성품이 아닌 것은?

① 연료전지시스템(스택)
② 수소저장용기
❸ 내연기관에 의해 구동되는 발전기
④ 구동용 모터

604

다음 중 친환경운전과 관련된 내용으로 맞는 것 2가지는?

❶ 온실가스 감축 목표치를 규정한 교토 의정서와 관련이 있다.
❷ 대기오염을 일으키는 물질에는 탄화수소, 일산화탄소, 이산화탄소, 질소산화물 등이 있다.
③ 자동차 실내 온도를 높이기 위해 엔진 시동 후 장시간 공회전을 한다.
④ 수시로 자동차 검사를 하고, 주행거리 2,000킬로미터마다 엔진오일을 무조건 교환해야 한다.

605

다음 중 유해한 배기가스를 가장 많이 배출하는 자동차는?

① 전기자동차
② 수소자동차
③ LPG자동차
❹ 노후된 디젤자동차

606

친환경 경제운전 중 관성 주행(Fuel cut) 방법이 아닌 것은?

① 교차로 진입 전 미리 가속 페달에서 발을 떼고 엔진브레이크를 활용한다.
❷ 평지에서는 속도를 줄이지 않고 계속해서 가속 페달을 밟는다.
③ 내리막길에서는 엔진브레이크를 적절히 활용한다.
④ 오르막길 진입 전에는 가속하여 관성을 이용한다.

한 줄 해설
관성 주행은 가속 페달에서 발을 떼어 차량의 관성으로 주행하는 방식이므로, 계속 밟으면 연비가 악화된다.

607

다음 중 자동차 배기가스 재순환장치(Exhaust Gas Recirculation, EGR)가 주로 억제하는 물질은?

❶ 질소산화물(NO_x)
② 탄화수소(HC)
③ 일산화탄소(CO)
④ 이산화탄소(CO_2)

608

다음 중 수소자동차 점검에 대한 설명으로 틀린 것은?

① 수소는 가연성 가스이므로 수소자동차의 주기적인 점검이 필수적이다.
② 수소자동차 점검은 환기가 잘 되는 장소에서 실시해야 한다.
③ 수소자동차 점검 시 가스배관라인, 충전구 등의 수소 누출 여부를 확인해야 한다.
❹ 수소자동차를 운전하는 자는 해당 차량이 안전운행에 지장이 없는지 점검해야 할 의무가 없다.

한 줄 해설
당해 차량이 안전운행에 지장이 없는지를 점검해야 한다.

609

수소자동차 운전자의 충전소 이용 시 주의사항으로 올바르지 않은 것은?

① 수소자동차 충전소 주변에서 흡연을 하여서는 아니된다.
❷ 수소자동차 연료 충전 중에 자동차를 이동할 수 있다.
③ 수소자동차 연료 충전 중에는 시동을 끈다.
④ 충전소 직원이 자리를 비웠을 때 임의로 충전기를 조작하지 않는다.

한 줄 해설
수소자동차 연료 충전 완료 상태를 확인한 후 이동한다.

610

다음 중 수소자동차 연료를 충전할 때 운전자의 행동으로 적절치 않은 것은?

① 수소자동차에 연료를 충전하기 전에 시동을 끈다.
❷ 수소자동차 충전소 충전기 주변에서 흡연을 하였다.
③ 수소자동차 충전소 내의 설비 등을 임의로 조작하지 않았다.
④ 연료 충전이 완료된 이후 시동을 걸었다.

한 줄 해설
수소자동차 충전소 내 시설에서는 지정된 장소를 제외하고 흡연을 하여서는 안 된다.

611~680번은 제1종 대형·특수만 해당하는 문제입니다.

611

화물을 적재한 덤프트럭이 내리막길을 내려오는 경우 다음 중 가장 안전한 운전 방법은?

① 기어를 중립에 놓고 주행하여 연료를 절약한다.
② 브레이크 페달을 나누어 밟으면 제동의 효과가 없어 한 번에 밟는다.
❸ 앞차의 급정지를 대비하여 충분한 차간 거리를 유지한다.
④ 경음기를 크게 울리고 속도를 높이면서 신속하게 주행한다.

612

다음 중 화물의 적재불량 등으로 인한 교통사고를 줄이기 위한 운전자의 조치사항으로 가장 알맞은 것은?

❶ 화물을 싣고 이동할 때는 반드시 덮개를 씌운다.
② 예비 타이어 등 고정된 부착물은 점검할 필요가 없다.
③ 화물의 신속한 운반을 위해 화물은 느슨하게 묶는다.
④ 가까운 거리를 이동하는 경우에는 화물을 고정할 필요가 없다.

613

화물자동차의 화물 적재에 대한 설명 중 가장 옳지 않은 것은?

① 화물을 적재할 때는 적재함 가운데부터 좌우로 적재한다.
❷ 화물자동차는 무게 중심이 앞쪽에 있기 때문에 적재함의 뒤쪽부터 적재한다.
③ 적재함 아래쪽에 상대적으로 무거운 화물을 적재한다.
④ 화물을 모두 적재한 후에는 화물이 차량 밖으로 낙하하지 않도록 고정한다.

한 줄 해설
화물 적재함에 화물 적재 시 앞쪽이나 뒤쪽으로 무게가 치우치지 않도록 균형되게 적재한다.

614

대형 및 특수 자동차의 제동특성에 대한 설명이다. 잘못된 것은?

① 하중의 변화에 따라 달라진다.
② 타이어의 공기압과 트레드가 고르지 못하면 제동거리가 달라진다.
③ 차량 중량에 따라 달라진다.
❹ 차량의 적재량이 커질수록 실제 제동거리는 짧아진다.

한 줄 해설
차량의 중량(적재량)이 커질수록 실제 제동거리는 길어지므로, 안전거리의 유지와 브레이크 페달 조작에 주의하여야 한다.

615

다음 중 저상버스의 특성에 대한 설명이다. 가장 거리가 먼 것은?

① 노약자나 장애인이 쉽게 탈 수 있다.
② 차체바닥의 높이가 일반버스보다 낮다.
③ 출입구에 계단 대신 경사판이 설치되어 있다.
❹ 일반버스에 비해 차체의 높이가 1/2이다.

한 줄 해설
저상버스는 바닥이 낮고 출입구에 계단이 없다.

616

운행기록계를 설치하지 않은 견인형 특수자동차(화물자동차 운수사업법에 따른 자동차에 한함)를 운전한 경우 운전자 처벌 규정은?

① 과태료 10만 원 ② 범칙금 10만 원
③ 과태료 7만 원 ❹ 범칙금 7만 원

617

화물자동차의 적재물 추락방지를 위한 설명으로 가장 옳지 않은 것은?

① 구르기 쉬운 화물은 고정목이나 화물받침대를 사용한다.
② 건설기계 등을 적재하였을 때는 와이어, 로프 등을 사용한다.
③ 적재함 전후좌우에 공간이 있을 때는 멈춤목 등을 사용한다.
❹ 적재물 추락방지 위반의 경우에 범칙금은 5만 원에 벌점은 10점이다.

한 줄 해설
적재물 추락방지 위반의 경우 범칙금은 4톤 초과일 때 5만 원, 4톤 이하일 때 4만 원이고, 벌점은 15점이다.

618

유상운송을 목적으로 등록된 사업용 화물자동차 운전자가 반드시 갖추어야 하는 것은?

① 차량정비기술 자격증 ❷ 화물운송종사 자격증
③ 택시운전자 자격증 ④ 제1종 특수면허

619

다음은 대형화물자동차의 특성에 대한 설명이다. 가장 알맞은 것은?

❶ 화물의 종류에 따라 선회 반경과 안정성이 크게 변할 수 있다.
② 긴 축간거리 때문에 안정도가 현저히 낮다.
③ 승용차에 비해 핸들복원력이 원활하다.
④ 차체의 무게는 가벼우나 크기는 승용차보다 크다.

620

다음 중 운송사업용 자동차 등 도로교통법상 운행기록계를 설치하여야 하는 자동차 운전자의 바람직한 운전행위는?

① 운행기록계가 설치되어 있지 아니한 자동차 운전행위
② 고장 등으로 사용할 수 없는 운행기록계가 설치된 자동차 운전행위
③ 운행기록계를 원래의 목적대로 사용하지 아니하고 자동차를 운전하는 행위
❹ 주기적인 운행기록계 관리로 고장 등을 사전에 예방하는 행위

621

제1종 대형면허의 취득에 필요한 청력기준은?(단, 보청기 사용자 제외)

① 25데시벨 ② 35데시벨
③ 45데시벨 ❹ 55데시벨

622

다음 중 대형화물자동차의 특징에 대한 설명으로 가장 알맞은 것은?

❶ 적재화물의 위치나 높이에 따라 차량의 중심위치는 달라진다.
② 중심은 상·하(上下)의 방향으로는 거의 변화가 없다.
③ 중심높이는 진동특성에 거의 영향을 미치지 않는다.
④ 진동특성이 없어 대형화물자동차의 진동각은 승용차에 비해 매우 작다.

한 줄 해설
② 중심은 상·하 방향으로도 미친다. ③ 중심높이는 진동특성에 영향을 미친다. ④ 대형화물차는 진동특성이 있고 진동각은 승용차에 비해 매우 크다.

623

다음 중 대형화물자동차의 운전특성에 대한 설명으로 가장 알맞은 것은?

① 무거운 중량과 긴 축거 때문에 안정도는 낮다.
❷ 고속주행 시에 차체가 흔들리기 때문에 순간적으로 직진안정성이 나빠지는 경우가 있다.
③ 운전대를 조작할 때 소형승용차와는 달리 핸들복원이 원활하다.
④ 운전석이 높아서 이상기후일 때에는 시야가 더욱 좋아진다.

한 줄 해설
① 무거운 중량과 긴 축거 때문에 안정도는 승용차에 비해 높다. ③ 소형승용차에 비해 핸들복원력이 원활치 못하다. ④ 대형화물차가 운전석이 높다고 이상기후 시 시야가 좋아지는 것은 아니다.

624

다음 중 대형화물자동차의 사각지대와 제동 시 하중변화에 대한 설명으로 가장 알맞은 것은?

① 사각지대는 보닛이 있는 차와 없는 차가 별로 차이가 없다.
② 앞, 뒷바퀴의 제동력은 하중의 변화와는 관계없다.
③ 운전석 우측보다는 좌측 사각지대가 훨씬 넓다.
❹ 화물 하중의 변화에 따라 제동력에 차이가 발생한다.

한 줄 해설
① 대형화물차의 사각지대는 보닛유무 여부에 따라 큰 차이가 있다. ② 하중의 변화에 따라 앞·뒷바퀴의 제동력에 영향을 미친다. ③ 운전석 좌측보다는 우측 사각지대가 훨씬 넓다.

625

도로교통법령상 화물자동차의 적재용량 안전기준에 위반한 차량은?

❶ 자동차 길이의 10분의 2를 더한 길이
② 후사경으로 뒤쪽을 확인할 수 있는 범위의 너비
③ 지상으로부터 3.9미터 높이
④ 구조 및 성능에 따르는 적재중량의 105퍼센트

한 줄 해설
운행상의 안전기준에 따르면 자동차의 적재용량은 자동차 길이에 그 길이의 10분의 1을 더한 길이를 말한다.

626

제1종 특수면허에 대한 설명 중 옳은 것은?

① 소형견인차 면허는 적재중량 3.5톤의 견인형 특수자동차를 운전할 수 있다.
❷ 소형견인차 면허는 적재중량 4톤의 화물자동차를 운전할 수 있다.
③ 구난차 면허는 승차정원 12명인 승합자동차를 운전할 수 있다.
④ 대형 견인차 면허는 적재중량 10톤의 화물자동차를 운전할 수 있다.

한 줄 해설
① 총중량 3.5톤의 견인형 특수자동차를 운전할 수 있다. ③ 승차정원 10명인 승합자동차를 운전할 수 있다. ④ 적재중량 4톤의 화물자동차를 운전할 수 있다.

627

대형차의 운전특성에 대한 설명으로 틀린 것은?

① 무거운 중량과 긴 축거 때문에 안정도는 높으나, 핸들을 조작할 때 소형차와 달리 핸들 복원이 둔하다.
❷ 소형차에 비해 운전석이 높아 차의 바로 앞만 보고 운전하게 되므로 직진 안정성이 좋아진다.
③ 화물의 종류와 적재 위치에 따라 선회 특성이 크게 변화한다.
④ 화물의 종류와 적재 위치에 따라 안정성이 크게 변화한다.

한 줄 해설
대형차는 고속주행 시에 차체가 흔들리기 때문에 순간적으로 직진 안정성이 나빠지는 경우가 있다.

628

자동차 및 자동차부품의 성능과 기준에 관한 규칙에 따라 자동차(연결자동차 제외)의 길이는 ( )미터를 초과하여서는 아니 된다. ( )에 기준으로 맞는 것은?

① 10 ② 11
③ 12 ❹ 13

629

대형승합자동차 운행 중 차내에서 승객이 춤추는 행위를 방치하였을 경우 운전자의 처벌은?

① 범칙금 9만 원, 벌점 30점
❷ 범칙금 10만 원, 벌점 40점
③ 범칙금 11만 원, 벌점 50점
④ 범칙금 12만 원, 벌점 60점

630

4.5톤 화물자동차의 화물 적재함에 사람을 태우고 운행한 경우 범칙금액은?

❶ 5만 원
② 4만 원
③ 3만 원
④ 2만 원

631

고속버스가 밤에 도로를 통행할 때 켜야 할 등화에 대한 설명으로 맞는 것은?

❶ 전조등, 차폭등, 미등, 번호등, 실내조명등
② 전조등, 미등
③ 미등, 차폭등, 번호등
④ 미등, 차폭등

632

도로교통법상 차의 승차 또는 적재방법에 관한 설명으로 틀린 것은?

① 운전자는 승차인원에 관하여 대통령령으로 정하는 운행상의 안전기준을 넘어서 승차시킨 상태로 운전해서는 아니 된다.
② 운전자는 운전 중 타고 있는 사람이 떨어지지 아니하도록 문을 정확히 여닫는 등 필요한 조치를 하여야 한다.
③ 운전자는 운전 중 실은 화물이 떨어지지 아니하도록 덮개를 씌우거나 묶는 등 확실하게 고정해야 한다.
❹ 운전자는 영유아나 동물의 안전을 위하여 안고 운전하여야 한다.

한 줄 해설
모든 차의 운전자는 영유아나 동물을 안고 운전하여서는 아니 된다.

633

화물자동차의 적재화물 이탈 방지에 대한 설명으로 올바르지 않은 것은?

① 화물자동차에 폐쇄형 적재함을 설치하여 운송한다.
❷ 효율적인 운송을 위해 적재중량의 120퍼센트 이내로 적재한다.
③ 화물을 적재하는 경우 급정지, 회전 등 차량의 주행에 의해 실은 화물이 떨어지거나 날리지 않도록 덮개나 포장을 해야 한다.
④ 7톤 이상의 코일을 적재하는 경우에는 레버블록으로 2줄 이상 고정하되 줄당 고정점을 2개 이상 사용하여 고정해야 한다.

한 줄 해설
적재중량의 110퍼센트 이내로 적재해야 한다.

634

제1종 대형면허와 제1종 보통면허의 운전범위를 구별하는 화물자동차의 적재중량 기준은?

❶ 12톤 미만 ② 10톤 미만
③ 4톤 이하 ④ 2톤 이하

635

제1종 보통면허 소지자가 총중량 750킬로그램 초과 3톤 이하의 피견인자동차를 견인하기 위해 추가로 소지하여야 하는 면허는?

❶ 제1종 소형견인차면허 ② 제2종 보통면허
③ 제1종 대형면허 ④ 제1종 구난차면허

636

다음 중 총중량 750킬로그램 이하의 피견인자동차를 견인할 수 없는 운전면허는?

① 제1종 보통면허 ❷ 제1종 보통연습면허
③ 제1종 대형면허 ④ 제2종 보통면허

637

고속도로가 아닌 곳에서 총중량이 1천5백킬로그램인 자동차를 총중량 5천킬로그램인 승합자동차로 견인할 때 최고속도는?

① 매시 50킬로미터 ② 매시 40킬로미터
❸ 매시 30킬로미터 ④ 매시 20킬로미터

638

자동차를 견인하는 경우에 대한 설명으로 바르지 못한 것은?

① 3톤을 초과하는 자동차를 견인하기 위해서는 견인하는 자동차를 운전할 수 있는 면허와 제1종 대형견인차면허를 가지고 있어야 한다.
② 일반도로에서 총중량 2천킬로그램 미만인 자동차를 총중량이 그의 3배 이상인 자동차로 견인하는 경우에는 매시 30킬로미터 이내로 통행할 수 있다.
❸ 일반도로에서 견인차가 아닌 차량으로 다른 차량을 견인할 때에는 도로의 제한속도로 진행할 수 있다.
④ 견인차동차가 아닌 일반자동차로 다른 차량을 견인하려는 경우에는 해당 차종을 운전할 수 있는 면허를 가지고 있어야 한다.

> 한 줄 해설
> 견인 시에는 도로의 제한속도가 아니라, 법에서 지정한 속도 이내로 진행해야 한다.

639

다음 중 특수한 작업을 수행하기 위해 제작된 총중량 3.5톤 이하의 특수자동차(구난차 등은 제외)를 운전할 수 있는 면허는?

① 제1종 보통연습면허 ② 제2종 보통연습면허
❸ 제2종 보통면허 ④ 제1종 소형면허

640

다음 중 도로교통법상 소형견인차 운전자가 지켜야 할 사항으로 맞는 것은?

① 소형견인차 운전자는 긴급한 업무를 수행하므로 안전띠를 착용하지 않아도 무방하다.
② 소형견인차 운전자는 주행 중 일상 업무를 위한 휴대폰 사용이 가능하다.
❸ 소형견인차 운전자는 운행 시 제1종 특수(소형견인차)면허를 취득하고 소지하여야 한다.
④ 소형견인차 운전자는 사고현장 출동 시에는 규정된 속도를 초과하여 운행할 수 있다.

641

다음 중 편도 3차로 고속도로에서 견인차의 주행차로는?(버스전용차로 없음)

① 1차로　② 2차로
❸ 3차로　④ 모두 가능

642

급감속·급제동 시 피견인차가 앞쪽 견인차를 직선 운동으로 밀고 나아가면서 연결 부위가 'ㄱ'자처럼 접히는 현상을 말하는 용어는?

① 스윙-아웃(Swing-out)
❷ 잭 나이프(Jack knife)
③ 하이드로플래닝(Hydroplaning)
④ 베이퍼 록(Vapor lock)

643

다음 중 도로교통법상 자동차를 견인하는 경우에 대한 설명으로 바르지 못한 것은?

❶ 제1종 대형면허로 대형견인차를 운전하여 이륜자동차를 견인하였다.
② 소형견인차 면허로 총중량 3.5톤 이하의 견인형 특수자동차를 운전하였다.
③ 제1종 보통면허로 10톤의 화물자동차를 운전하여 고장난 승용자동차를 견인하였다.
④ 총중량 1천5백킬로그램 자동차를 총중량이 5천킬로그램인 자동차로 견인하여 매시 30킬로미터로 주행하였다.

한 줄 해설
제1종 대형면허로 대형견인차, 소형견인차, 구난차는 운전할 수 없다.

644

다음 중 트레일러 차량의 특성에 대한 설명으로 가장 적정한 것은?

① 좌회전 시 승용차와 비슷한 회전각을 유지한다.
② 내리막길에서는 미끄럼 방지를 위해 기어를 중립에 둔다.
❸ 승용차에 비해 내륜차(內輪差)가 크다.
④ 승용차에 비해 축간 거리가 짧다.

645

화물을 적재한 트레일러 자동차가 시속 50킬로미터로 편도 1차로 도로의 우로 굽은 도로를 진행할 때 가장 안전한 운전 방법은?

① 주행하던 속도를 줄이면 전복의 위험이 있어 속도를 높여 진입한다.
② 회전반경을 줄이기 위해 반대차로를 이용하여 진입한다.
③ 원활한 교통흐름을 위해 현재 속도를 유지하면서 신속하게 진입한다.
❹ 원심력에 의해 전복의 위험성이 있어 속도를 줄이면서 진입한다.

646

자동차관리법상 유형별로 구분한 특수자동차에 해당되지 않는 것은?

① 견인형　② 구난형
❸ 일반형　④ 특수용도형

647

다음 중 트레일러의 종류에 해당되지 않는 것은?

① 풀트레일러　② 저상트레일러
③ 세미트레일러　❹ 고가트레일러

648

자동차 및 자동차부품의 성능과 기준에 관한 규칙상 트레일러의 차량중량이란?

❶ 공차상태의 자동차의 중량을 말한다.
② 적차상태의 자동차의 중량을 말한다.
③ 공차상태의 자동차의 축중을 말한다.
④ 적차상태의 자동차의 축중을 말한다.

649

도로에서 캠핑트레일러 피견인 차량 운행 시 횡풍 등 물리적 요인에 의해 피견인 차량이 물고기 꼬리처럼 흔들리는 현상은?

① 잭 나이프(Jack knife) 현상
❷ 스웨이(Sway) 현상
③ 수막(Hydroplaning) 현상
④ 휠 얼라인먼트(Wheel alignment) 현상

650

자동차 및 자동차부품의 성능과 기준에 관한 규칙상 견인형 특수자동차의 뒷면 또는 우측면에 표시하여야 하는 것은?

① 차량총중량 · 최대적재량
❷ 차량중량에 승차정원의 중량을 합한 중량
③ 차량총중량에 승차정원의 중량을 합한 중량
④ 차량총중량 · 최대적재량 · 최대적재용적 · 적재물품명

651

다음 중 견인차의 트랙터와 트레일러를 연결하는 장치로 맞는 것은?

❶ 커플러　　② 킹핀
③ 아우트리거　　④ 붐

652

자동차 및 자동차부품의 성능과 기준에 관한 규칙상 연결자동차가 초과해서는 안 되는 자동차 길이의 기준은?

① 13.5미터　　❷ 16.7미터
③ 18.9미터　　④ 19.3미터

653

초대형 중량물의 운송을 위하여 단독으로 또는 2대 이상을 조합하여 운행할 수 있도록 되어 있는 구조로서 하중을 골고루 분산하기 위한 장치를 갖춘 피견인자동차는?

① 세미트레일러　　② 저상트레일러
❸ 모듈트레일러　　④ 센터차축트레일러

654

차체 일부가 견인자동차의 상부에 실리고, 해당 자동차 및 적재물 중량의 상당부분을 견인자동차에 분담시키는 구조의 피견인자동차는?

① 풀트레일러　　❷ 세미트레일러
③ 저상트레일러　　④ 센터차축트레일러

655

트레일러의 특성에 대한 설명이다. 가장 알맞은 것은?

① 차체가 무거워서 제동거리가 일반승용차보다 짧다.
❷ 급차로변경을 할 때 전도나 전복의 위험성이 높다.
③ 운전석이 높아서 앞 차량이 실제보다 가까워 보인다.
④ 차체가 크기 때문에 내륜차(內輪差)는 크게 관계가 없다.

한 줄 해설
① 차체가 무거우면 제동거리가 길어진다. ③ 트레일러는 운전석이 높아서 앞 차량이 실제 차간거리보다 멀어 보인다. ④ 차체가 길고 크므로 내륜차가 크게 발생한다.

656

다음 중 대형화물자동차의 선회특성과 진동특성에 대한 설명으로 가장 알맞은 것은?

① 진동각은 차의 원심력에 크게 영향을 미치지 않는다.
② 진동각은 차의 중심높이에 크게 영향을 받지 않는다.
❸ 화물의 종류와 적재위치에 따라 선회반경과 안정성이 크게 변할 수 있다.
④ 진동각도가 승용차보다 작아 추돌사고를 유발하기 쉽다.

657

트레일러 운전자의 준수사항에 대한 설명으로 가장 알맞은 것은?

① 운행을 마친 후에만 차량 일상점검 및 확인을 해야 한다.
❷ 정당한 이유 없이 화물의 운송을 거부해서는 아니 된다.
③ 차량의 청결상태는 운임요금이 고가일 때만 양호하게 유지한다.
④ 적재화물의 이탈방지를 위한 덮개·포장 등은 목적지에 도착해서 확인한다.

658

다음 중 편도 3차로 고속도로에서 구난차의 주행차로는?(버스전용차로 없음)

① 1차로　② 왼쪽차로
❸ 오른쪽차로　④ 모든 차로

659

다음 중 구난차로 상시 4륜구동 자동차를 견인하는 경우 가장 적절한 방법은?

① 자동차의 뒤를 들어서 견인한다.
❷ 상시 4륜구동 자동차는 전체를 들어서 견인한다.
③ 구동 방식과 견인하는 방법은 무관하다.
④ 견인되는 모든 자동차의 주차브레이크는 반드시 제동 상태로 한다.

660

자동차관리법상 구난형 특수자동차의 세부기준은?

① 피견인차의 견인을 전용으로 하는 구조인 것
② 견인·구난할 수 있는 구조인 것
❸ 고장·사고 등으로 운행이 곤란한 자동차를 구난·견인할 수 있는 구조인 것
④ 위 어느 형에도 속하지 아니하는 특수작업용인 것

661

자동차 및 자동차부품의 성능과 기준에 관한 규칙에 따른 자동차의 길이 기준은?(연결자동차 아님)

❶ 13미터　② 14미터
③ 15미터　④ 16미터

662

교통사고 발생 현장에 도착한 구난차 운전자의 가장 바람직한 행동은?

① 사고차량 운전자의 운전면허증을 회수한다.
② 도착 즉시 사고차량을 견인하여 정비소로 이동시킨다.
③ 운전자와 사고차량의 수리비용을 흥정한다.
❹ 운전자의 부상 정도를 확인하고 2차 사고에 대비하여 안전조치를 한다.

663

구난차 운전자의 행동으로 가장 바람직한 것은?

① 고장차량 발생 시 신속하게 출동하여 무조건 견인한다.
❷ 피견인차량을 견인 시 법규를 준수하고 안전하게 견인한다.
③ 견인차의 이동거리별 요금이 고가일 때만 안전하게 운행한다.
④ 사고차량 발생 시 사고현장까지 신호는 무시하고 가도 된다.

664

구난차가 갓길에서 고장차량을 견인하여 주행차로로 진입할 때 가장 주의해야 할 사항으로 맞는 것은?

① 고속도로 전방에서 정속 주행하는 차량에 주의
② 피견인자동차 트렁크에 적재되어 있는 화물에 주의
❸ 주행차로 뒤쪽에서 빠르게 주행해오는 차량에 주의
④ 견인자동차는 눈에 확 띄므로 크게 신경 쓸 필요가 없다.

665

부상자가 발생한 사고현장에서 구난차 운전자가 취한 행동으로 가장 적절하지 않은 것은?

① 부상자의 의식 상태를 확인하였다.
② 부상자의 호흡 상태를 확인하였다.
③ 부상자의 출혈 상태를 확인하였다.
❹ 바로 견인준비를 하며 합의를 종용하였다.

666

다음 중 구난차의 각종 장치에 대한 설명으로 맞는 것은?

① 크레인 본체에 달려 있는 크레인의 팔 부분을 후크(Hook)라 한다.
② 구조물을 견인할 때 구난차와 연결하는 장치를 PTO 스위치라고 한다.
❸ 작업 시 안정성을 확보하기 위하여 전방과 후방 측면에 부착된 구조물을 아우트리거라고 한다.
④ 크레인에 장착되어 있으며 갈고리 모양으로 와이어 로프에 달려서 중량물을 거는 장치를 붐(Boom)이라 한다.

한 줄 해설
① 크레인 붐, ② 견인삼각대, ④ 후크에 대한 설명이다.

667

구난차 운전자가 FF방식(Front engine Front wheel drive)의 고장난 차를 구난하는 방법으로 가장 적절한 것은?

❶ 차체의 앞부분을 들어 올려 견인한다.
② 차체의 뒷부분을 들어 올려 견인한다.
③ 앞과 뒷부분 어느 쪽이든 관계없다.
④ 반드시 차체 전체를 들어 올려 견인한다.

668

구난차 운전자가 교통사고 현장에서 한 조치이다. 가장 바람직한 것은?

① 교통사고 당사자에게 민사합의를 종용했다.
② 교통사고 당사자 의사와 관계없이 바로 견인 조치했다.
③ 주간에는 잘 보이므로 별다른 안전조치 없이 견인준비를 했다.
❹ 사고당사자에게 일단 심리적 안정을 취할 수 있도록 도와줬다.

669

구난차 운전자가 교통사고 현장에서 **부상자를 발견**하였을 때 **대처방법**으로 가장 바람직한 것은?

❶ 말을 걸어보거나 어깨를 두드려 부상자의 의식 상태를 확인한다.
② 부상자가 의식이 없으면 인공호흡을 실시한다.
③ 골절 부상자는 즉시 부목을 대고 구급차가 올 때까지 기다린다.
④ 심한 출혈의 경우 출혈 부위를 심장 아래쪽으로 둔다.

670

교통사고 발생 현장에 도착한 **구난차 운전자가 부상자에게 응급조치를 해야 하는 이유**로 가장 **거리가 먼** 것은?

① 부상자의 빠른 호송을 위하여
② 부상자의 고통을 줄여주기 위하여
❸ 부상자의 재산을 보호하기 위하여
④ 부상자의 구명률을 높이기 위하여

671

다음 중 **자동차의 주행 또는 급제동 시 자동차의 뒤쪽 차체가 좌우로 떨리는 현상**을 뜻하는 용어는?

❶ 피쉬테일링(Fishtailing)
② 하이드로플래닝(Hydroplaning)
③ 스탠딩 웨이브(Standing wave)
④ 베이퍼락(Vapor lock)

672

다음 중 **구난차 운전자**의 가장 **바람직한 행동**은?

❶ 화재발생 시 초기진화를 위해 소화 장비를 차량에 비치한다.
② 사고현장에 신속한 도착을 위해 중앙선을 넘어 주행한다.
③ 경미한 사고는 운전자 간에 합의를 종용한다.
④ 교통사고 운전자와 동승자를 사고차량에 승차시킨 후 견인한다.

673

제한속도 매시 100킬로미터 고속도로에서 **구난차량이 매시 145킬로미터로 주행하다 과속**으로 적발되었다. **벌점과 범칙금액**은?

① 벌점 70점, 범칙금 14만 원
❷ 벌점 60점, 범칙금 13만 원
③ 벌점 30점, 범칙금 10만 원
④ 벌점 15점, 범칙금 7만 원

674

다음 중 **구난차 운전자가 자동차에 도색(塗色)이나 표지를 할 수 있는** 것은?

① 교통단속용자동차와 유사한 도색 및 표지
② 범죄수사용자동차와 유사한 도색 및 표지
③ 긴급자동차와 유사한 도색 및 표지
❹ 응급상황 발생 시 연락할 수 있는 운전자 전화번호

675

구난차 운전자가 RR방식(Rear engine Rear wheel drive)의 고장난 차를 구난하는 방법으로 가장 적절한 것은?

① 차체의 앞부분을 들어 올려 견인한다.
❷ 차체의 뒷부분을 들어 올려 견인한다.
③ 앞과 뒷부분 어느 쪽이든 관계없다.
④ 반드시 차체 전체를 들어 올려 견인한다.

676

교통사고 현장에 출동하는 구난차 운전자의 운전방법으로 가장 바람직한 것은?

① 신속한 도착이 최우선이므로 반대차로로 주행한다.
② 긴급자동차에 해당되므로 최고 속도를 초과하여 주행한다.
③ 고속도로에서 차량 정체 시 경음기를 울리면서 갓길로 주행한다.
❹ 신속한 도착도 중요하지만 교통사고 방지를 위해 안전운전한다.

677

다음 중 자동차관리법상 특수자동차의 유형별 구분에 해당하지 않는 것은?

① 견인형 특수자동차
② 특수용도형 특수자동차
③ 구난형 특수자동차
❹ 도시가스 응급복구용 특수자동차

678

제1종 특수면허 중 소형견인차면허의 기능시험에 대한 내용이다. 맞는 것은?

❶ 소형견인차 면허 합격기준은 100점 만점에 90점 이상이다.
② 소형견인차 시험은 굴절, 곡선, 방향전환, 주행코스를 통과하여야 한다.
③ 소형견인차 시험 코스통과 기준은 각 코스마다 5분 이내이다.
④ 소형견인차 시험 각 코스의 확인선 미접촉 시 각 5점씩 감점이다.

679

구난차로 고장차량을 견인할 때 견인되는 차가 켜야 하는 등화는?

① 전조등, 비상점멸등
② 전조등, 미등
❸ 미등, 차폭등, 번호등
④ 좌측방향지시등

680

구난차 운전자가 지켜야 할 사항으로 맞는 것은?

① 구난차 운전자의 경찰무선 도청은 일부 허용된다.
❷ 구난차 운전자는 도로교통법을 반드시 준수해야 한다.
③ 교통사고 발생 시 출동하는 구난차의 과속은 무방하다.
④ 구난차는 교통사고 발생 시 신호를 무시하고 진행할 수 있다.

02 사진형 100제

5지 2답: 문항당 3점/6문항

해설이 필요 없는 문제는 발문과 정답만 보고, 꼭 필요한 해설만 한 줄 해설로 간단히 확인하세요!

681

다음 상황에서 잘못된 통행방법 2가지는?

- 편도 2차로의 교차로
- 신호등은 적색등화
- 비보호 좌회전 표지
- 교차로 진입 전

① 직진하려는 경우 녹색등화에 진행한다.
② 좌회전하려는 경우 맞은편 통행에 주의하면서 녹색등화에 진행한다.
❸ 좌회전하려는 경우 녹색 좌회전 화살표 등화에 진행한다.
❹ 1차로에서 우회전하려는 경우 정지선 직전에 일시정지한 후 서행으로 진행한다.
⑤ 우회전하려면 미리 도로 우측 가장자리로 서행하면서 진행하여야 한다.

한 줄 해설

③ 가로형 삼색등과 비보호 좌회전 표지가 설치되어 있다면 맞은편 통행을 주의하면서 좌회전할 수 있다. ④ 모든 차의 운전자는 교차로에서 우회전을 하려는 경우에는 미리 도로의 우측 가장자리를 서행하면서 우회전하여야 한다.

682

다음 상황에서 잘못된 통행방법 2가지는?

- 도로 우측은 택시정차대
- 연달아 신호등이 설치된 도로
- 30m 전방에는 十자형 교차로이고, 신호등은 녹색등화
- 50m 전방에는 T자형 교차로이고, 신호등은 적색등화

❶ 신호가 바뀌기 전에 교차로를 통과하기 위해 최대한 가속한다.
❷ 十자형 교차로에서 우회전하기 위해 계속 1차로로 통행한다.
③ 녹색등화에는 직진 또는 우회전할 수 있다.
④ 적색등화에는 정지선 직전에 정지해야 한다.
⑤ 적색등화에는 정지선 직전에 일시정지한 후 우회전할 수 있다.

한 줄 해설

① 택시정차대 인근에서는 타고 내리는 택시승객이나 무단횡단하려는 보행자가 있을 가능성이 높기 때문에 주위를 살피며 속도를 감속하여 운전하는 것이 안전하다. ② 우회전은 도로의 가장 우측차로에서만 가능하다.

683

다음 상황에서 잘못된 통행방법 2가지는?

- 편도 3차로 도로
- 1차로는 좌회전, 2차로는 직진, 3차로는 직진 및 우회전 노면표시 있음
- 교차로를 통과하려는 상황
- 교차로 건너편 3, 4차로는 작업 중

❶ 1차로에서는 녹색등화에 우회전할 수 있다.
② 1차로에서는 좌회전 화살표 등화에 좌회전할 수 있다.
③ 2차로에서는 녹색등화에 직진할 수 있다.
④ 3차로에서는 적색등화에 정지선 직전에서 일시정지한 후 우회전할 수 있다.
❺ 3차로에서는 녹색등화에 직진하여 교차로 내에 설치된 안전지대에 정차한다.

한 줄 해설

① 1차로는 좌회전 전용 차로이므로 녹색등화 시에도 우회전할 수 없다. ⑤ 모든 차는 안전지대 등 진입이 금지된 장소에 들어가서는 안 된다.

684

다음 상황을 통해 알 수 있는 정보로 바르지 않은 것 2가지는?

① 전방에 횡단보도가 있다.

② 전방 차량 신호등은 녹색등화이다.

③ 도로 우측에는 자전거전용도로가 설치되어 있다.

❹ 이 도로의 제한속도는 시속 30킬로미터이다.

❺ 앞선 자동차들은 브레이크 페달을 조작하고 있다.

한 줄 해설

③ 오른쪽 보도 옆에 자전거 그림이 그려진 파란색 원형 표지판이 있고 보도와 차도 사이에 공간이 있는 것으로 보아 자전거전용도로가 설치되어 있다고 판단할 수 있다. ④ 사진의 오른쪽 도로변에 노란색 안내 표지판과 펜스(안전 울타리)가 있는 것으로 보아 어린이 보호구역이라고 판단할 수 있다. 어린이 보호구역에서의 통행속도는 시속 30킬로미터 이내로 제한할 수 있다. 하지만 시속 30킬로미터 기준과 다른 통행속도로 설정된 어린이 보호구역도 다수 존재한다. ⑤ 브레이크 페달을 조작하면 자동차의 후면에 설치된 제동등이 켜진다. 그러나 앞선 차량 2대 모두 제동등이 켜지지 않았다.

685

다음 상황을 통해 알 수 있는 정보와 이에 따른 올바른 운전방법을 연결한 것으로 바르지 않은 것 2가지는?

- 가장 우측에 있는 자동차들은 주차된 상태

① 횡단보도 – 좌우를 잘 살펴 보행자에 주의한다.

② 차도에 있는 사람 – 속도를 감속하는 등 안전에 유의한다.

❸ 가로형 이색등 – 적색 X표가 있는 차로로 진행한다.

④ 가변차로 – 상황에 따라 진행차로가 바뀔 수 있다.

❺ 중앙에 설치된 황색 점선 – 앞지르기하려고 할 때도 절대 넘을 수 없는 선이다.

한 줄 해설

③ 녹색화살표의 등화(하향)일 때 차마는 지정한 차로로 진행할 수 있고, 적색 X표 표시의 등화일 때는 그 차로로 진행할 수 없다. ⑤ 중앙선 중에 황색 점선은 반대방향의 교통에 주의하면서 일시적으로 반대편 차로로 넘어갈 수 있으나 진행방향 차로로 다시 돌아와야 함을 표시하는 것이다.

686

다음 상황을 통해 알 수 있는 정보와 이에 따른 올바른 운전방법을 연결한 것으로 바르지 않은 것 2가지는?

- 직전까지 눈이 내렸고, 노면이 얼어붙은 상태
- 바로 앞에 진행하는 차량은 제설작업 차량으로 도로에 모래를 뿌리면서 주행 중
- 전방 우측 화물차는 우측 방향지시등을 켠 채 정차 중

① 횡단보도예고표시 – 전방에 곧 횡단보도가 나타나므로 주의하며 운전한다.

❷ 차로 우측에 설치된 황색실선의 복선구간 – 보도에 걸치는 방식의 정차는 허용된다.

❸ 노면이 얼어있는 상태 – 최고 제한속도의 100분의 20을 줄인 속도로 운행한다.

④ 전방 제설작업 차량 – 작업차량과 안전거리를 충분히 유지하면서 주행한다.

⑤ 전방 우측에 정차 중인 화물차 – 사람이 차도로 갑자기 튀어나올 수 있으므로 주의하며 운전한다.

한 줄 해설

② 황색복선은 정차·주차금지 표시이고, 보도에는 정차 및 주차가 금지된다. ③ 노면이 얼어붙은 경우는 최고속도의 100분의 50을 줄인 속도로 운행해야 한다.

687

다음과 같은 상황에서의 **운전방법으로 바르지 못한 것 2가지**는?

- 편도 5차로 도로
- 차도 우측에는 보도
- 1, 2차로는 좌회전 차로

❶ **자전거 운전자가 좌회전하고자 하는 경우 1차로에서 좌회전 신호를 기다린다.**

❷ **개인형이동장치 운전자가 좌회전하고자 하는 경우 2차로에서 좌회전 신호를 기다린다.**

③ 이륜차 운전자가 좌회전하고자 하는 경우 2차로에서 좌회전 신호를 기다린다.

④ 승용차 운전자가 우회전하고자 하는 경우 보행자에 주의하면서 우회전한다.

⑤ 화물차 운전자가 우회전하고자 하는 경우 미리 우측 가장자리 도로를 이용하여 우회전한다.

한 줄 해설

자전거 등의 운전자는 교차로에서 좌회전하려는 경우에는 미리 도로의 우측 가장자리로 붙어 서행하면서 교차로의 가장자리 부분을 이용하여 좌회전하여야 한다.

688

다음과 같은 상황에서 **가장 안전한 운전방법 2가지**는?

- 시내지역 사거리 교차로
- 편도 1차로 도로
- 약 10미터 전방 좌측과 우측에 상가 지하주차장 입구가 각각 있음

❶ **시속 30킬로미터 이내의 속도로 운전한다.**

❷ **전방 10미터 우측 상가 지하주차장으로 진입할 때에는 일시정지한 후에 안전한지 확인하면서 서행한다.**

③ 전방 10미터 좌측 상가 지하주차장으로 진입할 때에는 일단정지한 후에 안전한지 확인하면서 서행한다.

④ 좌회전하고자 하는 때에는 미리 방향지시등을 켜고 서행하면서 교차로의 중심 바깥쪽을 이용하여 좌회전한다.

⑤ 시내지역에서 개인형 이동장치를 운전할 때에는 보도로 주행한다.

한 줄 해설

③ 전방 10미터 좌측 상가 지하주차장으로 진입하려면 중앙선을 침범하면서 운전해야 한다. ④ 모든 차의 운전자는 교차로에서 좌회전을 하려는 경우에는 미리 도로의 중앙선을 따라 서행하면서 교차로의 중심 안쪽을 이용하여 좌회전하여야 한다. ⑤ 개인형 이동장치를 운전할 때에는 전용도로가 없는 경우 차도로 주행해야 한다.

689

다음 상황을 통해 **알 수 있는 정보**와 이에 대한 **해석**을 연결한 것으로 **바르지 않은 것 2가지**는?

- 사거리 교차로
- 전방 신호등은 적색 등화의 점멸
- 도로 우측의 자동차는 주차된 상태

❶ **어린이보호표지 – 어린이 보호구역으로서 어린이가 특별히 보호되는 구역이다.**

② 최고속도 제한표지 – 시속 30킬로미터 이내의 속도로 운전해야 한다.

③ 횡단보도 표지 – 보행자에 주의하면서 운전해야 한다.

❹ **적색등화의 점멸 – 서행하면서 운전해야 한다.**

⑤ 도로 우측에 주차된 자동차들 – 주차된 차량 사이로 보행자가 튀어나올 수 있음에 유념한다.

한 줄 해설

① 우측에 정차된 차량은 어린이통학버스이다. 어린이통학버스 후면에 부착된 표지는 어린이보호표지로, 어린이나 영유아를 태우고 운행 중임을 표시하는 것이다. 사진에는 어린이 보호구역에 설치되는 어린이보호표지가 없다. ④ 적색등화 점멸의 의미는 정지선이나 횡단보도가 있을 때 차마는 그 직전이나 교차로의 전에 일시정지한 후 다른 교통에 주의하면서 진행할 수 있다는 것이다.

690

다음과 같은 상황에서 가장 **안전한 운전방법 2가지**는?

- 어린이 보호구역
- 과속방지턱과 도로 횡단방지 울타리가 설치되어 있음

① 어린이 보호구역에서도 잠깐 주차할 수 있다.
❷ 차량 신호등이 녹색등화라 하더라도 도로를 횡단하는 어린이가 있는지 주의하면서 진행한다.
③ 차량 신호등이 녹색등화인 경우 아직 횡단 중인 어린이가 있더라도 속도를 높여 진행한다.
④ 어린이의 하차를 위해서 이곳에서는 정차는 할 수 있다.
❺ 어린이 보호구역에 설정된 제한속도보다 느린 속도로 운전한다.

> **한 줄 해설**
> ①, ④ 어린이 보호구역에서 주정차는 금지된다.

691

다음 상황에서 **적절한 운전행태**로 옳은 것 **2가지**는?

- 좌우측 아파트 진출입로
- 전방 차량 신호등 황색점멸
- 1차로 좌회전, 2차로 직진차로

① 주정차 금지 노면표시가 없으므로 교차로 부근이나 횡단보도 부근에 주정차할 수 있다.
❷ 좌우측 아파트 진출입로가 있으므로 주변 차량을 잘 살피고 서행하며 진행한다.
③ 전방 교차로 내에서 다른 차량에 방해가 되지 않는다면 유턴할 수 있다.
❹ 교차로를 지나 차로가 줄어들기 때문에 직진하려는 경우 미리 직진 차로로 변경한다.
⑤ 횡단보도에 보행자가 없으므로 가속하여 신속히 통과한다.

> **한 줄 해설**
> ① 교차로와 횡단보도로부터 5m 이내의 곳은 주정차 금지구간이므로 노면표시와 관계없이 주정차하면 안 된다.

692

다음 상황에서 가장 **안전한 운전방법 2가지**는?

❶ 보행자가 있으므로 안전하게 보행할 수 있도록 서행하거나 일시정지하여 안전을 확인하고 진행한다.
❷ 주변 주정차 차량 사이에서 보행자가 나타날 수 있으므로 주의하며 진행한다.
③ 어린이 보호구역이 아니므로 운전자는 보행자를 보호해야 할 의무가 없다.
④ 좌측 상점에 가는 경우 교차로 모퉁이에 잠시 주정차하는 것은 가능하다.
⑤ 주택가 이면도로에서는 주차된 차량과 보행자가 많아 경음기를 계속 울리며 통과한다.

> **한 줄 해설**
> ④ 교차로 모퉁이는 주정차 금지장소이다.

693

다음 상황에서 **가장 안전한 운전방법 2가지**는?

- 편도 4차로 도로
- 전방 차량 신호등 녹색 및 좌회전등화
- 우회전 전용차로 진행 중
- 우회전 삼색등 적색등화

① 우회전 차로를 진행하던 중 직진하려는 경우 백색실선 구간에서 차로를 변경할 수 있다.

② 우회전 삼색등이 적색등화라도 횡단보도를 횡단하는 보행자가 없으면 우회전할 수 있다.

❸ 우회전 삼색등이 적색등화이므로 정지해야 하며 녹색등화로 바뀐 후 우회전할 수 있다.

④ 직진차로 진행 중 녹색등화인 경우라도 보행자가 있을 수 있으므로 안전을 확인하며 우회전한다.

❺ 우회전 삼색등이 녹색등화인 경우라도 보행자가 있을 수 있으므로 안전을 확인하며 우회전한다.

한 줄 해설

① 백색실선 구간에서는 진로변경이 제한된다.

694

다음 상황에서 **교통안전표지**에 대한 설명 중 가장 바르게 된 것 **2가지**는?

- 우측 자동차전용도로 입구
- 편도 4차로 도로
- 우회전 전용차로 있음
- 전방 차량 신호등 녹색등화

❶ 자동차전용도로 표지는 자동차를 이용하는 경우 외에는 진입하면 안 된다는 의미이다.

② 비보호 좌회전 표지가 있으므로 차량 신호등 등화와 관계없이 안전하게 좌회전할 수 있다.

③ 우측의 황색복선은 잠시 주차하는 것은 가능하다는 표시이다.

❹ 전방 우측의 자동차를 표현한 파란색 표지판은 교통안전표지 중 지시표지이다.

⑤ 교차로 정지선 이전의 백색실선은 전방에 교차로가 있다는 것을 알려주는 표시이다.

한 줄 해설

② 비보호 좌회전은 차량 신호가 녹색등화인 경우에 좌회전해야 한다. ③ 실선의 황색복선은 주정차를 금지하는 뜻이다. ⑤ 백색실선은 진로변경제한선을 나타낸다.

695

다음 상황에서 **가장 안전한 운전방법 2가지**는?

- 편도 1차로 좌로 굽은 내리막 도로
- 우측 아파트 진출입로
- 신호기 없는 삼거리 교차로

① 진행하는 방향의 전방에 차량이 없으므로 빠르게 진행한다.

❷ 좌로 굽은 내리막 도로는 전방 상황을 확인하기 어렵기 때문에 미리 속도를 줄여 교차로에 진입한다.

❸ 아파트에서 도로로 나오는 차량이 있을 수 있으므로 미리 대비하며 주행한다.

④ 맞은편 차량이 좌회전하려는 경우 직진 차량이 무조건 우선이므로 경음기를 울려 경고하며 진행한다.

⑤ 아파트 진출입로의 경우 보행자의 통행이 잦은 곳이긴 하나 시야에 보이지 않으므로 경음기를 울리고 속도를 높여 신속히 주행한다.

696

다음 상황에서 **가장 안전한 운전방법 2가지**는?

- 중앙선 없는 우로 굽은 오르막 도로
- 좌측 골목길

① 도로 우측에 보행자가 있으므로 빠른 속도로 통과한다.

❷ 주변을 살피기 어려운 곳은 도로반사경을 통해 교통 상황을 확인한다.

❸ 좌측 골목길에 차량이 있으므로 교차로 진입 전 잘 살피고 서행하며 교차로에 진입한다.

④ 우로 굽은 오르막 도로는 전방 상황 확인이 곤란하므로 경음기를 계속 울리며 진행한다.

⑤ 맞은편에서 내려오는 차량이 있어도 올라가는 차량이 우선권을 가지므로 속도를 줄이지 않고 진행한다.

한 줄 해설

⑤ 비탈진 좁은 도로에서 서로 마주 보고 진행하는 경우 올라가는 차량이 양보해야 한다.

697

다음 상황에서 **가장 안전한 운전방법 2가지**는?

- 전방 차량 신호등 적색등화
- 좌측 어린이 보호구역 해제 표지
- 1차로 유턴 및 좌회전 차로
- 3차로 직진 및 우회전 차로

❶ 전방 차량 신호등이 적색등화이므로 정지선 전에 미리 속도를 줄이고 안전하게 정차한다.

② 전방 좌측 어린이 보호구역 해제 표지가 있어 현재 진행하는 도로에서는 특별히 어린이의 안전에 주의할 필요는 없다.

❸ 좌회전하려는 경우 미리 1차로로 진행하는 후행 차량을 잘 살피고 안전하게 차로를 변경한다.

④ 우회전하려는 경우 3차로에 신호대기 중인 차량을 피해 보도를 통해 우회전한다.

⑤ 도로 우측의 황색실선은 정차는 허용하나 주차는 금지하는 표지이므로 잠시 정차하는 것은 가능하다.

한 줄 해설

② 어린이 보호구역 해제 표지가 있는 경우 그곳까지는 어린이 보호구역으로 인정된다. ④ 우회전 시 보도를 침범하거나 보행자 통행을 방해해서는 안 된다. ⑤ 도로 우측의 황색실선은 주정차 금지구역을 표시한 것이다.

698

다음 상황에서 **가장 안전한 운전방법 2가지**는?

- 전방 'ㅏ'형 삼거리 교차로

① 삼색신호등이 있는 교차로에서는 유턴표지가 없어도 다른 차마에 방해가 되지 않는다면 유턴할 수 있다.

❷ 지그재그 형태의 백색실선은 진로변경제한선이므로 진로변경하면 안 된다.

❸ 지그재그 형태의 백색실선은 서행의 의미를 나타내므로 속도를 줄여 서행한다.

④ 1차로 진행 중 우회전하고자 하는 경우 후행 차량이 없다면 방향지시등을 점등하고 3차로로 한 번에 진로변경한다.

⑤ 전방 삼색신호등이 적색등화로 바뀔 수 있으므로 녹색등화라 하더라도 정지선 앞에 미리 급정지하여 대기한다.

한 줄 해설

① 삼색신호등이 설치된 교차로에서는 유턴표지가 없으면 차마의 방해 여부를 불문하고 유턴이 허용되지 않는다.

699

다음 상황에서 **가장 안전한 운전방법 2가지는?**

- 전방 차량 신호등 황색점멸
- 우측 지하차도

① 우회전하려는 경우 도로가 한산하므로 직진차로에서 바로 우회전할 수 있다.

② 전방에 농기계가 진행하고 있으므로 경음기를 계속 울리며 속도를 올려 교차로를 통과한다.

❸ 우측 지하차도에서 진입하는 차량에 대한 확인이 어려우므로 속도를 줄이고 교차로에 진입한다.

④ 교통량이 적은 도로이므로 도로 우측에 주차할 수 있다.

❺ 횡단하려는 보행자가 있는 경우 일시정지를 하여 보행자의 안전을 확인한 후 진행한다.

700

다음 상황에서 **가장 안전한 운전방법 2가지는?**

- 신호기 없는 사거리 교차로
- 왕복 2차로 중앙선이 있는 도로
- 횡단보도 신호기 없음
- 전방 도로반사경에 좌회전 대기 차량이 보임

❶ 좌회전하려는 경우 방향지시등을 켜고 맞은편 차량이 통과한 후 안전하게 진입한다.

❷ 좌우측 확인이 안 되는 교차로이므로 일시정지한 후 안전하게 교차로에 진입한다.

③ 좌회전하고자 하는 경우 맞은편에서 주행하는 차량 사이로 속도를 높여 좌회전한다.

④ 도로반사경에 보이는 좌회전 대기 차량보다 먼저 좌회전하기 위해 재빨리 진입한다.

⑤ 뒤따르는 차량이 있는 경우 상향등과 경음기를 조작하면서 무리하더라도 좌회전을 시도한다.

701

다음 상황에서 **잘못된 운전방법 2가지는?**

- 편도 2차로 도로
- 가로형 삼색 차량 신호등 적색등화

① 직진하려면 정지선의 직전에 정지한다.

❷ 유턴하려면 전방에 차가 없는 경우 안전하게 2차로에서 교차로를 통해 유턴한다.

❸ 탑승자를 하차시키려면 횡단보도 앞에 잠시 정차한다.

④ 우회전하려면 정지선의 직전에 일시정지한 후 서행하며 우회전한다.

⑤ 횡단보도를 이용하는 경우 자전거에서 내려 끌고 간다.

한 줄 해설

② 교차로에 녹색, 황색 및 적색의 삼색등화만이 나오는 신호기가 설치되어 있고, 비보호 좌회전 표시나 유턴을 허용하는 표시가 없다면 차마의 좌회전 또는 유턴은 원칙적으로 허용되지 않는다. ③ 횡단보도로부터 5m 이내의 구간은 주정차 금지장소이다.

702

다음 상황에서 **알 수 있는 정보**와 이에 대한 **해석**을 연결한 것으로 **바르지 않은 것 2가지는?**

- 도로 우측에는 주차 차량
- 현재 시각 16:00

① 도로 우측에 주차된 자동차 – 주차위반에 해당한다.

② 횡단보도예고표시 – 전방에 곧 횡단보도가 나타난다.

❸ 차도 우측 황색실선 – 주차는 금지되나 정차는 허용된다.

❹ 보도 – 자전거 운전자는 보도로 통행해야 한다.

⑤ 과속방지턱 – 감속운전하는 것이 바람직하다.

한 줄 해설

③ 황색실선은 정차·주차금지 표시이다. 주정차 허용시간을 제외하고는 주정차는 금지된다. ④ 자전거 등의 운전자는 자전거도로가 설치되지 아니한 곳에서는 도로 우측 가장자리에 붙어서 통행하여야 한다.

703

다음 상황에 대한 설명 중 옳은 것 2가지는?

- 자율주행시스템 미장착 차량

① 서행 중에는 운전자가 휴대전화를 사용할 수 있다.

❷ 정차 중에는 운전자가 휴대전화를 사용할 수 있다.

③ 서행 중에는 휴대전화는 사용할 수 없지만 영상표시장치는 조작해도 된다.

❹ 시내도로에서 운전자는 안전띠를 매어야 할 의무가 있다.

⑤ 시내도로에서 동승자는 안전띠를 매어야 할 의무가 없다.

> **한 줄 해설**
> ①, ③ 운전 중에는 휴대전화 사용이나 영상표시장치의 조작·시청이 금지된다. ⑤ 모든 도로에서 운전자와 모든 동승자는 안전띠를 착용해야 한다.

704

다음 상황에서 운전자별 잘못된 운전방법 2가지는?

- 정체 중인 도로
- 중앙버스전용차로가 설치된 도로

① 자전거 운전자 – 차도의 가장 우측으로 다른 차량들을 앞지르기할 수 있다.

❷ 전동킥보드 운전자 – 운전자와 동승자 모두 안전모를 착용하여야 운행할 수 있다.

❸ 이륜차 운전자 – 정체를 피해 중앙버스전용차로로 운전할 수 있다.

④ 승용차 운전자 – 정체 상황에 따른 추돌에 주의하며 운전한다.

⑤ 버스 운전자 – 전용차로가 아닌 차로로 운전 중일 때에는 중앙버스신호등이 아닌 차량 신호등의 신호에 따라야 한다.

> **한 줄 해설**
> ② 전동킥보드의 승차정원은 1명이다. ③ 전용차로로 통행할 수 있는 차가 아니면 전용차로로 통행하여서는 아니 된다.

705

다음 상황에서 가장 안전한 운전방법 2가지는?

- 주택가 오르막 골목길

❶ 주차된 차량 뒤편에서 보행자가 나타날 수 있다는 점을 유념하면서 운전한다.

❷ 우측에 있는 보행자와 거리를 두고 일시정지하거나 서행하여 지나간다.

③ 눈이 쌓여 도로가 미끄러우므로 속도를 높여 빠르게 진행한다.

④ 눈이 쌓인 도로에서는 최고속도의 20퍼센트를 가속한다.

⑤ 보행자의 돌발행동을 방지하기 위하여 경음기를 계속 울리며 주행한다.

> **한 줄 해설**
> ④ 눈이 쌓인 도로에서는 최고속도의 20퍼센트를 감속하여 주행해야 한다.

706

다음 상황에서 가장 **안전한 운전방법 2가지**는?

- 편도 2차로 도로
- 전방에 마을버스 정차 중
- 2차로를 진행 중

① 버스 후방에서 경음기를 계속 울려 진행을 재촉한다.
❷ 주위 상황을 확인 후 1차로로 차로변경한다.
③ 비상점멸등을 켜고 속도를 높여 1차로로 차로변경한다.
④ 1차로로 차로변경하려는 경우 버스 앞에서 나타나는 보행자는 주의할 필요가 없다.
❺ 1차로 후방에 차량이 있으면 무리해서 차로변경하지 않고 버스 뒤에 대기한다.

707

다음 상황에서 가장 **안전한 운전방법 2가지**는?

- 주택가 편도 1차로 도로
- 도로 좌우측 주차 차량

① 경음기를 계속 울리며 보행자에게 경고하고 속도를 높여 빠르게 진행한다.
② 중앙선 좌측 보행자의 돌발행동은 대비할 필요가 없다.
❸ 주차된 차량 중에서 갑자기 출발하는 차가 있을 수 있으므로 전방 및 좌우를 살피며 서행한다.
❹ 우측 보행자와 거리를 두고 안전에 주의하며 천천히 주행한다.
⑤ 주택가에서는 일반적으로 중앙선 좌측을 이용하는 것이 안전하다.

한 줄 해설
⑤ 중앙선을 넘어 좌측으로 통행하는 행위는 특별한 상황을 제외하고 금지된다.

708

다음 상황에서 가장 **안전한 운전방법 2가지**는?

- 주택가 이면도로
- 우측 차량 출발하려는 상황

① 안전을 위해 경음기를 계속 울리며 진행한다.
② 좌측 보도를 걸어가는 보행자를 주의할 필요는 없다.
③ 비상점멸등을 켜고 속도를 높여 신속하게 진행한다.
❹ 우측 출발하는 승용차와의 안전거리를 충분히 유지하며 서행한다.
❺ 주택가 이면도로이므로 보행자가 나올 것을 대비하여 속도를 줄인다.

709

다음 상황에서 가장 **안전한 운전방법 2가지**는?

- 좌우측 주차 차량

❶ 안전하게 서행하거나 일시정지하여 횡단하는 보행자를 보호한다.
② 도로를 횡단하는 보행자는 보호할 의무가 없으므로 신속하게 진행한다.
❸ 우측 주차된 차량의 문이 열릴 수 있으므로 대비하며 진행한다.
④ 주차공간이 부족한 경우 전방 좌측의 적색 연석 구간에 주차할 수 있다.
⑤ 주차된 차량 뒤에서 사람이 나오는 것까지 주의할 필요는 없으므로 속도를 높여 진행해도 된다.

한 줄 해설
④ 소화전 앞 적색 연석 구간은 주정차가 모두 금지된다.

710

다음 상황에서 가장 **안전한 운전방법 2가지는?**

- 보도가 없는 주택가 오르막 이면도로
- 우측에 골목길이 있는 'ㅏ'형 교차로

❶ 우측 골목길에서 차량 또는 보행자가 진입할 수 있으므로 주의하며 진행한다.

② 중앙선이 없으므로 보행자와 최대한 가까이 우측으로 진행한다.

③ 최고 제한속도 표지가 없으므로 속도를 높여 빠르게 진행한다.

④ 도로의 우측 부분을 주행하면서 보행자에게 계속 경음기를 울려 보행자가 길을 비켜주도록 유도한다.

❺ 보행자의 통행에 방해가 될 때에는 서행하거나 일시정지한다.

711

다음 상황에서 가장 **안전한 운전방법 2가지는?**

- 눈이 내리는 상황

① 도로가 한산하기 때문에 속도를 높여 진행한다.

❷ 기상상황에 따라 규정된 속도 이내로 진행한다.

❸ 전방 공사 중이므로 교통상황을 잘 주시하며 진행한다.

④ 노면이 미끄러우므로 2개 차로를 걸쳐 주행한다.

⑤ 전방에 저속으로 진행하는 화물차를 뒤에서 바싹 붙어 진행한다.

712

다음 상황에서 **가장 안전한 운전방법 2가지는?**

❶ 전방에 보행자가 있으므로 일시정지 후 보행자의 안전을 확인 후 진행한다.

② 도로를 횡단하는 보행자는 보호할 의무가 없으므로 그대로 진행한다.

❸ 우측 주차된 흰색 차량 뒤편의 보행자를 주의하며 진행한다.

④ 경음기를 크게 울려 도로를 횡단하는 보행자가 횡단하지 못하도록 한다.

⑤ 보행자 앞에서 급정지하여 보행자에게 주의를 준다.

713

다음 상황에서 **가장 안전한 운전방법 2가지는?**

- 전방 도로 공사현장
- 우측 백색 길가장자리 구역선
- 전방에서 저속화물차를 앞지르기하는 승용차

❶ 공사 중 안내표지판이 있으므로 속도를 줄이고 진행한다.

② 전방에 중앙선을 넘은 차량에 경각심을 주기 위해 속도를 높이고 상향등을 켜서 운전한다.

③ 비상점멸등을 켜고 속도를 높여 빠르게 진행한다.

❹ 사고 방지를 위해 후방에서 진행하는 차량을 주의하며 속도를 줄이고 진행한다.

⑤ 우측 길가장자리 구역선은 정차가 허용되지 않는 장소이다.

한 줄 해설

⑤ 길가장자리 구역선 중 흰색실선은 주정차가 허용되나 공사구간인 경우 주차는 금지되고 정차는 허용된다.

714

다음 상황에서 가장 안전한 운전방법 2가지는?

- 겨울철 다리 위
- 선행 화물차 1차로에서 2차로로 차로 변경 중

❶ 겨울철에는 노면 살얼음에 주의하며 운전한다.
② 도로 상황이 한적하므로 주차해도 된다.
③ 차로를 변경하여 진행할 수 있다.
❹ 다리 위를 진행할 때에는 앞지르기를 할 수 없다.
⑤ 차로변경하는 화물차에 주의를 주기 위해 화물차 뒤를 바싹 붙어 진행한다.

한 줄 해설
③ 다리 위에서는 차로변경이 금지된다.

715

다음 상황에서 가장 안전한 운전방법 2가지는?

❶ 앞서가는 이륜차가 갑자기 도로 중앙 쪽으로 들어올 수 있으므로 주의하며 진행한다.
② 한적한 도로이므로 속도를 높여 진행한다.
❸ 이륜차와의 안전거리를 충분히 유지한다.
④ 경음기를 반복적으로 울리며 속도를 올려 앞지른다.
⑤ 중앙선을 넘지 않도록 이륜차에 바싹 붙어 진행한다.

716

다음 상황에서 통행방법으로 잘못된 2가지는?

❶ 회전교차로에서는 시계방향으로 통행하여야 안전하다.
② 회전교차로에 진입하려는 경우에는 진입하기에 앞서 서행하거나 일시정지하여야 한다.
❸ 회전교차로 안에서 진행하고 있는 차가 회전교차로에 진입하려는 차에 진로를 양보해야 한다.
④ 회전교차로 진입을 위하여 방향지시등을 켠 차가 있으면 그 뒤차는 앞차의 진행을 방해하여서는 아니 된다.
⑤ 회전교차로 내에서는 주차나 정차를 하여서는 아니 된다.

한 줄 해설
① 회전교차로에서는 반시계방향으로 통행하여야 한다. ③ 차의 운전자는 회전교차로에 진입하려는 경우에 이미 진행하고 있는 다른 차가 있는 때에는 그 차에 진로를 양보하여야 한다.

717

다음 상황에서 가장 안전한 운전방법 2가지는?

❶ 우측의 양보표지는 진입하는 차량이 준수해야 하는 표지이다.
② 회전교차로 안에서 앞지르기하고자 할 때는 앞차의 좌측으로 앞지르기해야 한다.
③ 모든 차량은 제한 없이 1시 방향 출구를 이용할 수 있다.
④ 회전교차로를 통행 중인 차량보다 진입하는 차량이 우선하므로 그대로 진입하여 통과한다.
❺ 회전교차로 안에서 밖으로 진출하려고 할 때에는 방향지시등을 켜야 한다.

한 줄 해설
② 회전교차로에서 앞지르기를 해서는 안 된다. ③ 회전교차로에서는 우회전 방식으로만 진출해야 한다. ④ 차의 운전자는 회전교차로에 진입하려는 경우에는 이미 진행하고 있는 다른 차가 있는 때에는 그 차에 진로를 양보하여야 한다.

718

다음 상황에서 **확인할 수 없는 교통안전표지 2가지는?**

① 횡단보도 표지 ② 좌회전 금지 표지
❸ 회전형 교차로 표지 ④ 정차·주차금지표지
❺ 통행금지표지

719

다음 상황에서 **가장 안전한 운전방법 2가지는?**

❶ 어린이 보호구역이므로 최고 제한속도 이내로 진행하여 갑작스러운 위험에 대비한다.
② 공사현장이더라도 작업차량이 없으면 신속하게 진행한다.
③ 안전을 위해 비상점멸등을 켜고 속도를 높여 진행한다.
④ 한적한 도로이기에 도로 상황을 주의할 필요는 없다.
❺ 보행자가 없더라도 반드시 일시정지 후 진행한다.

720

다음 상황에서 **가장 안전한 운전방법 2가지는?**

- 중앙선이 없는 이면도로
- 보행자가 도로를 횡단하려는 상황

❶ 전방에 보행자가 도로를 횡단하려 하므로 일시정지 후 보행자의 안전을 확인하고 진행한다.
② 이면도로이므로 보행자를 보호할 의무가 없어 속도를 올려 진행한다.
❸ 뒤따르는 차량이 있다면 비상점멸등을 켜서 위험상황을 알려준다.
④ 경음기를 반복하여 울려 보행자가 횡단하지 못하도록 한다.
⑤ 보행자 바로 앞에서 급정지하여 보행자에게 주의를 준다.

721

다음 상황에서 **가장 안전한 운전방법 2가지는?**

- 통행량이 많은 상가 앞 도로
- 전방에 무단횡단하는 보행자

❶ 보행자가 무단횡단을 하더라도 전방의 보행자 안전을 확인하며 진행한다.
② 무단횡단하는 보행자에 대해서는 보호할 필요가 없으므로 그대로 진행한다.
③ 경음기를 크게 울려 무단횡단자가 도로를 횡단하지 못하도록 한다.
❹ 비상점멸등을 켜서 뒤따라오는 차량들에 위험상황을 알려준다.
⑤ 무단횡단하는 보행자 바로 앞에서 급정지하여 보행자에게 훈계한다.

722

다음 상황에서 **가장 안전한 운전방법 2가지는?**

- 다리 위 편도 2차로 도로

① 앞지르기를 하려면 좌측 차로에서 진행하는 승용차가 지나간 후 안전하게 좌측 차로로 앞지르기한다.

❷ 다리 위 도로에서는 주차할 수 없다.

③ 2차로에서 1차로로 차로를 변경하여 진행할 수 있다.

❹ 다리 위 도로에서는 앞지르기할 수 없다.

⑤ 전방 차량이 저속으로 진행하는 경우 앞 차량의 뒤쪽에 바싹 붙어 진행한다.

한 줄 해설

다리 위 백색실선 구간에서는 다른 차량을 앞지르기하거나 진로변경할 수 없으며, 자동차전용도로에서는 주차가 금지된다.

723

다음 상황에서 **가장 안전한 운전방법 2가지는?**

- 전방에 횡단보도
- 좌측에 횡단보도를 횡단하기 위해 서 있는 보행자
- 신호기 없는 'ㅏ'형 교차로

① 좌측에 서 있는 보행자에게 경음기를 계속 울려 경고하며 빠르게 진행한다.

② 위험 상황을 예측할 필요 없이 그대로 진행한다.

❸ 전방 우측 도로에서 차량이 진입할 경우를 대비하여 서행한다.

④ 신호기가 없는 교차로이므로 속도를 높여 신속하게 통과한다.

❺ 횡단보도 앞 정지선에서 일시정지한다.

724

다음 상황에서 **가장 안전한 운전방법 2가지는?**

- 공사 중인 도로
- 맞은편에서 진행해 오는 차량
- 길 우측에 주차시켜 놓은 공사 차량

❶ 도로 공사 중이므로 전방 상황을 잘 주시하며 운전한다.

② 노면이 고르지 않으므로 속도를 줄이지 않고 빠르게 진행하는 것이 안전하다.

❸ 맞은편에서 진행하는 차량에 주의하며 서행한다.

④ 경음기를 계속 사용하며 우측의 주차되어 있는 공사 차량에 경고하고 속도를 높여 신속하게 진행한다.

⑤ 맞은편에서 진행하는 차량이 가까워질 때까지 속도를 유지하다가 급정지한다.

725

다음 상황에서 **가장 안전한 운전방법 2가지는?**

- 회전교차로

① 회전교차로에서는 시계방향으로 통행하여야 안전하다.

❷ 회전교차로에 진입하려는 경우에는 진입하기에 앞서 서행하거나 일시정지하여야 한다.

③ 회전교차로 안에서 진행하고 있는 차는 회전교차로에 진입하려는 차에게 진로를 양보해야 한다.

④ 회전교차로에서 나가고자 하는 경우 방향지시등을 점등하지 않고 그대로 진출한다.

❺ 회전교차로 진입을 위하여 방향지시등을 켠 차가 있으면 그 뒤차는 앞차의 진행을 방해하여서는 아니 된다.

한 줄 해설

① 회전교차로에서는 반시계방향으로 통행하여야 한다. ③ 회전교차로 안에서 이미 진행하고 있는 다른 차가 있는 때에는 그 차에 진로를 양보하여야 한다.

726

다음 상황에서 **차로변경**에 대한 설명으로 옳은 것 **2가지**는?

- 길 우측의 진입차로에서 본선 차로로 진입하는 상황

① 2차로를 주행 중인 승용차는 1차로로 차로변경을 할 수 있다.

❷ 1차로를 주행 중인 승용차는 2차로로 차로변경을 할 수 없다.

③ 진입차로에서 바로 1차로로 차로변경을 할 수 있다.

❹ 2차로를 주행 중인 승용차는 진입차로로 차로변경을 할 수 없다.

⑤ 모든 차로에서 차로변경을 할 수 있다.

한 줄 해설

백색 점선 구간에서는 차로 변경이 가능하지만 백색 실선 구간에서는 차로 변경을 하면 안 된다. 또한, 점선과 실선이 복선일 때도 점선이 있는 쪽에서만 차로 변경이 가능하다.

727

다음 상황에서 **가장 안전한 운전방법 2가지**는?

- 자동차전용도로
- 눈이 와서 노면이 미끄러운 상황
- 2차로에서 길 우측의 진출로로 차로변경하려는 상황

① 갓길에 일시정지한 후 진출한다.

❷ 백색점선과 실선의 복선 구간에서 진출한다.

③ 진출로를 지나치면 차량을 후진해서라도 원래 가려던 곳으로 진출을 시도한다.

❹ 노면이 미끄러우므로 충분히 감속하여 차로를 변경한다.

⑤ 진출 시 정체되면 끼어들기를 해서라도 빠르게 진출을 시도한다.

728

다음 상황에서 **가장 안전한 운전방법 2가지**는?

- 앞서 진행하는 화물차에서 눈이 흩날리는 상황
- 눈이 내리고 있어 도로가 미끄러운 상태

❶ 속도를 줄이며 전방 상황의 안전을 확인하며 진행한다.

② 2차로 진행 중 우측에 있는 차로로 차로변경한 후 화물차를 앞지르기하여 진행한다.

③ 눈이 오는 상황이므로 최고 제한속도의 10퍼센트를 감속하여 진행한다.

④ 백색점선 구간이기에 차로변경을 할 수 없다.

❺ 도로의 결빙 상태를 확인하고 후방의 상황도 살피면서 진행한다.

한 줄 해설

③ 눈이 내려 20밀리미터 이하로 쌓였을 경우에는 도로 최고 제한속도의 20퍼센트를 감속하여 운전한다.

729

다음 상황에서 **가장 안전한 운전방법 2가지**는?

- 눈이 내리고 있어 도로가 미끄러운 상태
- 자동차전용도로
- 우측의 진출차로로 진행하는 상황

① 좌측 방향지시등을 켜고 안전거리를 확보하며 상황에 맞게 우측으로 진출한다.

❷ 전후방 교통상황을 살피면서 진출로로 나간다.

③ 진출로를 지나친 경우 후진을 하여 돌아온 후에 원래 가려고 했던 길로 간다.

④ 진출로에 주행하는 차량이 보이지 않으면 굳이 방향지시등을 켤 필요가 없다.

❺ 미끄러짐 방지를 위해 평소보다 앞차와의 거리를 넓혀 진행한다.

한 줄 해설

① 우측 방향지시등을 켜야 한다. ③ 진출로를 지나쳤다면 반드시 다음 진출로에서 빠져나와 우회해야 한다. ④ 진출로에 다른 차량이 보이지 않더라도 방향지시등을 반드시 켜야 한다.

730

다음 상황에서 가장 안전한 운전방법 2가지는?

- 눈이 내리고 있어 도로가 미끄러운 상태
- 같은 차로 앞서 진행 중인 화물차가 저속으로 진행 중
- 2차로 선행 화물자동차를 앞지르려고 하는 상황

① 3차로에 진행하는 차량이 없으므로 3차로로 차로변경하여 신속하게 앞지르기한다.

② 전방 화물차에 상향등을 연속적으로 사용하여 화물차가 양보하게 한다.

③ 전방의 저속주행하는 화물차 뒤를 바싹 붙어서 따라간다.

❹ 터널 안에서는 앞지르기를 할 수 없다.

❺ 좌측 차로에 차량이 많으므로 무리하게 앞지르기를 시도하지 않는다.

731

다음 상황에서 가장 안전한 운전방법 2가지는?

- 터널 밖은 눈이 내리고 있어 도로가 미끄러운 상태

① 도로가 미끄러우므로 터널을 나가기 전에 3차로로 차로변경 후 감속하며 주행한다.

② 터널 밖의 상황을 알 수 없으므로 터널을 빠져나오면서 가속하며 주행한다.

③ 터널 안에서는 차로변경이 가능한 구간이기에 1차로로 차로변경 후 가속하며 신속하게 주행한다.

❹ 터널 밖의 도로는 미끄러울 수 있으니 감속하며 주행한다.

❺ 터널에서 진출 시 명순응 현상이 나타날 수 있으니 주의한다.

한 줄 해설

①, ③ 터널 안은 백색실선이므로 차로변경이 불가능하다. ⑤ 어두운 곳에서 밝은 곳으로 갑자기 나오면 눈이 밝은 빛에 적응하는 데 시간이 걸리는 명순응 현상이 나타날 수 있으므로, 감속하여 돌발상황을 대비하는 안전운전의 자세가 필요하다.

732

사진에 나타난 교통안전시설과 이에 따른 해석으로 잘못된 것 2가지는?

- 사거리 교차로 및 자동차전용도로 입구
- 차량 신호등은 적색등화의 점멸

❶ 차폭제한 표지 – 표지판에 표시한 폭이 초과된 차(적재한 화물의 폭을 포함)의 통행을 제한

② 이륜자동차 및 원동기장치자전거 통행금지 표지 – 이륜자동차 및 원동기장치자전거의 통행을 금지

③ 자동차전용도로 표지 – 자동차전용도로 또는 전용구역임을 지시하는 것

❹ 차량 신호등(적색등화의 점멸) – 다른 교통 또는 안전표지의 표시에 주의하면서 서행할 수 있다.

⑤ 중앙선 – 설치된 곳의 우측으로 통행할 것을 나타내는 선

한 줄 해설

① 차높이제한 표지 – 표지판에 표시한 높이를 초과하는 차 ④ 차량 신호등 중 적색등화의 점멸 – 차마는 정지선이나 횡단보도가 있을 때에는 그 직전이나 교차로의 직전에 일시정지한 후 다른 교통에 주의하면서 진행할 수 있다.

733

다음 상황에서 **가장 안전한 운전방법 2가지**는?

- 자동차전용도로
- 우측의 진입로에서 본선 차로로 진입하는 상황

① 차로변경이 가능한 차로에서는 방향지시등을 켜지 않고 차로변경해도 된다.

❷ 1차로에서 주행 중인 승용차는 2차로로 차로변경할 수 있다.

③ 진입차로에서 바로 1차로로 차로변경할 수 있다.

❹ 2차로에서 주행 중인 승용차는 1차로로 차로변경할 수 있다.

⑤ 2차로에서 진입차로로 차로변경할 수 있다.

한 줄 해설

①, ⑤ 백색실선과 점선의 복선 구간에서는 점선이 있는 쪽에서만 진로변경이 가능하다. 진로변경 시 반드시 방향지시등을 켜야 한다. ③ 1개 차로씩 안전에 유의하며 진행하는 것이 안전하다.

734

다음 상황에서 **가장 안전한 운전방법 2가지**는?

- 자동차전용도로
- 좌측 진출로로 나가는 상황

❶ 백색실선과 점선의 복선 구간이므로 점선이 있는 쪽에서 차로변경하여 진출한다.

② 좌측 갓길에 일시정지한 후 진출한다.

③ 진출로를 지나치면 차량을 후진해서라도 원래의 진출로에서 진출을 시도한다.

❹ 후방 교통상황을 감안하여 좌측 진출로로 주행한다.

⑤ 진출로에 들어선 후 다시 우측 차로로 차로변경할 수 있다.

한 줄 해설

⑤ 좌측 진출로로 들어선 후에는 백색실선 구간이므로 우측 차로로 차로변경이 불가하다.

735

다음 상황에서 **가장 안전한 운전방법 2가지**는?

- 자동차전용도로
- 2차로에서 우측 진출로로 진로를 변경하려는 상황

① 진출로에 차량이 정체되면 안전지대를 통과하여 빠르게 진출한다.

② 진출로로 진로를 변경한 후에는 다른 차가 앞으로 끼어들지 못하도록 앞 차량에 바싹 붙어 진행한다.

❸ 백색실선과 점선의 복선 구간이므로 점선이 있는 쪽에서 진로변경하여 진출한다.

④ 우측의 진출로로 진로변경 후에 길을 잘못 들었다고 판단되면 다시 좌측의 본선 차로로 진로변경하여 주행한다.

❺ 진출로로 진로변경 시에 우측 방향지시등을 작동한다.

한 줄 해설

① 안전표지가 설치되어 특별히 진로변경이 금지된 곳에서는 차량의 진로를 변경하여서는 안 된다. ④ 진출로로 진입한 후에는 백색실선 구간이므로 차로변경이 불가하다.

736

다음 상황에서 **가장 안전한 운전방법 2가지**는?

- 자동차전용도로
- 지하차도 입구

① 지하차도 진입 전 백색실선 구간에서 2차로로 차로변경할 수 있다.

❷ 지하차도 안에서는 전조등을 켜고 전방 상황을 주의하며 안전한 속도로 진행한다.

③ 지하차도 안에서는 백색실선 구간이더라도 속도가 느린 다른 차를 앞지르기할 수 있다.

❹ 지하차도 안에서는 앞차와 안전거리를 유지한다.

⑤ 자동차전용도로에 잘못 진입한 경우 안전하게 후진하여 진행한다.

한 줄 해설

①, ③ 백색실선 구간에서는 차로변경이 불가하다. ⑤ 잘못 진입 시 후진은 금지되며 다음 진출로나 안전한 곳까지 주행한 뒤 회차해야 한다.

737

다음 상황에서 가장 안전한 운전방법 2가지는?

- 자동차전용도로
- 저속으로 진행하던 1차로의 화물차가 2차로로 차로변경 중
- 2차로에서 진행 중

① 경음기나 상향등을 연속적으로 사용하여 화물차의 차로변경을 방해한다.
❷ 화물차가 안전하게 차로변경할 수 있도록 양보한다.
③ 속도를 높여 화물차의 뒤쪽에 바싹 붙어 진행한다.
④ 3차로를 진행하는 후행 차량에 관계없이 3차로로 급차로변경하여 빠르게 화물차 주변을 벗어난다.
❺ 실내외 후사경 등을 통해 후방의 상황을 확인하고 주의하며 속도를 줄여 주행한다.

738

다음 상황에서 가장 안전한 운전방법 2가지는?

- 자동차전용도로
- 전방 화물차가 저속으로 진행
- 3차로에서 진행 중

① 전방 화물차를 앞지르기하려면 경음기나 상향등을 연속적으로 사용하여 화물차가 양보하게 한다.
② 4차로를 이용하여 신속하게 앞지르기한다.
③ 전방 화물차에 최대한 가깝게 진행한 후 앞지르기한다.
❹ 좌측 방향지시등을 미리 켜고 안전거리를 확보 후 2차로를 이용하여 앞지르기한다.
❺ 차로변경 시 좌측 차로에서 진행하는 차량을 살피고 무리하게 앞지르기를 시도하지 않는다.

739

다음 상황에서 가장 안전한 운전방법 2가지는?

- 자동차전용도로
- 2차로에서 3차로로 차로변경하려는 상황

❶ 3차로에서 주행하는 차량의 위치나 속도를 확인 후 안전이 확인되면 차로변경한다.
② 3차로에 진입할 때에는 무조건 속도를 최대한 줄인다.
③ 3차로에 충분한 거리가 확보되지 않더라도 신속하게 급차로변경을 한다.
❹ 차로를 변경하기 전 미리 방향지시등을 켜고 안전을 확인 후 주행한다.
⑤ 방향지시등을 미리 켜면 양보해주지 않으므로 차로변경을 시작함과 동시에 방향지시등을 작동시키면서 진입한다.

740

다음 상황에서 가장 안전한 운전방법 2가지는?

- 자동차전용도로
- 전방 2차로에서 3차로로 차로변경하는 화물차
- 2차로 진행 중

① 차로변경하려는 화물차를 피하여 1차로로 차로변경한다.
❷ 화물차와의 추돌을 피하기 위해 후방 교통상황을 확인하고 감속하여 주행한다.
③ 터널이 짧아 전방의 터널 밖 상황을 확인할 수 있으므로 터널을 빠져나올 때 가속하며 주행한다.
❹ 터널에 진입하면 전조등을 점등한다.
⑤ 화물차가 3차로로 차로변경하여 앞 승용차와의 거리가 멀어지면 최대한 앞 승용차의 뒤를 바싹 뒤따라간다.

한 줄 해설

① 백색실선 구간에서는 진로변경을 하면 안 된다.

741

다음과 같은 상황에서 잘못된 운전방법 2가지는?

① 하이패스 이용자는 미리 하이패스 전용차로로 차로를 변경한다.

❷ **하이패스 차로에서는 정차하지 않으므로 전방 진행차량의 상황에 주의를 기울이며 운전하지 않아도 된다.**

③ 현금이나 카드로 요금을 계산하려면 미리 해당 차로로 진로를 변경한다.

❹ **현금으로 요금을 계산하려 했으나 다른 차로로 진입하게 된 때에는 후진하여 차로를 찾아간다.**

⑤ 톨게이트를 통행할 때에는 시속 30킬로미터 이내의 속도로 통과한다.

> **한 줄 해설**
> ② 하이패스 차로에서는 정차하지 않으나 전방 진행차량이 급감속할 수 있으므로 전방 상황에 주의를 기울이며 운전해야 한다. ④ 고속도로에서는 횡단하거나 유턴 또는 후진하여서는 안 된다.

742

다음과 같은 상황에서 알 수 있는 정보와 이에 따른 안전한 운전방법을 연결한 것으로 바르지 않은 것 2가지는?

- 평일 오후 경부고속도로 청주 휴게소 인근
- 편도 3차로 고속도로
- 사진상의 모든 자동차는 90~100km/h의 속도로 진행 중

① 도로상 낙하물 – 비상점멸등을 켜 후행 차량에 위험상황을 알린다.

② 1차로 – 평일에는 승용차 운전자가 앞지르기를 위해 진행할 수 있다.

❸ **3차로의 노면 색깔 유도선 – 평일에는 버스전용으로 운용되는 차로이다.**

④ 휴게소 표지 – 전방 우측에 곧 휴게소가 있음을 알리는 표지이다.

❺ **편도 3차로 도로 – 화물자동차 운전자는 앞지르기를 위해 1차로로 진행할 수 있다.**

> **한 줄 해설**
> ③ 3차로에 설치된 녹색선은 차선이 아닌 노면 색깔 유도선으로, 자동차의 주행 방향을 안내하기 위하여 차로 한가운데에 이어 그린 선이다. ⑤ 화물자동차는 고속도로 편도 3차로 이상 도로에서 오른쪽 차로(사진에서는 3차로)로 통행해야 하고 앞지르기를 할 때에는 왼쪽 바로 옆차로로 통행할 수 있다.

743

다음과 같은 상황에서 가장 잘못된 운전방식 2가지는?

- 편도 3차로 고속도로
- 평일 오후 경부고속도로 서울 방면 청주 옥산IC 인근
- 도로의 가장 우측은 가변차로
- 사진상의 모든 자동차는 90~100km/h의 속도로 진행 중

❶ **버스전용차로는 버스만 통행할 수 있다.**

❷ **승용차는 앞선 화물차를 앞지르기 위해서 1차로로 통행할 수 있다.**

③ 전방 화물차와 안전거리를 유지하며 낙하물에 주의한다.

④ 가변차로로 통행하던 차량은 3차로로 진로를 변경해야 한다.

⑤ 5t 화물차는 옥산IC로 진출할 수 없다.

> **한 줄 해설**
> ① 평일 경부고속도로의 버스전용차로는 오산IC부터 한남대교남단까지만 운영된다. 평일에 이 구간 외의 경부고속도로 1차로는 버스전용차로가 아니고 고속도로의 1차로가 된다. ② 다리 위에서의 앞지르기는 금지되어 있다.

744

다음과 같은 상황에서 잘못된 운전방법 2가지는?

- 감속차로 제외 편도 3개 차로가 설치된 도로
- 고속도로 휴게소 진입로로 완전히 들어선 상황

① 서서히 감속한다.
② 전방 공사안내차량을 주시한다.
③ 앞선 차량과 안전거리를 유지한다.
❹ 휴대전화 사용을 위해 공사안내차량 뒤편에 잠시 정차한다.
❺ 휴게소에 들르지 않기로 했다면 좌측 후사경을 주시하면서 방향지시등을 켠 채 3차로로 즉시 차로를 변경한다.

한 줄 해설

④ 공사안내차량 뒤에 정차하는 것은 매우 위험하다. ⑤ 백색실선은 진로변경을 제한하는 의미를 가진다.

745

다음과 같은 상황에서 안전한 운행방법이 아닌 것 2가지는?

- 가변차로 포함 편도 4개 차로가 설치된 고속도로

① 가변차로로 통행할 수 없다.
② 1킬로미터 앞에 안개가 잦은 지역이므로 주의하며 운전한다.
❸ 곧 구간단속 시점이므로 단속 카메라를 피해 갓길로 주행한다.
④ 화물차가 앞지르기하려면 2차로로 통행할 수 있다.
❺ 고속도로에서 화물차 동승자는 안전띠를 매어야 할 의무가 없다.

한 줄 해설

⑤ 자동차(이륜차 제외)의 운전자는 자동차를 운전할 때에는 좌석안전띠를 매어야 하며, 모든 좌석의 동승자에게도 좌석안전띠(영유아인 경우에는 유아보호용 장구를 장착한 후의 좌석안전띠를 말한다.)를 매도록 하여야 한다.

746

다음과 같은 상황에서 가장 안전한 운전방법 2가지는?

- 고속도로 통과 중
- 하이패스 차로에서 진행 중

① 하이패스 차로 진입 후 다른 차로로 진행하려면 후진하여 해당 차로를 찾아간다.
② 하이패스 단말기를 장착하지 않으면 하이패스 차로에서 반드시 정차하여 결제 후 통과해야 한다.
❸ 현금이나 카드로 요금을 계산하려면 미리 해당 차로로 진로를 변경한다.
④ 하이패스 차로에서는 정차하지 않으므로 전방 진행 차량의 상황에 주의를 기울이며 운전하지 않아도 된다.
❺ 하이패스 차로를 통행할 때에는 시속 30킬로미터 이내의 속도로 통과하는 것이 안전하다.

한 줄 해설

① 고속도로에서는 횡단하거나 유턴 또는 후진하여서는 안 된다. ② 하이패스 단말기를 장착하지 않아도 하이패스 차로에서 무정차 통과 후 사후 정산이 가능하다. ④ 하이패스 차로에서는 정차하지 않으나 전방 진행차량이 급감속할 수 있으므로 전방 상황에 주의를 기울이며 운전해야 한다.

747

다음과 같은 상황에서 **가장 안전한 운전방법 2가지**는?

- 편도 3차로 고속도로
- 1차로에 공사안내차량 정차 중
- 2차로로 주행 중

① 1차로에 공사안내차량이 있으므로 속도를 높여 빠르게 진행한다.

❷ 서서히 속도를 줄이고 전방 상황에 주의하며 진행한다.

❸ 비상점멸등을 점등하여 뒤따라오는 차량에 위험 상황을 알린다.

④ 공사안내차량을 피하여 3차로로 급차로변경한다.

⑤ 공사안내차량보다는 고속도로를 통행하는 차가 우선권이 있으므로 계속 경음기를 울려 주의를 주고 그대로 통과한다.

748

다음과 같은 상황에서 **가장 안전한 운전방법 2가지**는?

- 편도 3차로 고속도로
- 3차로에 화물차 진행 중
- 2차로 진행 중 3차로로 차로변경하려는 상황

① 화물차는 저속으로 주행하므로 차간거리에 상관없이 차로를 변경하면 된다.

❷ 화물차의 정상적인 통행에 장애를 줄 수 있으므로 안전거리를 유지하며 차로를 변경한다.

③ 차로변경 시에는 무조건 속도를 최대한 높여 주행한다.

❹ 화물차의 위치나 속도를 확인 후에 주의하여 차로를 변경한다.

⑤ 충분한 안전거리가 확보되면 방향지시등은 안 켜도 된다.

749

다음과 같은 상황에서 **가장 안전한 운전방법 2가지**는?

- 편도 3차로 고속도로
- 터널 입구

❶ 터널 안에서는 주차는 금지되나 일정한 장소에 비상 정차는 가능하다.

② 터널 내부가 어둡더라도 선글라스를 착용한 채로 그대로 진행한다.

③ 터널 내 백색실선 구간이더라도 좌우 차로의 소통이 원활하면 차로변경할 수 있다.

④ 터널 내에서는 최고 제한속도가 적용되지 않아 속도를 높여 빠르게 통과한다.

❺ 터널 주변에서는 바람이 불 수 있으니 주의하며 속도를 줄인다.

한 줄 해설

② 터널 내부가 어두우면 선글라스는 착용하지 않는 것이 바람직하다. ③, ④ 터널 내에서도 최고 제한속도를 지키며 백색실선 구간에서는 진로변경이 제한된다.

750

다음과 같은 상황에서 **가장 안전한 운전방법 2가지**는?

- 고속도로 진출입로 부근

① 전방에 무인 과속 단속 중이므로 급제동하여 감속한다.

❷ 미리 속도를 줄이고 안전하게 진행한다.

③ 차로를 착각하였다면 안전지대를 이용하여 진로를 변경할 수 있다.

④ 무인 단속 장비를 피하여 우측 차로로 급차로변경한다.

❺ 주행 속도를 시속 50킬로미터 이내로 유지한다.

751

가속페달이 운전석 매트에 끼여 되돌아오지 않아 가속될 경우, 운전자가 안전하게 정차 또는 감속할 수 있는 방법 2가지는?

❶ 제동페달을 힘껏 세게 밟는다.
② 비상점멸표시등 버튼을 지속 조작한다.
③ 경음기를 강하게 누르며 주행한다.
❹ 전자식 주차브레이크(EPB)를 지속 조작한다.
⑤ 조향핸들을 강하게 좌우로 조작한다.

752

다음과 같은 구간에 대한 설명으로 가장 옳은 것 2가지는?

■ 어린이 보호구역

① 어린이 보호구역에서는 주정차를 할 수 있다.
② 어린이 보호구역에 설치된 울타리가 있다면 어린이가 차도에 진입할 수 없으므로 주의하지 않아도 된다.
❸ 교통사고의 위험으로부터 어린이를 보호하기 위해 어린이 보호구역을 지정할 수 있다.
❹ 눈이 쌓인 상황을 고려하여 통행속도를 준수하고 어린이의 안전에 주의하면서 운행하여야 한다.
⑤ 어린이 보호구역에서는 어린이들이 주의하기 때문에 사고가 발생할 우려가 없다.

한 줄 해설

① 어린이 보호구역에서는 주정차가 금지된다.

753

다음 중 장애인·노인·임산부 등의 편의증진보장에 관한 법령상 '장애인전용주차구역 주차 방해행위'로 바르지 않은 2가지는?

① 장애인전용주차구역 내에 물건 등을 쌓아 주차를 방해하는 행위
② 장애인전용주차구역 앞이나 뒤, 양 측면에 물건 등을 쌓거나 주차하는 행위
❸ 장애인전용주차구역 주차표지가 붙어 있지 아니한 자동차를 장애인전용주차구역에 주차하는 행위
④ 장애인전용주차구역 선과 장애인전용표시 등을 지우거나 훼손하여 주차를 방해하는 행위
❺ 장애인전용주차구역 주차표지가 붙어 있지만 보행에 장애가 있는 사람이 타지 아니한 자동차를 장애인전용주차구역에 주차하는 행위

754

다음과 같은 상황에서 **가장 안전한 운전방법 2가지는?**

■ 어린이 보호구역

① 진행방향에 차량이 없으므로 도로 우측에 정차할 수 있다.

② 어린이 보호구역이라도 어린이가 없을 경우에는 최고 제한속도를 준수하지 않아도 된다.

③ 안전표지가 표시하는 최고 제한속도를 준수하며 진행한다.

④ 어린이가 갑자기 나올 수 있으므로 주위를 잘 살피며 진행한다.

⑤ 어린이 보호구역으로 지정된 구간은 최대한 속도를 내어 신속하게 통과한다.

한 줄 해설

②, ⑤ 어린이 보호구역 내이므로 최고속도는 30km/h 이내를 준수해야 한다.

755

다음과 같은 상황에서 **가장 안전한 운전방법 2가지는?**

■ 노인보호구역

① 경음기를 계속 울리며 빠르게 주행한다.

② 미리 충분히 감속하여 안전에 주의한다.

③ 보행하는 노인이 보이지 않더라도 서행으로 주행한다.

④ 가급적 앞차의 후미를 바싹 따라 주행한다.

⑤ 전방에 횡단보도가 있으므로 속도를 높여 신속히 노인보호구역을 벗어난다.

756

다음과 같은 상황에서 **가장 안전한 운전방법 2가지는?**

■ 어린이 보호구역 내 주행 중

① 시속 30킬로미터 이내로 서행한다.

② 전방에 진행하는 앞차가 없으므로 빠르게 주행한다.

③ 주차는 할 수 없으나 정차는 할 수 있다.

④ 횡단보도를 통행할 때에는 어린이 유무와 상관없이 경음기를 사용하며 빠르게 주행한다.

⑤ 무단횡단 방지 울타리가 설치되어 있다 하더라도 갑자기 나타날 수 있는 어린이에 주의하며 운전한다.

한 줄 해설

③ 어린이 보호구역에서는 주정차가 금지된다.

757

다음과 같은 상황에서 **운전자나 동승자가 범칙금 또는 과태료 부과처분을 받지 않는 행위 2가지는?**

■ 도로 좌측은 보도

■ 모범운전자가 지시 중

① 승용차는 미리 시속 30킬로미터 이내로 감속한다.

② 시동을 끈 이륜차를 끌고 보도로 통행하였다.

③ 개인형 이동장치 운전자가 모범운전자의 지시에 따르지 아니하였다.

④ 승용차 운전자가 어린이 보호구역에 주차하였다.

⑤ 보호자가 지켜보는 가운데 안전모를 쓰지 않은 어린이가 자전거를 타고 보도를 통행하였다.

758

다음과 같은 상황에서 교통안전표지에 대한 설명으로 맞는 것 2가지는?

■ 어린이 보호구역

❶ 노면에 표시된 30은 도로의 최고 제한속도가 시속 30킬로미터임을 의미한다.

② 횡단보도는 백색으로만 표시해야 하므로 황색 횡단보도 표시는 잘못된 시설물이다.

③ 지그재그 형태의 백색실선은 서행을 뜻하며 그 구간에서 진로변경이 가능하다.

❹ 차량신호기에 부착된 지시표지는 횡단보도가 있다는 의미이다.

⑤ 적색으로 포장된 아스팔트는 어린이 보호구역에만 쓰인다.

한 줄 해설

② 횡단보도는 어린이 보호구역에서 황색으로 표시할 수 있다. ③ 지그재그 형태의 백색실선 표시는 진로변경 제한과 서행의 뜻을 동시에 지닌다. ⑤ 적색 아스팔트는 어린이 보호구역뿐만 아니라 노인보호구역, 장애인보호구역에도 사용되고 있다.

759

다음과 같은 상황에서 가장 안전한 운전방법 2가지는?

■ 어린이 보호구역
■ 좌로 굽은 오르막 도로
■ 왕복 2차로 도로

❶ 좌로 굽은 도로이므로 우측에 설치된 도로반사경을 이용해서 전방 상황을 확인하며 진행하는 것이 안전하다.

② 오르막 도로이므로 최고 제한속도를 조금 넘더라도 속도를 올려 진행하는 것이 좋다.

③ 우측 길가장자리에 황색실선이 표시되어 있으므로 주차는 불가하나 정차는 가능하다.

❹ 신호기가 없는 횡단보도에서는 보행자가 없더라도 횡단보도 앞에서 반드시 일시정지 후 진행한다.

⑤ 좌로 굽은 도로에서는 중앙선을 넘더라도 좌측으로 붙어 진행하는 것이 안전하다.

한 줄 해설

③ 황색실선 구간에서는 주정차가 모두 금지된다.

760

다음과 같은 상황에서 가장 안전한 운전방법 2가지는?

■ 어린이 보호구역
■ 중앙선이 없는 이면도로

① 어린이 보호구역 해제지점 전부터 미리 속도를 높여 진행한다.

❷ 중앙선이 없는 이면도로에서는 보행자의 안전에 특히 주의하며 운전한다.

❸ 어린이 보호구역이 해제된 구역의 횡단보도라도 보행자가 있는지 확인하며 서행한다.

④ 일몰 상황이므로 전방의 안전을 살피기 위해 상향등을 켜고, 경음기를 계속 울리며 운전한다.

⑤ 도로 우측의 황색점선은 주차는 허용하나 정차는 불가하다는 뜻이므로 주차는 가능하다.

한 줄 해설

⑤ 황색점선은 정차는 허용되나 주차는 금지된다.

761

다음 상황에서 가장 안전한 운전방법 2가지는?

- 어린이 보호구역
- 좌우측 주거지역
- 진입로가 많은 오르막 도로
- 편도 1차로 도로

① 어린이 보호구역이므로 보행자가 없더라도 경음기를 계속 울리며 진행한다.

❷ 중앙선을 넘어 진행하는 차량이 있으므로 속도를 낮춰 사고의 위험을 줄인다.

③ 좌측 건물 주차장으로 들어가는 진입로가 있으므로 중앙선을 넘어 진입하는 것이 가능하다.

❹ 맞은편에서 진행 중인 버스로 인해 시야 확보가 어려워 교행 전 속도를 더욱 줄여 보행자가 있는지 살핀다.

⑤ 어린이 보호구역 내 과속방지턱에서는 주차는 금지되지만 정차는 가능하다.

762

다음 상황에서 가장 안전한 운전방법 2가지는?

- 어린이 보호구역
- 전방 차량 삼색신호등 적색등화
- 우측 횡단보도 보행신호
- T자형 교차로(삼거리)

① 전방 차량 신호등 적색등화에서 우회전하려는 경우 일시정지 없이 전방 횡단보도를 통과할 수 있다.

❷ 우측 보행신호가 녹색등화이고 보행자가 있으므로 우회전하려는 경우 횡단보도 전에 일시정지한다.

③ 보행신호가 적색등화로 바뀐 후에도 보행자가 횡단보도를 보행 중인 경우 경음기를 울려 보행을 재촉한다.

④ 우측 보행신호가 녹색등화이므로 차량 신호등 등화와 관계없이 좌회전할 수 있다.

❺ 뒤늦게 횡단하는 보행자가 있을 수 있으므로 안전에 더욱 주의하며 운전한다.

한 줄 해설

① 삼색신호등 적색등화에서 우회전하려면 전방 횡단보도 진입 전에 일시정지 후 우회전이 가능하다. ④ 차량 신호등이 적색등화일 때 좌회전하는 경우 신호위반이 성립한다.

763

다음 상황에서 가장 안전한 운전방법 2가지는?

- 어린이 보호구역
- 신호기 없는 횡단보도
- 우측 골목으로 이어지는 교차로
- 고임목을 괴고 주차 중인 소방차
- 좌로 굽은 오르막 편도 1차로 도로

① 우측 골목길에서 나타나는 차량이 있을 수 있으므로 빠르게 교차로를 통과한다.

❷ 전방 좌측에 주차된 소방차로 인하여 시야 확보가 곤란한 상황이므로 속도를 낮추고 전방 상황을 잘 살핀다.

③ 어린이 보호구역 내에서는 횡단보도에 보행자가 있는 경우에만 일시정지 후 진행한다.

❹ 우회전하려는 경우 우측 골목길에서 나오는 차량이나 보행자를 잘 살피며 진행한다.

⑤ 어린이 보호구역은 모두 최고 제한속도가 시속 30킬로미터이므로 최고 제한속도 이내로 주행하면 된다.

한 줄 해설

③ 어린이 보호구역 내 횡단보도에서는 보행자 유무와 관계없이 반드시 일시정지해야 한다. ⑤ 모든 어린이 보호구역의 최고 제한속도가 30km/h인 것은 아니다.

764

다음 상황에서 가장 안전한 운전방법 2가지는?

- 비 오는 날 등굣길
- 중앙선이 없는 이면도로
- 교통안전 활동 중인 봉사자
- 신호기 없는 교차로
- 우측 학교 정문

❶ 우산을 쓴 보행자 안전에 더욱 주의하며 운전한다.

② 주위에 보행자가 많으므로 속도를 높여 빠르게 통과한다.

❸ 어린이 보호구역이 아닌 곳이라 하더라도 학교 앞이므로 보행자의 안전에 주의하며 진행한다.

④ 신호기 없는 교차로가 전방에 있고 좌우측 시야 확보가 불가한 상황이므로 서행하며 진행한다.

⑤ 주차된 차량 사이로 보행자가 나타날 수 있으므로 경음기를 계속 울리고 경고하며 진행한다.

한 줄 해설

④ 신호기가 없는 교차로에서 주위에 주차 차량으로 시야 확보가 안 되는 경우 서행이 아니라 일시정지 후 진입해야 한다.

765

다음 상황에서 가장 안전한 운전방법 2가지는?

- 어린이 보호구역
- 좌측 도로 진입로 및 우측 골목길
- 전방 신호기 없는 횡단보도

① 보행자가 없더라도 경음기를 계속 울리며 진행한다.

❷ 우측 주차된 화물차량 뒤로 골목길이 있어 보행자나 차량의 상황을 잘 살피기 위해 일시정지 후 교차로에 진입한다.

③ 횡단보도에 신호기가 없으므로 보행자가 없는 경우 서행하며 그대로 진행한다.

❹ 전방에 중앙선을 넘어 진행하는 차량이 있으므로 속도를 낮춰 사고의 위험을 줄인다.

⑤ 우회전하려는 경우 우측 "정지" 표지가 있으나 차량 신호기가 없으므로 일시정지하지 않고 그대로 우회전한다.

한 줄 해설

① 어린이 보호구역 내 신호기 없는 횡단보도는 보행자 유무와 관계없이 일시정지하여야 한다. ⑤ "정지" 표지가 있는 경우 우회전하려면 반드시 일시정지 후 진입해야 한다.

766

다음 중 소방기본법령상 소방자동차 전용구역에 대한 설명으로 옳지 않은 2가지는?

- 출입구 차단막이 있는 공동주택

① 소방활동의 원활한 수행을 위하여 공동주택에 설치한다.

② 누구든지 전용구역에 차를 주차하거나 전용구역에의 진입을 가로막는 등 방해행위를 하여서는 아니 된다.

❸ 공동주택의 건축주는 예외 없이 각 동별로 1개소 이상 설치해야 한다.

④ 사진과 같이 주차하였을 경우 과태료 부과대상이다.

❺ 전용구역 표지를 지우거나 훼손하는 행위는 전용구역 방해행위에 해당되지 않는다.

한 줄 해설

③ 각 동별 전면 또는 후면에 1개소 이상 설치하도록 하되, 하나의 전용구역에서 여러 동에 접근하여 소방활동이 가능한 경우에는 각 동별로 설치하지 않을 수 있다. ⑤ 전용구역 표지를 지우거나 훼손하는 행위는 법령상 방해행위에 해당한다.

767

소방자동차 긴급출동 중 통행 방해 차량의 강제처분에 관한 설명으로 틀린 2가지는?

- 주택가 이면도로
- 화재 진압을 위해 출동 중인 소방차
- 불법 주차된 차량들

① 소방활동에 방해가 되는 불법 주차된 차량을 이동할 수 있다.
② 소방활동에 방해가 되는 주차 구획선 내에 주차한 차량을 제거할 수 있다.
③ 소방자동차의 통행에 방해가 되는 물건을 제거하거나 이동시킬 수 있다.
❹ 강제처분된 불법 주차한 차량 운전자는 손실보상을 청구할 수 있다.
❺ 강제처분된 주차 구획선 내에 주차한 차량 운전자는 손해배상을 청구할 수 있다.

한 줄 해설

④ 불법 주차한 차량은 손실보상 청구가 불가능하다. ⑤ 합법 주차 차량이라도 소방활동을 위해 강제처분된 경우, 이는 정당한 공무집행이므로 손해배상 청구가 불가능하다.

768

다음 상황에서 법령을 위반한 운전방법 2가지는?

- A – 촬영차, B – 소방차
- 뒤차 A의 앞 유리를 통해 소방차 B를 촬영
- 빗방울이 떨어지며 노면이 젖음
- 전방 300미터에 사거리 교차로 및 신호기
- 1차로로 소방차가 경광등과 사이렌을 켠 채 진행

① B 운전자 – 시속 100킬로미터로 주행한다.
❷ A 운전자 – 시속 70킬로미터로 주행한다.
③ B 운전자 – 교차로에서 앞지르기한다.
❹ A 운전자 – 교차로에서 앞지르기한다.
⑤ B 운전자 – 앞차와 안전거리를 확보하지 않는다.

한 줄 해설

② 비가 내려 노면이 젖어있는 경우 최고속도의 100분의 20을 줄인 속도로 운행하여야 한다. ④ 긴급자동차의 앞지르기는 금지된다.

769

다음 상황에서 가장 안전한 운전방법 2가지는?

- 편도 2차로 도로
- 우천으로 노면이 젖어 있음
- 2차로 소방차량 출동 중

❶ 긴급자동차가 접근하는 경우 일반 차량은 도로 좌우측으로 피양하여 진로를 양보해야 한다.
② 긴급자동차의 뒤를 따라 진행하면 더욱 빨리 운행할 수 있으므로 뒤따라 진행한다.
③ 우측의 긴급자동차가 진로변경할 수 없도록 속도를 더욱 높여 진행한다.
❹ 긴급자동차가 긴급한 용무를 마치고 돌아가는 경우 경광등이나 사이렌을 작동하지 않으므로 피양할 필요는 없다.
⑤ 긴급자동차가 후행하여 따라오는 것을 발견하면 앞지르기할 수 없도록 속도를 높여 진행한다.

770

다음 상황에서 **가장 안전한 운전방법 2가지는?**

- 편도 2차로 도로
- 우측 사이드미러로 2차로에 출동 중인 긴급자동차 발견
- 차량 통행량이 많아 정체 상황

① 진로 양보는 2차로만 가능하므로 1차로에서 진행 중인 경우는 후방의 긴급자동차를 주의할 필요는 없다.

❷ 전방에 교차로가 있는 경우 교차로를 피해 진로를 양보한다.

③ 2차로로 빠르게 차로변경하여 비상등을 켜고 긴급자동차보다 앞서서 주행한다.

❹ 긴급자동차의 앞에 진행하는 경우라면 도로 좌우측으로 피양하여 진로를 양보한다.

⑤ 긴급자동차의 뒤를 따라 진행하면 더욱 빨리 운행할 수 있으므로 긴급자동차가 지나간 뒤 2차로로 차로변경하여 바싹 뒤따른다.

771

다음 상황에서 **교통안전시설**과 이에 따른 행동으로 **가장 올바른 2가지는?**

- 사거리 교차로 인근
- 자전거 신호등은 설치되지 않음
- 횡단보도에서 자전거를 타고 진행하고 있는 상황

① 횡단보도 – 자전거를 타고 이용할 수 있다.

❷ 자전거횡단도 – 자전거횡단도가 있는 도로를 횡단할 때에는 자전거를 타고 자전거횡단도를 이용한다.

③ 보행신호등 – 녹색등화의 점멸 상태라면 보행자는 횡단을 빠르게 시작하여야 한다.

❹ 보행신호등 – 자전거 신호등이 설치되지 않은 경우 자전거는 보행신호등의 지시에 따른다.

⑤ 차량신호등 – 자전거 신호등이 설치되지 않은 경우 자전거는 차량신호등의 지시에 따른다.

한 줄 해설

① 자전거를 끌고 건너야 한다.

772

다음 상황에서 **가장 잘못된 운전방법 2가지는?**

- 사거리 교차로
- 편도 3차로 도로
- 보도에서 개인형 이동장치를 타는 사람

① 우회전하려면 정지선의 직전에 일시정지한 후 우회전한다.

② 우회전할 때에는 미리 도로의 우측 가장자리를 서행하면서 우회전하여야 한다.

③ 우회전하는 차의 운전자는 신호에 따라 정지하거나 진행하는 보행자 또는 자전거 등에 주의하여야 한다.

❹ 동승자가 하차할 때에는 잠시 정차하는 것이므로 소화전 앞에 정차할 수 있다.

❺ 시내도로에서는 야간이라도 주변이 밝기 때문에 전조등을 켤 필요는 없다.

한 줄 해설

④ 소화전 또는 소화전 표시가 있는 곳의 5m 이내에서는 주정차가 금지된다. ⑤ 해가 진 후부터 해가 뜨기 전까지 모든 차 또는 노면전차의 운전자는 대통령령으로 정하는 바에 따라 전조등, 차폭등, 미등과 그 밖의 등화를 켜야 한다.

773

다음 상황에서 가장 잘못된 운전방법 2가지는?

- 자전거 운전자
- 주차 중인 어린이통학버스

❶ 자전거 운전자는 자전거를 타고 횡단보도를 통행할 수 있다.

② 자전거 운전자가 어린이라면 보도를 통행할 수 있다.

③ 자전거 운전자는 안전모를 착용해야 한다.

④ 자전거 운전자는 밤에 도로를 통행하는 때에는 전조등과 미등을 켜거나 야광띠 등 발광장치를 착용하여야 한다.

❺ 어린이통학버스는 어린이의 승하차 편의를 위해 도로의 좌측에 주차하거나 정차할 수 있다.

한 줄 해설

① 자전거 횡단도가 없는 경우에는 자전거에서 내려 끌고 통행해야 한다. ⑤ 모든 차량은 우측 가장자리에 주정차해야 한다.

774

다음 상황에서 가장 안전한 운전방법 2가지는?

- 농어촌도로

① 농기계가 주행 중이 아니라면 운전자는 특별히 주의할 것은 없다.

② 농어촌도로는 제한속도 규정이 없으므로 가속하여 운전한다.

❸ 노면에 모래와 먼지가 많으므로 이를 주의하면서 운전한다.

❹ 농기계에 이르기 전부터 일시정지하거나 감속하는 등 농기계와 안전거리를 확보한다.

⑤ 농기계 운전자에게 방해가 되지 않도록 경음기는 절대 작동하지 않는다.

한 줄 해설

② 농어촌도로도 도로교통법상 도로에 해당하며, 제한속도 표지가 없더라도 일반도로의 최고속도는 시속 60킬로미터이다. ⑤ 농기계 운전 중에는 농기계 소음이 크므로 필요한 경우에는 경음기를 사용하여 농기계 운전자의 주의를 환기시킬 수 있다.

775

다음 상황에서 가장 안전한 운전방법 2가지는?

- 농어촌도로
- 흰색 자동차 주행 중

① 농어촌도로는 제한속도 규정이 없으므로 가속하여 진행한다.

❷ 승용차와 농기계 사이에 진행공간이 있다 하더라도 경운기에 탑승하는 사람의 안전을 위해 일시정지한다.

❸ 농기계에 이르기 전부터 일시정지하거나 감속하는 등 농기계와 안전거리를 확보한다.

④ 농기계 운전자에게 방해가 되지 않도록 경음기는 절대 작동하지 않는다.

⑤ 도로 좌우측 길가장자리 구역은 정차는 금지되나 주차는 허용되므로 주차할 수 있다.

한 줄 해설

④ 위험을 방지하기 위한 경고 목적으로는 경음기를 사용할 수 있다.
⑤ 길가장자리 구역은 주정차가 금지된다.

776

다음 상황에서 **가장 안전한 운전방법 2가지**는?

- 편도 3차로 도로
- 신호기가 작동하지 않는 교차로
- 전방에서 진행하는 경운기

❶ 신호기가 작동하지 않기 때문에 교차로 진입 시 교차로 상황을 잘 살피고 진입한다.

② 우회전하려는 경우 경운기 좌측으로 경음기를 울리며 경운기를 앞지르기한다.

③ 경운기는 운행속도가 느리기 때문에 속도를 올려 먼저 우회전한다.

❹ 3차로에서 직진하려는 경우 경운기의 진행 상태를 정확히 확인하고 진행한다.

⑤ 경운기가 직진할 수 있으므로 미리 예상하고 2차로로 급히 차로변경하여 직진한다.

777

다음 상황에서 **가장 안전한 운전방법 2가지**는?

- 편도 2차로 도로
- 2차로 주차 중인 차량
- 맞은편 진행하는 차량 없음

① 경운기를 앞지르기하기 위해 중앙선을 넘어 주행해도 된다.

② 경운기가 주차된 차량을 통과하면 우측 공간을 이용하여 빠른 속도로 앞지르기한다.

❸ 경운기 운전자가 먼저 가라는 손짓을 하더라도 안전거리를 유지하며 안전하게 뒤따른다.

❹ 경운기가 2차로로 차로변경하며 양보하는 경우 중앙선을 넘지 않는 범위에서 경운기 좌측으로 진행한다.

⑤ 주차된 차량 앞으로 보행자가 나타날 것까지 예상하며 진행할 필요는 없다.

778

다음 상황에서 **가장 안전한 운전방법 2가지**는?

- 편도 4차로 도로
- 차량 신호등 적색등화
- 1차로 좌회전 및 유턴, 2 · 3차로 직진, 4차로 우회전 차로

❶ 직진하려는 경우 전방 차량 신호등이 적색등화이므로 서행하며 안전하게 선행차량 뒤편에 정차한다.

❷ 차량 신호등이 녹색등화로 바뀌면 일단 현재 차로에서 진행하다가 충분한 거리가 확보된 후 안전하게 차로변경한다.

③ 좌회전 차로로 차로를 변경하여 차량 신호등이 녹색등화로 바뀌면 재빨리 맞은편 차로를 이용하여 진행한다.

④ 트랙터를 따라 후행하는 경우 트랙터의 우측으로 앞지르기할 수 있다.

⑤ 유턴하려는 경우 차량 신호등이 적색등화에 유턴이 가능하다.

한 줄 해설

④ 앞지르기는 전방 차량의 좌측으로 진행해야 한다. ⑤ 유턴 시 지시 표지에 따라 시기를 준수해야 한다.

779

다음 상황에서 **가장 안전한 운전방법 2가지는?**

- 편도 1차로 우로 굽은 도로
- 우천으로 노면 젖은 상태
- 우측 화물차량 정차 중
- 트랙터가 정차하여 우측 화물차 운전자와 대화 중

① 트랙터가 정차하고 있으므로 경음기를 계속 울려 진행할 것을 재촉한다.

② 맞은편 차량이 통과하면 바로 중앙선을 넘어 좌측으로 앞지르기한다.

❸ 우측 화물차량이 정차 중 갑자기 출발할 수 있으므로 대비하여 운전한다.

④ 트랙터 우측에 공간이 있으면 그 공간을 이용하여 앞지르기한다.

❺ 자동차에 비해 트랙터의 속도가 느리므로 무리하게 앞지르기하기보다는 안전한 거리를 유지하며 진행한다.

780

다음 상황에서 **가장 안전한 운전방법 2가지는?**

- 편도 1차로 도로
- 전방 우측 보행보조용 의자차 진행
- 전방 화물차 앞지르기 중

❶ 보행보조용 의자차는 보행자로 간주하므로 충분한 거리를 두고 진행한다.

② 전방 화물차의 앞지르기가 완료되면 바로 뒤따라 앞지르기한다.

③ 전방 상황에 대한 확인이 불가하므로 화물차를 바싹 뒤따르며 진행한다.

④ 보행보조용 의자차는 보도로 통행하여야 하므로 경음기를 울리고 좌측 보도로 통행할 것을 요구한다.

❺ 비상점멸등을 켜고 서행하여 후행 차량에 전방의 위험상황을 알려준다.

03 일러스트형 85제

해설이 필요 없는 문제는 발문과 정답만 보고, 꼭 필요한 해설만 한 줄 해설로 간단히 확인하세요!

781

다음 상황에서 직진하려는 경우 가장 안전한 운전방법 2가지는?

- 교차로 모퉁이에 정차 중인 어린이통학버스
- 뒤차에 손짓을 하는 어린이통학버스 운전자

❶ 어린이통학버스가 출발할 때까지 교차로에 진입하지 않는다.
② 어린이통학버스가 정차하고 있으므로 좌측으로 통행한다.
③ 어린이통학버스 운전자의 손짓에 따라 좌측으로 통행한다.
④ 교차로에 진입하여 어린이통학버스 뒤에서 기다린다.
❺ 반대편 화물자동차 뒤에서 나타날 수 있는 보행자에 대비한다.

한 줄 해설
모든 차의 운전자는 어린이나 영유아를 태우고 있다는 표시를 한 상태로 도로를 통행하는 어린이통학버스를 앞지르지 못한다.

782

다음 상황에서 가장 안전한 운전방법 2가지는?

- 자전거 탄 사람이 차도에 진입한 상태
- 전방 차의 등화 녹색등화
- 진행속도 시속 40킬로미터

① 자전거 운전자에게 상향등으로 경고하며 빠르게 통과한다.
❷ 자전거 운전자가 무단횡단할 가능성이 있으므로 주의하며 서행으로 통과한다.
③ 자전거는 차이므로 현재 그 자리에 멈춰있을 것으로 예측하며 교차로를 통과한다.
④ 자전거 운전자가 위험한 행동을 하지 못하도록 경음기를 반복사용하며 신속히 통과한다.
❺ 자전거 운전자가 차도 위에 있으므로 옆쪽으로도 안전한 거리를 확보할 수 있도록 통행한다.

783

다음 상황에서 교차로를 통과하려는 경우 예상되는 위험 2가지는?

- 교각이 설치되어 있는 도로
- 정지해 있던 차량들이 녹색신호에 따라 출발하려는 상황
- 3지 신호교차로

① 3차로의 하얀색 차량이 우회전할 수 있다.
❷ 2차로의 하얀색 차량이 1차로 쪽으로 급차로변경할 수 있다.
❸ 교각으로부터 무단횡단하는 보행자가 나타날 수 있다.
④ 횡단보도를 뒤늦게 건너려는 보행자를 위해 일시정지한다.
⑤ 뒤차가 내 앞으로 앞지르기를 할 수 있다.

784

다음 상황에서 **가장 안전한 운전방법 2가지**는?

- '+' 형 교차로
- 1차로(좌회전), 2차로(직진), 3차로(직진·우회전)
- 2차로 주행 중
- 4색 등화 중 적색신호에서 녹색신호로 바뀜

① 녹색 신호이므로 가속하여 빠르게 직진으로 교차로를 통과한다.

② 비상점멸등을 켜고 주변 차량에 알리며 2차로에서 우회전한다.

❸ 앞쪽 3차로에서 왼쪽으로 갑자기 진로변경을 하는 차가 있을 수 있는 위험에 대비하면서 운전한다.

④ 뒤쪽 차가 너무 가까이 따라오므로 안전거리 확보를 위해 속도를 빨리 높여 신속히 교차로를 통과한다.

❺ 교차로 주변 상황을 눈으로 확인하면서 서서히 속도를 높여 통과한다.

한 줄 해설

우회전하려는 경우에는 우회전 차로에서 순서대로 우회전하는 것이 안전한 운전 방법이다. 흰색 실선 차선에서는 진로변경하여서는 안 된다.

785

다음 상황에서 **가장 안전한 운전방법 2가지**는?

- '+' 형 교차로
- 1차로(좌회전), 2차로(직진), 3차로(직진·우회전)
- 4색 등화 중 적색신호에서 녹색·좌회전 동시 신호로 바뀜
- 2차로에서 출발하는 상황

① 신호가 바뀐 직후에 빠르게 가속하여 신속히 교차로를 통과한다.

② 왼쪽 방향지시등을 켜고 다른 차량에 주의하면서 좌회전한다.

③ 교차로 내에서 급가속하여 오른쪽으로 진로변경하며 통과한다.

❹ 좌회전하는 흰색 승용차가 멈추는 이유를 생각하고 서행하면서 위험에 대비한다.

❺ 신호위반 차량이 있는지 좌·우를 확인하면서 서서히 속도를 높여 통과한다.

786

다음 상황에서 **가장 안전한 운전방법 2가지**는?

- '+' 형 교차로
- 1·2차로(좌회전), 3차로(직진), 4차로(직진·우회전)
- 왼쪽도로 횡단보도 넘어 신호 대기 중인 이륜차
- 1차로에서 신호 대기 중
- 4색 등화 중 적색신호에서 직진·좌회전 동시 신호로 바뀜

① 소통을 원활하게 하기 위해 적색 신호에 미리 정지선을 넘어 대기하다가 좌회전한다.

② 반대편 도로에서 우회전하는 빨간색 차량은 좌회전 차량이 우선이기 때문에 주의할 필요가 없다.

❸ 차량의 사각지대로 인해 이륜차를 순간적으로 못 볼 수 있기 때문에 주의해야 한다.

❹ 교차로 노면에 표시된 흰색 통행 유도선을 따라 좌회전한다.

⑤ 좌회전하면서 오른쪽 방향지시등을 켜고 왼쪽 도로의 3차로로 바로 진입한다.

한 줄 해설

좌회전 시에 통행 유도선을 준수하면서 1차로에서 출발하여 왼쪽 도로의 1차로로, 2차로에 출발할 때는 왼쪽 도로의 2차로로 진입하는 게 안전한 좌회전 방법이다. 왼쪽 도로에 진입한 후에 순차적으로 흰색 점선의 차선에서 차로를 변경해야 한다.

787

다음 상황에서 가장 안전한 운전방법 2가지는?

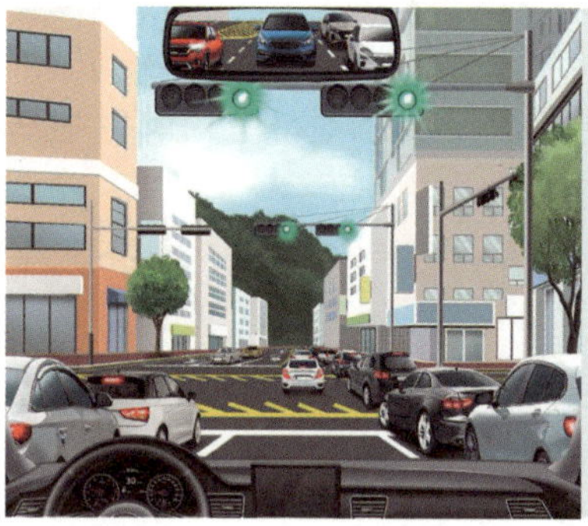

- '+' 형 교차로
- 1차로(좌회전), 2차로(직진), 3차로(직진·우회전)
- 4색 등화 중 녹색 신호
- 앞쪽에 차량이 정체되어 있는 도로 상황
- 2차로 주행 중

① 많은 차량의 교차로 통과를 위해 앞차와 최대한 붙어서 주행한다.

❷ 앞쪽 3차로에서 왼쪽으로 갑자기 진로변경하는 차량에 대비할 필요가 있다.

③ 앞쪽 차량의 정체 여부와 관계없이 교차로에 진입하여 소통을 원활하게 한다.

④ 비상점멸등을 켜고 차량이 없는 반대편 1차로로 안전하게 앞질러 직진한다.

❺ 정체로 인해 녹색신호에 교차로를 통과 못 할 것 같으면 정지선 직전에 정지한다.

788

다음과 같은 상황에서 좌회전하려고 한다. 가장 위험한 운전방법 2가지는?

- '+' 교차로
- 1차로(좌회전·유턴), 2·3차로(직진), 4차로(직진·우회전)
- 2차로 정차 중 좌회전 신호로 바뀜

❶ 비상점멸등을 켜고 안전지대를 통과하여 1차로로 진입한 후 좌회전한다.

❷ 좌회전 차로에 진입 후에는 앞 차량에 최대한 붙어서 신속히 좌회전한다.

③ 1차로로 진로변경할 때는 뒤따르는 뒤쪽 차량에 주의해야 한다.

④ 흰색점선 차선에서 1차로로 진로변경한 후에 좌회전한다.

⑤ 좌회전 차로로 진로변경할 때는 바로 앞 차량을 주의할 필요가 있다.

한 줄 해설

안전지대는 노상에 장애물이 있거나 안전 확보가 필요한 곳으로서 이 지대에 들어가지 못함을 표시한 것이므로 안전지대를 통과해서 운전해서는 안 된다.

789

다음 상황에서 가장 안전한 운전방법 2가지는?

- 아파트(APT) 단지 주차장 입구 접근 중

① 차의 통행에 방해되지 않도록 지속적으로 경음기를 사용한다.

② B는 차의 왼쪽으로 통행할 것으로 예상하여 그대로 주행한다.

❸ B의 횡단에 방해되지 않도록 횡단이 끝날 때까지 정지한다.

④ 도로가 아닌 장소는 차의 통행이 우선이므로 B가 횡단하지 못하도록 경적을 울린다.

❺ B의 옆을 지나는 경우 안전한 거리를 두고 서행해야 한다.

790

다음과 같은 상황에서 가장 안전하게 유턴할 수 있는 방법 2가지는?

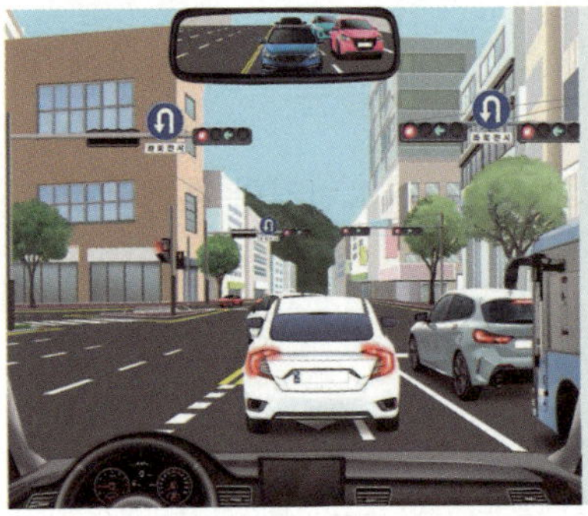

- '+' 형 교차로
- 1차로(유턴, 좌회전), 2차로(좌회전), 3·4차로(직진)
- 1차로에서 신호대기 중
- 4색 등화 중 녹색신호에서 좌회전 신호로 바뀜

❶ **유턴이 가능한 신호에 흰색 점선의 유턴구역 내에서 앞차부터 순서대로 유턴한다.**
② 왼쪽 부도로에서 주도로로 합류하는 우회전하는 차량은 조심할 필요가 없다.
③ 반대편 도로의 차량에 방해를 주지 않는다면 신호에 관계없이 언제든 유턴할 수 있다.
④ 내 차량 바로 뒤에서 먼저 유턴하는 차량은 주의할 필요가 없다.
❺ **반대편 도로에서 신호위반으로 직진하는 차량이 있을 수 있기에 눈으로 확인하고 유턴한다.**

791

다음과 같은 교차로에서 우회전하려고 한다. 가장 안전한 운전방법 2가지는?

- '+'형 교차로
- 1차로(좌회전), 2·3차로(직진), 4차로(우회전)
- 4색 등화 중 적색 신호
- 4차로 도로 주행 중

① 교차로 정지선 전에 일시정지 없이 서행하면서 우회전한다.
❷ **교차로 직전 신호등 있는 횡단보도에 보행자가 있는지 반드시 확인한다.**
③ 왼쪽 도로에서 오른쪽 도로로 직진하는 차량은 반드시 확인할 필요는 없다.
❹ **오른쪽 사이드미러에 보이는 뒤따르는 이륜차를 주의해야 한다.**
⑤ 우회전 직후 신호등이 있는 횡단보도의 보행자는 반드시 확인할 필요는 없다.

한 줄 해설

차량 신호 중 적색신호 등화일 때 정지선, 횡단보도 및 교차로의 직전에서 정지해야 한다. 차마는 우회전하려는 경우에는 정지선, 횡단보도 및 교차로의 직전에서 정지한 후 신호에 따라 진행하는 다른 차마의 교통을 방해하지 않고 우회전할 수 있다.

792

다음과 같은 상황에서 우회전할 때 가장 위험한 운전방법 2가지는?

- '+'형 교차로
- 1차로(유턴), 2·3차로(직진), 4·5차로(우회전)
- 우회전 삼색신호는 적색신호로 바뀜
- 5차로 주행 중

① 정지선 전에 정지한 후 우회전 삼색등이 진행 신호로 바뀔 때까지 대기한다.
② 우회전 삼색등에 녹색화살표 신호로 변경된 후에도 앞쪽의 상황을 확인하고 우회전한다.
❸ **우회전 삼색등이 적색신호라도 보행자가 없다면 일시정지 후 천천히 우회전한다.**
❹ **우회전하고 바로 나타나는 오른쪽 도로의 횡단보도는 주의할 필요가 없다.**
⑤ 오른쪽 보도에서 갑자기 횡단보도로 뛰어나올 수 있는 보행자에 주의한다.

한 줄 해설

차마는 우회전 삼색등이 적색의 등화인 경우 우회전할 수 없으므로 정지선 전에 정지하고 녹색 화살표 신호 변경까지 대기해야 한다.

793

다음의 **도로를 통행**하려는 경우 **가장 올바른 운전방법 2가지**는?

- 어린이를 태운 어린이통학버스 시속 35킬로미터
- 어린이통학버스 방향지시기 미작동
- 어린이통학버스 황색점멸등, 제동등 켜짐
- 3차로 전동킥보드 통행

❶ 어린이통학버스가 오른쪽으로 진로변경할 가능성이 있으므로 속도를 줄이며 안전한 거리를 유지한다.

② 어린이통학버스가 제동하며 감속하는 상황이므로 앞지르기 방법에 따라 안전하게 앞지르기한다.

③ 3차로 전동킥보드를 주의하며 진로를 변경하고 우측으로 앞지르기한다.

❹ 어린이통학버스 앞쪽이 보이지 않는 상황이므로 진로변경하지 않고 감속하며 안전한 거리를 유지한다.

⑤ 어린이통학버스 운전자에게 최저속도 위반임을 알려주기 위하여 경음기를 사용한다.

한 줄 해설

모든 차의 운전자는 어린이나 영유아를 태우고 있다는 표시를 한 상태로 도로를 통행하는 어린이통학버스를 앞지르지 못한다.

794

다음 상황에서 **비보호 좌회전**할 때 **가장 큰 위험요인 2가지**는?

- '+'형 교차로
- 1차로(좌회전·직진), 2차로(직진·우회전)
- 1차로 신호대기 중
- 3색 등화 중 녹색신호로 바뀜

❶ 반대편 2차로에서 빠르게 직진해 오는 차량이 있을 수 있다.

② 반대편 1차로 화물차 뒤에 차량이 좌회전하기 위해 정지해 있을 수 있다.

③ 뒤따르는 뒤쪽 차량이 갑자기 2차로로 진로변경할 수 있다.

❹ 왼쪽 도로의 보행자가 횡단보도를 건너갈 수 있다.

⑤ 반대편 1차로에서 화물차가 비보호 좌회전을 할 수 있다.

한 줄 해설

비보호 좌회전하는 때에는 반대편 도로에서 녹색 신호에 주행하는 직진 차량에 주의해야 한다.

795

다음 도로 상황에서 **가장 위험한 요인 2가지**는?

- '+'형 교차로
- 1차로(좌회전·유턴), 2차로(직진), 3차로(직진·우회전)
- 3차로를 시속 55킬로미터로 직진 주행 중
- 교차로 진입 직후에 좌회전 신호로 바뀜

① 진행 방향 1차로에서 신속하게 좌회전하는 차와 충돌할 수 있다.

❷ 오른쪽 도로에서 우회전하는 차와 충돌할 수 있다.

③ 반대편 도로에서 우회전하는 차와 충돌할 수 있다.

❹ 반대편 도로에서 유턴하는 차와 충돌할 수 있다.

⑤ 진행 방향 3차로 뒤쪽에서 우회전하려는 차와 충돌할 수 있다.

796

다음 사진과 같은 **"차로축소형 회전교차로"**에서 **우회전 통행방법**에 대한 설명으로 올바른 **2가지**는?

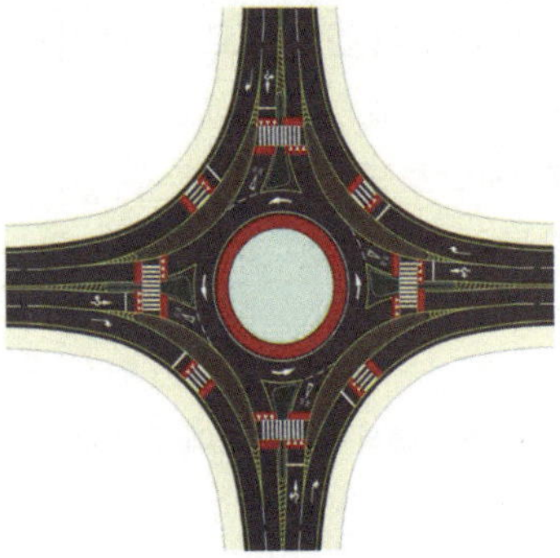

■ 차로축소형 회전교차로

① 회전교차로 진입 후 안전하게 우회전 방향으로 빠져나간다.

❷ 회전교차로 내로 진입하지 않고 미리 도로의 우측 가장자리 차로를 이용하여 서행하면서 우회전한다.

❸ 회전교차로 진입 후 바로 우회전을 할 경우 "교차로 통행방법위반"이다.

④ 우회전 차로에 있는 횡단보도는 보행자 여부와 관계없이 일시정지해야 한다.

⑤ 회전교차로 진입 후 시계방향으로 크게 회전하여 우회전하여야 한다.

한 줄 해설

④ 횡단보도에서는 보행자가 통행하고 있거나 통행하려고 할 때에 일시정지해야 한다. ⑤ 회전교차로는 반시계방향으로 통행해야 한다.

797

다음 상황에서 **가장 안전한 운전방법 2가지**는?

■ 어린이 보호구역의 'ㅏ'형 교차로
■ 교통정리가 이루어지지 않는 교차로
■ 좌우가 확인되지 않는 교차로
■ 통행하려는 보행자가 없는 횡단보도

① 우회전하려는 경우 서행으로 횡단보도를 통행한다.

❷ 우회전하려는 경우 횡단보도 앞에서 반드시 일시정지한다.

③ 직진하려는 경우 다른 차보다 우선이므로 서행하며 진입한다.

❹ 직진 및 우회전하려는 경우 모두 일시정지한 후 진입한다.

⑤ 우회전하려는 경우만 일시정지한 후 진입한다.

한 줄 해설

주어진 상황은 오른쪽 시야확보가 어려운 장소로서 직진 및 우회전하려는 경우 모두 일시정지해야 한다.

798

다음 상황에서 **12시 방향으로 진출**하려는 경우 **가장 안전한 운전방법 2가지**는?

■ 회전교차로 안에서 회전 중
■ 우측에서 회전교차로에 진입하려는 상황

① 회전교차로에 진입하려는 승용자동차에 양보하기 위해 정차한다.

② 좌측방향지시기를 작동하며 화물차턱으로 진입한다.

❸ 우측방향지시기를 작동하며 12시 방향으로 통행한다.

❹ 진출 시기를 놓친 경우 한 바퀴 회전하여 진출한다.

⑤ 12시 방향으로 직진하려는 경우이므로 방향지시기를 작동하지 아니한다.

한 줄 해설

모든 차의 운전자는 회전교차로에서는 반시계방향으로 통행하여야 하며, 회전교차로에 진입하려는 경우에는 서행하거나 일시정지하여야 하고, 이미 진행하고 있는 다른 차가 있는 때에는 그 차에 진로를 양보하여야 한다.

799

다음 상황에서 우회전하려는 경우 가장 안전한 운전방법 2가지는?

- 편도 1차로
- 불법주차된 차들

❶ 오른쪽 시야확보가 어려우므로 정지한 후 우회전한다.
② 횡단보도 위에 보행자가 없으므로 그대로 신속하게 통과한다.
❸ 반대방향 자동차 진행에 방해되지 않게 정지선 전에서 정지한다.
④ 먼저 교차로에 진입한 상태이므로 그대로 진행한다.
⑤ 보행자가 횡단보도에 진입하지 못하도록 경음기를 울린다.

800

왼쪽차로(1차로)에서 직진하며 교차로에 접근하고 있는 상황이다. 안전한 운전방법 2가지는?

- 교통정리가 없는 교차로
- 양방향 주차된 차들
- 오른쪽 후사경에 접근 중인 승용차

① 반대쪽 방향에 차가 없으므로 왼쪽으로 앞지르기하여 통과한다.
❷ 감속하며 1차로 택시와 안전한 거리를 두고 접근한다.
③ 경음기를 사용하여 택시를 멈추게 하고 택시의 오른쪽으로 빠르게 통행한다.
④ 3차로로 연속 진로변경하여 정차한다.
❺ 2차로로 진로변경하는 경우 택시와 보행자에 접근 시 감속한다.

801

직진으로 통행하는 중이다. 안전한 운전방법 2가지는?

- 도로 유지보수를 하고 있는 상황
- 흰색 자동차는 오른쪽에서 왼쪽으로 진행 중

① 흰색 자동차가 진입하지 못하도록 가속하여 통행한다.
❷ 흰색 자동차가 직진할 수 있으므로 서행하며 주의를 살핀다.
③ 도로유지 보수 중에 좌측을 통행할 수 있으므로 그대로 통행한다.
④ 흰색 승용차가 멈출 것이라 예측하고 반대방향 차에 주의하며 통행한다.
❺ 반대방향 빨강색 승용차가 좌회전 차로로 진입할 수 있으므로 필요한 경우 정차하여 상황을 살핀다.

한 줄 해설

도로 유지보수 공사로 인해 우측통행이 불가능한 경우 도로교통법에 따라 좌측통행할 수 있다. 제시된 상황에서 흰색 승용차는 통행 중이며 정차, 우회전 또는 직진(중앙선 침범) 및 좌회전(중앙선 침범) 행동들 중 한 가지를 할 수 있으므로 주의해야 한다.

802

도심지 이면도로를 주행하는 상황에서 가장 안전한 운전방법 2가지는?

- 어린이들이 도로를 횡단하려는 중
- 자전거 운전자는 애완견과 산책 중

❶ 자전거와 산책하는 애완견이 갑자기 도로 중앙으로 나올 수 있으므로 주의한다.
② 경음기를 사용해서 내 차의 진행을 알리고 그대로 진행한다.
❸ 어린이가 갑자기 도로 중앙으로 나올 수 있으므로 속도를 줄인다.
④ 속도를 높여 자전거를 피해 신속히 통과한다.
⑤ 전조등 불빛을 번쩍이면서 마주 오는 차에 주의를 준다.

803

다음 상황에서 **가장 안전한 운전방법 2가지**는?

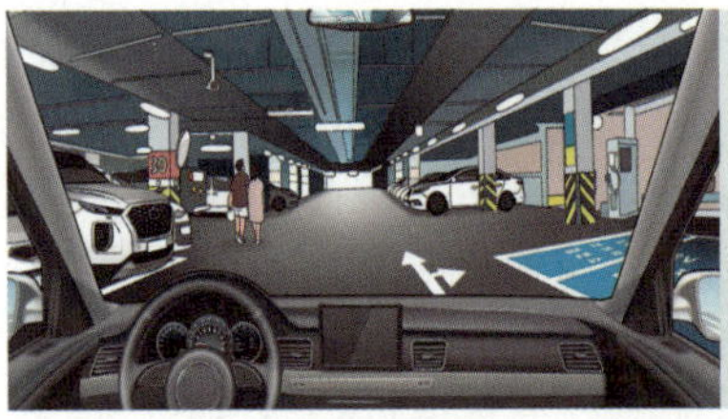

- 지하주차장
- 지하주차장에 보행 중인 보행자

❶ 주차된 차량 사이에서 보행자가 나타날 수 있기 때문에 서행으로 운전한다.

❷ 주차 중인 차량이 갑자기 출발할 수 있으므로 주의하며 운전한다.

③ 지하주차장 노면표시는 반드시 지키며 운전할 필요가 없다.

④ 내 차량을 주차할 수 있는 주차구역만 살펴보며 운전한다.

⑤ 지하주차장 기둥은 운전시야를 방해하는 시설물이므로 경음기를 계속 울리면서 운전한다.

804

시속 30킬로미터로 직진하는 상황이다. **안전한 운전방법 2가지**는?

- 반대방면에 통행 중인 자동차들
- 진행방면 오른쪽에 주차한 자동차들
- 도로에 진입하기 위해 정차한 자동차

① 주차된 차들과 충돌하지 않도록 시속 30킬로미터 이하로 횡단보도를 통과한다.

❷ 감속하며 접근하고 횡단보도 직전 정지선에 정지한다.

③ 횡단보도에 사람이 없으므로 시속 30킬로미터로 서행한다.

④ 횡단보도에 사람이 없으므로 그대로 통과한다.

❺ 오른쪽에서 도로에 진입하려는 차를 주의하며 서행한다.

한 줄 해설

어린이 보호구역의 신호등 없는 횡단보도를 진입하려는 경우 보행자의 횡단 유무와 관계없이 정지한 후에 진입해야 한다.

805

공동주택 주차장에서 좌회전하려는 중이다. **대비해야 할 위험요소와 거리가 먼 2가지**는?

- 왼쪽에서 재활용품 정리를 하는 사람
- 오른쪽 흰색 자동차에 켜져 있는 흰색 등화
- 실내 후사경에 확인되는 자동차

① 공작물에 가려져 확인되지 않는 A지역

② 후진하려는 흰색 자동차

❸ 재활용수거용 마대와 충돌할 가능성

④ 놀이하고 있는 어린이의 차도 진입

❺ 뒤쪽 자동차와의 충돌 가능성

한 줄 해설

흰색승용차는 흰색등이 켜져 있어 후진이 예측되는 상황이므로 주의하며 살펴야 한다. 주거지역의 어린이의 행동은 예측이 불가하므로 어린이의 차도 진입을 예측하며 운전해야 한다.

806

교차로에 접근하고 있으며 **우회전**하려는 상황이다. **가장 안전한 통행방법 2가지**는?

- 오른쪽에서 왼쪽으로 통행 중인 승용차
- 반대방면에서 직진하고 있는 자동차
- 적색점멸이 등화된 신호등

① 어린이가 왼쪽으로 횡단하고 있으므로 우측 공간을 이용하여 그대로 진입하여 우회전한다.

❷ 반대방면에서 진입해 오는 자동차가 좌회전하려는지를 살핀다.

❸ 횡단보도 직전 정지선에서 정지하여 어린이가 횡단을 완료할 때까지 대기한다.

④ 반대방면 승용차보다 교차로에 선진입하기 위해 가속하여 정지선을 통과한다.

⑤ 신호에 따라 주의하여 서행으로 진입하고 우회전한다.

807

T자형 교차로에서 좌회전을 하려는 상황이다. 가장 안전한 운전방법 2가지는?

- 좌회전하려는 상황
- 앞쪽 횡단보도는 신호등이 없음

① 좌회전 신호에 따라 신속하게 좌회전한다.

❷ 횡단보도 정지선 전에서 정지한다.

③ 서행으로 횡단보도에 진입한 후 왼쪽 차에 주의하며 좌회전한다.

④ 오른쪽 사람과 옆으로 안전한 거리를 두고 좌회전한다.

❺ 횡단보도를 이용하는 보행자와 자전거가 횡단을 완료할 때까지 기다린다.

808

다음 도로 상황에서 가장 주의해야 할 위험상황 2가지는?

- 다수의 보행자들이 차도를 통행
- 우측 후방에 뒤따르는 자동차들

❶ 전동킥보드 운전자는 앞쪽 보행자를 피해서 갑자기 왼쪽으로 이동할 수 있다.

❷ 오른쪽 보행자들이 왼쪽으로 횡단할 수 있다.

③ 서행으로 통행하여 뒤차들과 충돌할 수 있다.

④ 반대방면 흰색 자동차와 충돌할 수 있다.

⑤ 전동킥보드가 버스승강장에 있는 보행자를 충돌할 수 있다.

809

다음 상황에서 가장 안전한 운전방법 2가지는?

- 현재 속도 시속 25 킬로미터
- 후행하는 4대의 자동차들

① 왼쪽 방향지시기와 전조등을 작동하며 안전하게 추월한다.

② 경운기 운전자의 수신호에 따라 주의하며 안전하게 추월한다.

③ 경운기 운전자의 수신호가 끝나면 앞지른다.

❹ 경운기 운전자의 손짓을 무시하고 그 뒤를 따른다.

❺ 경운기와 충분한 안전거리를 유지한다.

한 줄 해설

농기계 등의 운전자가 '그냥 앞질러서 가세요'라는 의미로 손짓을 하는 경우가 있으나, 이때의 손짓은 수신호가 아니다.

810

다음 상황에서 가장 안전한 운전방법 2가지는?

- 회전교차로
- 진입과 회전하는 차량

❶ 진입하려는 차량은 진행하고 있는 회전차량에 진로를 양보하여야 한다.

❷ 회전교차로에 진입하려는 경우에는 서행하거나 일시정지하여야 한다.

③ 진입차량이 우선이므로 신속히 진입하여 가고자 하는 목적지로 진행한다.

④ 회전교차로에 진입할 때는 회전차량보다 먼저 진입한다.

⑤ 주변 차량의 움직임에 주의할 필요가 없다.

한 줄 해설

회전교차로에서는 회전이 진입보다 우선이므로 항상 양보하는 운전자세가 필요하다.

811

교차로에 진입하여 직진하려는 상황이다. 가장 안전한 운전방법 2가지는?

- 신호등 없는 교차로
- 오른쪽 3차로에 주차된 자동차들
- 유턴하는 과정에 정차 중인 검은색 자동차

❶ 검은색 자동차가 후진할 수 있으므로 감속하며 대비한다.

❷ 이륜차가 검은색 승용차의 왼쪽으로 진로변경할 수 있으므로 주의한다.

③ 반대방향에 비어 있는 직진 차로를 이용하여 직진하다가 원래 차로로 되돌아온다.

④ 정차한 검은색 자동차의 옆으로 가속하며 직진으로 통과한다.

⑤ 이륜차가 나의 앞으로 진로변경할 수 없도록 가속하며 통과한다.

812

다음과 같은 상황에서 안전한 운전방법 2가지는?

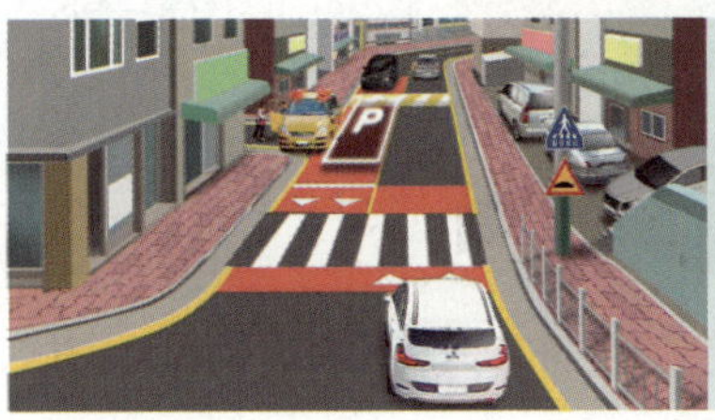

- 통행하고 있는 검은색, 흰색 자동차
- 정차하고 있는 어린이통학버스

① 검은색 자동차 운전자는 P공간을 이용하여 신속하게 통행한다.

❷ 검은색 자동차 운전자는 어린이통학버스 뒤에서 정지한다.

③ 흰색 자동차 운전자는 어린이통학버스에 주의하며 서행으로 직진한다.

❹ 흰색 자동차 운전자는 어린이통학버스에 이르기 전에 정지한 후 서행한다.

⑤ 흰색 자동차 운전자는 지속적으로 경음기를 작동하여 본인이 직진할 것을 알린다.

한 줄 해설

어린이통학버스가 도로에 정차하여 어린이나 영유아가 타고 내리는 중임을 표시하는 점멸등 등의 장치를 작동 중일 때에는 어린이통학버스가 정차한 차로와 그 차로의 바로 옆 차로로 통행하는 차의 운전자는 어린이통학버스에 이르기 전에 일시정지하여 안전을 확인한 후 서행하여야 한다.

813

다음과 같은 교차로에서 가장 안전한 통행방법 2가지를 설명한 것은?

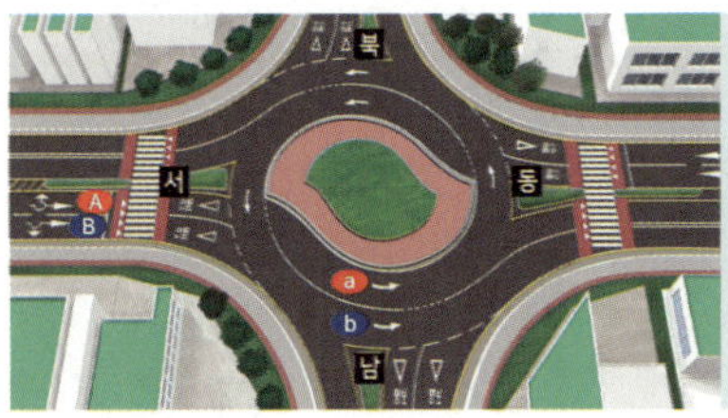

- 나선형 회전교차로

❶ A차로에서 진입하려는 때에 왼쪽 방향지시기를 작동하였다.

❷ A차로에서 진입한 운전자가 즉시 a차로에 진입하여 회전하다가 북쪽으로 진출하였다.

③ B차로에서 진입하려는 때에 오른쪽 방향지시기를 작동하였다.

④ B차로에서 진입한 운전자가 즉시 b차로로 진입하여 회전하다가 a차로로 진로변경하여 북쪽 방향으로 진출하였다.

⑤ 안쪽에서 회전하다가 진출하려는 때에 왼쪽 방향지시기를 작동하였다.

한 줄 해설

제시된 교차로는 '나선형 회전교차로'이다. A차로에서 진입하는 운전자는 회전하는 차에 양보한 후 즉시 a차로로 진입해야 한다. 이때는 백색점선을 이용해야 한다. A차로의 진출방향은 동쪽과 북쪽이다. B차로에서 진입하는 운전자는 회전하는 차에 양보한 후 즉시 b차로로 진입해야 한다. B차로의 진출방향은 남쪽과 동쪽이다. 또 회전교차로에서 진입하려는 때는 왼쪽, 진출하려는 때에는 오른쪽 방향지시기를 작동해야만 한다.

814

다음 상황에서 우회전하고자 할 때 가장 안전한 운전방법 2가지는?

- 우회전 전용신호등 설치 교차로

① 전방 녹색 진행신호에 따라 신속히 우회전한다.

② 우측 보행자가 횡단보도를 통행할 수 있으므로 일시 정지 후 안전을 확인하며 우회전한다.

❸ 우회전전용신호가 적색이므로 정지한다.

④ 우회전전용신호가 적색이어도 보행자 통행에 방해를 주지 않는 경우 우회전 가능하다.

❺ 정지선에 정지하여 우회전 화살표등화로 바뀔 때까지 기다린다.

한 줄 해설

우회전하려는 차마는 우회전 삼색등이 있는 경우 다른 신호등에도 불구하고 이에 따라야 한다고 명시되어 있다. 우회전 삼색등이 설치되어 있는 교차로의 경우 적색신호에 진행하게 되면 신호위반에 해당하며 우회전 화살표 등화인 경우에만 우회전이 가능하다.

815

다음 상황에서 좌회전하려는 경우 가장 안전한 운전방법 2가지는?

- 좌회전 방향 통행량 증가로 정체
- 2차로 좌회전 차로 주행 중

① 녹색 진행신호에 따라 교차로에 그대로 빠르게 진입한다.

② 앞차에 바짝 붙어 따라간다.

③ 좌회전 차로가 정체 상황이기 때문에 3차로를 이용해 좌회전한다.

❹ 꼬리물기로 다른 차의 통행에 방해를 줄 수 있으므로 진입하지 않는다.

❺ 교차로에 진입하려는 후행차량이 있을 수 있으므로 미리 속도를 줄여 추돌사고를 예방한다.

816

사고발생 가능성이 가장 높은 요인 2가지는?

- 신호등 없는 교차로
- 이면도로에서 직진하기 위해 멈춰있는 상황

❶ 후진하려는 A화물차

❷ 화물차 뒤에서 횡단하는 B보행자

③ 후방에서 진행 중인 C차량

④ 보도 통행 중인 D보행자

⑤ 좌측에서 우회전하려는 E차량

한 줄 해설

복잡한 이면도로를 통행하려는 운전자는 차량에 가려진 보행자나 적재물 승하차가 빈번한 택배 및 화물차량 주변에 위험요인이 없는지 주의를 살필 필요가 있다.

817

다음 상황에서 가장 안전한 운전방법 2가지는?

- 회전교차로
- 회전교차로에 진입하려는 하얀색 화물차

① 교차로에 먼저 진입하는 것이 중요하다.

② 전방만 주시하며 운전해야 한다.

❸ 1차로 화물차가 교차로 진입하던 중 2차로 쪽으로 차로 변경할 수 있으므로 대비해야 한다.

❹ 좌측의 회전차량과 우측도로에서 진입하는 차량에 주의하며 운전해야 한다.

⑤ 진입차량이 회전차량보다 우선이라는 생각으로 운전한다.

818

다음 상황에서 가장 안전한 운전방법 2가지는?

- 1, 2차로: 좌회전 차로, 3, 4차로: 직진 차로
- 차와 차 사이에서 무단횡단하려는 보행자

❶ 직진 신호 대기차량 사이에서 갑자기 횡단하려는 보행자를 주의한다.

② 전방 좌회전 신호가 바뀌기 전 통과하기 위해 빠르게 진입한다.

③ 무단횡단 보행자를 위협하기 위해 오히려 속도를 높인다.

❹ 횡단하려는 보행자를 보호하기 위해 비상등을 켜고 감속한다.

⑤ 보행자와의 충돌을 피하기 위해 1차로로 급진로변경한다.

819

오른쪽으로 갔어야 하는데 길을 잘못 들었다. 이때 가장 안전한 운전방법 2가지는?

- 울산·양산 방면으로 가야 하는 상황
- 분기점에서 오른쪽으로 진입하려는 상황

① 안전지대로 진입하여 비상점멸등을 작동한 후 오른쪽으로 진입한다.

② 오른쪽 방향지시기를 작동하며 안전지대로 진입하여 오른쪽으로 진입한다.

③ 신속하게 가속하여 오른쪽으로 진입한다.

❹ 대구방향으로 그대로 진행한다.

❺ 다음에서 만나는 나들목 또는 갈림목을 이용한다.

820

다음 상황에서 가장 안전한 운전방법 2가지는?

- 눈이 쌓인 도로
- 전방 터널에 진입하려고 함

❶ 차간 거리를 평소보다 충분히 확보한다.

② 터널 진입 전 브레이크를 아주 강하게 밟아 속도를 미리 줄인다.

③ 터널 안은 눈이 쌓이지 않았기 때문에 가속 운행한다.

❹ 눈길은 매우 미끄럽기 때문에 앞차의 바퀴자국을 따라 주행한다.

⑤ 미끄럼 방지를 위해 기어를 중립으로 변경하여 진행한다.

한 줄 해설

겨울철 햇빛이 비치지 않는 고가도로의 그늘에는 내린 눈이 얼어 있기도 하고 빙판이 되어 있는 경우도 많다. 따라서 고가도로의 그늘을 지날 때는 항상 노면의 상황에 유의하면서 속도를 줄여 주행해야 한다.

821

기업도시, 터미널 방향으로 좌회전하려고 한다. 가장 안전한 운전방법 2가지는?

- 2차로에서 시속 50km로 주행 중
- 네비게이션에서 전방 좌회전 안내
- 3차로에서 시속 60km로 주행 중인 후행 차

① 네비게이션 안내에 따라 전방에서 좌회전해야 하므로 1차로로 미리 진로를 변경한다.
❷ 1, 2차로는 지하차도로 진입하므로 3차로로 진로를 변경한다.
③ 정확한 길안내를 위해 네비게이션을 조작한다.
④ 3차로에 후행 차량이 있으므로 우측 방향지시등을 켜 그 앞으로 빠르게 진로를 변경한다.
❺ 선행차가 급제동할 수 있으므로 안전거리를 확보한다.

822

다음에서 사고발생 가능성이 가장 높은 상황 2가지는?

- 농번기 교외도로
- 시속 60km로 주행 중

① 전방 주행 중인 자동차
❷ 좌측으로 진입하기 위해 갑자기 회전하는 전동스쿠터
❸ 우측에서 출발하려는 화물차
④ 우측에서 작업 중인 사람
⑤ 전방 좌측 이륜차

823

다음 도로에서 가장 안전한 통행방법 2가지는?

- 보행자우선도로

① 보행자우선도로는 어린이에게만 적용되므로 성인 보행자 쪽으로 붙어 주행한다.
❷ 보행자와 안전한 거리를 두고 진행한다.
③ 나란히 통행 중인 보행자 일행이 일렬로 통행하도록 경음기를 울린다.
❹ 보행자 통행에 방해를 주지 않도록 서행 또는 일시 정지한다.
⑤ 보행자 통행에 방해를 주지 않으면 시속 20km 이상 주행할 수 있다.

824

다음 상황에서 가장 안전한 운전방법 2가지는?

- 빗길 자동차전용도로
- 시청방향 진출 차량들로 인해 1차로 지정체

① 진로변경 차량을 피하기 위해 3차로로 급히 진로를 변경한다.
② 1차로 차량이 진입하지 못하도록 속도를 높여 운전한다.
③ 경음기와 상향등을 사용해 진로변경을 방해한다.
❹ 감속을 통해 진로변경 차량에게 양보한다.
❺ 빗길에서는 평소보다 제동거리가 길어지므로 미리 감속한다.

825

사고발생 가능성이 가장 높은 상황 2가지는?

- 도로변 건물에서 좌회전 진입하려고 함

❶ 보도 우측에서 진행 중인 자전거
❷ 건물로 진입하기 위해 좌회전 대기 중인 자동차
③ 도로 좌측에서 우측으로 주행 중인 자동차
④ 반대편 공터에 주차된 자동차
⑤ 반사경에 비친 자동차

826

다음 상황에서 **가장 올바른 운전방법 2가지는?**

- 양방향 통행가능한 중앙선이 없는 도로
- 반대방향에서 진행 중인 택배차량
- 승용차 탑승인원 1명

❶ 마주 오는 택배차량에게 진로를 양보한다.
② 승용차 운전자에게 우선권이 있으므로 그대로 진행한다.
③ 상향등을 반복 조작하여 상대운전자가 진행하지 못하도록 한다.
❹ 주정차된 차량에서 내리려는 사람을 주의한다.
⑤ 정지하여 상대운전자가 진로를 양보 때까지 기다린다.

한 줄 해설

좁은 도로에서 긴급자동차 외의 자동차가 서로 마주보고 진행할 때에, 자동차가 사람을 태웠거나 물건을 실은 자동차와 동승자가 없고 물건을 싣지 아니한 자동차가 서로 마주보고 진행하는 경우에는 동승자가 없고 물건을 싣지 아니한 자동차가 도로의 우측 가장자리로 피하여 진로를 양보하여야 한다.

827

다음 상황에서 **가장 안전한 운전방법 2가지는?**

- 1, 2차로 지하차도로 연결
- 3차로에서 시속 50km 주행 중

① 흰색차 앞에서 브레이크를 밟아 급진로변경에 항의한다.
❷ 감속으로 흰색차량이 진로변경할 수 있도록 안전거리를 확보한다.
❸ 추돌사고를 피하기 위해 4차로로 진로변경한다.
④ 급가속을 통해 흰색차와의 추돌을 피한다.
⑤ 왼쪽으로 핸들을 돌리며 급제동한다.

828

고속도로 휴게소에서 휴식을 취하고 **고속도로로 합류**하려고 한다. **가장 안전한 운전방법 2가지는?**

① 일시정지 후 주행 중인 차량이 없을 때 도로로 합류한다.
② 가속을 통해 한번에 1차로까지 가로지른다.
❸ 충분한 가속을 통해 좌측을 확인한 후 합류한다.
④ 갓길로 계속 주행한다.
❺ 다른 차량의 통행을 방해하지 않도록 한다.

한 줄 해설

고속도로 주행 중 휴게소 진입을 위하여 주행차로에서 급감속하는 경우 뒤따르는 차량과 충돌의 위험성이 있으며, 진입을 위해 차로를 급하게 변경하는 경우 우측 차선의 뒤차와 충돌의 위험이 있으므로, 주위상황을 살펴 미리 안전하게 차선을 변경하고 감속하여 휴게소에 진입하여야 한다.

829

다음 상황에서 **가장 바람직한 운전방법 2가지**는?

- 편도 3차로 고속도로
- 기후상황: 가시거리 50미터인 안개 낀 날

① 1차로로 진로변경하여 빠르게 통행한다.
❷ 등화장치를 작동하여 내 차의 존재를 다른 운전자에게 알린다.
❸ 노면이 습한 상태이므로 속도를 줄이고 서행한다.
④ 앞차가 통행하고 있는 속도에 맞추어 앞차를 보며 통행한다.
⑤ 갓길로 진로변경하여 앞쪽 차들보다 앞서간다.

830

다음과 상황에서 **가장 올바른 운전방법 2가지**는?

- 눈이 20mm 미만으로 쌓인 고속도로 주행 중

① 눈이 많이 쌓이지 않았으므로 평소대로 운전한다.
❷ 화물차가 눈길에 미끄러져 회전할 수 있으므로 이에 대비한다.
③ 최고 속도의 100분의 10을 줄인 속도로 운행한다.
❹ 비상점멸등을 작동시키며 서행한다.
⑤ 지그재그 운전으로 속도를 줄인다.

한 줄 해설

눈이 20밀리미터 미만으로 쌓인 경우에는 최고속도의 100분의 20을 줄인 속도로 운행해야 한다.

831

다음 상황과 같이 **화재 발생구간을 통과할 경우 올바른 운전방법 2가지**는?

- 고속도로 인근 지역 화재발생
- 화재연기가 도로를 가득 메우고 있는 상황

① 도로에 갇힐 수 있으므로 과속을 해서라도 빠져나간다.
❷ 전방 시야 확보가 어려우므로 비상등을 켜고 운전한다.
❸ 라디오 등을 통해 우회도로에 대한 정보를 파악한다.
④ 신선한 공기순환을 위해 공조기를 외부순환 모드로 둔다.
⑤ 갓길에 주차한 후 우측 가드레일을 넘어 도로를 벗어난다.

832

다음 상황에서 **가장 안전한 운전방법 2가지**는?

- 고속도로 2차로 주행 중

① 저속주행 중인 트레일러를 향해 경음기를 눌러 가속을 재촉한다.
❷ 1차로를 이용하여 전방 트레일러를 안전하게 앞지르기한다.
❸ 진로를 변경할 때는 미리 방향지시등을 작동한다.
④ 주행차로인 1차로로 진입하여 정속주행한다.
⑤ 1차로는 최고속도 제한이 없기 때문에 속도를 높여 주행한다.

한 줄 해설

앞지르기하려는 승용차는 1차로와 지정된 차로의 왼쪽 옆 차로로 통행할 수 있다.

833

다음 상황에서 발생 가능한 위험 2가지는?

- 편도 4차로
- 버스가 3차로에서 4차로로 차로변경 중
- 도로구간 일부 공사 중

❶ 전방에 공사 중임을 알리는 화물차가 정차 중일 수 있다.
② 2차로의 버스가 안전운전을 위해 속도를 낮출 수 있다.
③ 4차로로 진로변경한 버스가 계속 진행할 수 있다.
④ 1차로 차량이 속도를 높여 주행할 수 있다.
❺ 다른 차량이 내 앞으로 앞지르기할 수 있다.

834

다음 상황에서 가장 안전한 운전방법 2가지는?

- 자동차전용도로 분류구간
- 자동차전용도로로부터 진출하고자 차로변경을 하려는 운전자
- 진로변경제한선 표시

① 진로변경제한선 표시와 상관없이 우측차로로 진로변경한다.
❷ 우측 방향지시기를 켜서 주변 운전자에게 알린다.
③ 급가속하며 우측으로 진로변경한다.
④ 진로변경은 진출로 바로 직전에서 속도를 낮춰 시도한다.
❺ 다른 차량 통행에 장애를 줄 우려가 있을 때에는 진로변경을 해서는 안 된다.

835

고속도로를 운행 중인 차량 중 지정차로를 위반한 차량 2대는?

- 편도 4차로 고속도로

① A (앞지르기 중인 승용차)
❷ B (36인승 대형승합차)
❸ C (1톤 화물차)
④ D (26인승 대형승합차)
⑤ E (주행 중인 승용차)

한 줄 해설

편도 3차로 이상일 경우 1차로는 앞지르기를 하려는 승용자동차 및 경형·소형·중형 승합자동차, 왼쪽차로는 승용자동차 및 경형·소형·중형 승합자동차, 오른쪽 차로는 대형승합자동차, 화물자동차, 특수자동차, 건설기계가 통행 가능하다.

836

다음 상황에서 가장 안전한 운전방법 2가지는?

- 최고속도 100km/h 고속도로
- 폭우로 가시거리가 100미터 이내임

① 비로 인해 노면이 젖어 있어 시속 80km/h 이하로 주행한다.
❷ 우측 대형버스가 물웅덩이를 지나갈 때 물이 튀면서 시야를 가릴 수 있음을 주의하며 운전한다.
❸ 뒤 차량 운전자에게 나의 위치를 알려주기 위해 비상등을 점등하고 주행한다.
④ 우측 전방 차량이 진로변경할 가능성이 있기에 1차로로 진로변경 후 지속하여 주행한다.
⑤ 물웅덩이가 갑자기 튀어 시야확보가 어려울 경우 안전확보를 위해 급정지를 한다.

한 줄 해설

① 폭우 등으로 가시거리가 100미터 이내인 경우 최고속도의 100분의 50을 줄인 속도로 운행해야 한다.

837

다음 눈길 교통상황에서 안전한 운전방법 2가지는?

- 터널을 막 통과하여 전방상황을 확인함
- 폭설이 내려 시야확보가 어려운 상황

❶ 폭설로 인해 차선이 보이지 않을 경우 앞 차의 바퀴자국을 따라서 주행한다.

② 눈길이나 빙판길에서는 제동거리가 짧아지므로 평소보다 안전거리를 더 유지한다.

❸ 폭설 시 터널 진·출입구는 상습결빙구간으로 미끄러짐 사고로 인한 연쇄추돌사고를 대비한다.

④ 노면이 얼어붙은 도로에서는 최고속도의 100분의 20을 줄여야 한다.

⑤ 터널을 통과 후 암순응으로 인해 일시적 시력상실을 겪을 수 있어 주의해야 한다.

한 줄 해설

② 눈길이나 비·안개에서는 제동거리가 길어지므로 평소보다 안전거리를 더 두어야 한다. ④ 노면이 얼어붙은 도로에서는 최고속도의 100분의 50을 줄여야 한다. ⑤ 폭설 시 터널을 통과할 경우, 어두운 곳에서 밝은 곳으로 갑자기 노출됨에 따라 명순응으로 인해 일시적 시력상실을 겪을 수 있다.

838

다음 도로상황에서 가장 안전한 운전방법 2가지는?

- 터널 밖은 야간 폭설이 내리는 중
- 전방 차량과 안전거리를 유지한 상태
- 전방 트럭에 제동등과 비상등이 점등됨

① 터널 내부는 눈이 쌓여있지 않으므로 최고속도를 낮춰서 주행할 필요가 없다.

❷ 터널 밖에 돌발상황이 발생하였음을 알 수 있어, 이에 대비해야 한다.

③ 전방 차량과의 추돌사고를 막기 위해 3차로로 급차로변경을 실시한다.

④ 터널을 통과할 경우, 명순응으로 인해 일시적 시력상실을 겪을 수 있어 주의해야 한다.

❺ 터널 내부와 터널 외부의 갑작스런 도로환경 변화에 미리 대비하여야 한다.

한 줄 해설

① 터널 내부에 눈이 쌓여있지 않더라도, 빙판길이 생길 수 있음을 고려하여 최고속도를 낮춰서 주행하여야 한다. ③ 터널 내 실선구간에서는 차로변경이 불가능하다. ④ 야간주행의 경우 터널 내부는 실내등으로 인해 밝고 터널 외부는 어둡기 때문에 터널을 통과할 경우, 암순응으로 인해 일시적 시력상실을 겪을 수 있다.

839

다음의 도로를 통행하려는 경우 가장 올바른 운전방법 2가지는?

- 중앙선이 없는 도로
- 도로 좌우측 불법주정차된 차들

❶ 자전거에 이르기 전 일시정지한다.

❷ 횡단보도를 통행할 때는 정지선에 일시정지한다.

③ 뒤차와의 거리가 가까우므로 가속하여 거리를 벌린다.

④ 횡단보도 위에 사람이 없으므로 그대로 통과한다.

⑤ 경음기를 반복하여 작동하며 서행으로 통행한다.

한 줄 해설

왼쪽 회색자동차 앞으로 자전거가 차도쪽으로 횡단을 하려 하는 상황이므로 이러한 때에는 횡단보도가 아니라고 하더라도 정지하여야 한다.

840

도로교통법상 다음 교통안전시설에 대한 설명으로 맞는 2가지는?

- 어린이 보호구역
- 좌·우측에 좁은 도로
- 비보호 좌회전 표지
- 신호 및 과속 단속 카메라

❶ 제한속도는 매시 50킬로미터이며 속도 초과 시 단속될 수 있다.
② 전방의 신호가 녹색화살표일 경우에만 좌회전할 수 있다.
③ 모든 어린이 보호구역의 제한속도는 매시 50킬로미터이다.
④ 신호순서는 적색 – 황색 – 녹색 – 녹색화살표이다.
❺ 전방의 신호가 녹색일 경우 반대편 차로에서 차가 오지 않을 때 좌회전할 수 있다.

한 줄 해설

② 직진 신호(녹색불)일 때도 반대편 차량에 방해되지 않으면 좌회전이 가능하다. ③ 어린이 보호구역의 제한속도는 30km/h 이내이다. ④ 신호 체계는 도로 여건에 따라 다르다.

841

어린이 보호구역을 안전하게 통행하는 운전방법 2가지는?

- 어린이 보호구역 교차로를 직진하려는 상황
- 신호등 없는 횡단보도 및 교차로
- 실내후사경 속의 후행 차량 존재

① 앞쪽 자동차를 따라 서행으로 A횡단보도를 통과한다.
② 뒤쪽 자동차와 충돌을 피하기 위해 속도를 유지하고 앞쪽 차를 따라간다.
❸ A횡단보도 정지선 앞에서 일시정지한 후 통행한다.
④ B횡단보도에 보행자가 없으므로 서행하며 통행한다.
❺ B횡단보도 앞에서 일시정지한 후 통행한다.

한 줄 해설

어린이 보호구역 내에 설치된 횡단보도 중 신호기가 설치되지 아니한 횡단보도 앞에서는 보행자의 횡단 여부와 관계없이 일시정지하여야 한다.

842

다음 상황에서 가장 안전한 운전방법 2가지는?

- 편도 1차로
- 오른쪽 보행보조용 의자차

① 전동휠체어와 옆쪽으로 안전한 거리를 유지하기 위해 좌측통행한다.
❷ 전동휠체어에 이르기 전에 감속하여 행동을 살핀다.
③ 전동휠체어가 차로에 진입하기 전이므로 가속하여 통행한다.
④ 전동휠체어가 차로에 진입하지 않고 멈추도록 경음기를 작동한다.
❺ 전동휠체어가 차도에 진입했으므로 일시정지한다.

한 줄 해설

운전자는 전동휠체어 또는 노인 보행자가 확인되는 경우 우측통행을 유지하며 그 전동휠체어 또는 노인 보행자에 이르기 전 감속을 해야 한다. 그 대상들이 어떤 행동을 하는지 자세히 살펴야 한다. 또한, 전동휠체어가 이미 차도에 진입하여 횡단하려고 하는 때이므로 횡단시설 여부에 관계없이 일시정지하여 보행자를 보호해야 한다.

843

다음 도로상황에서 가장 안전한 운전방법 2가지는?

- 어린이 보호구역
- 어린이통학버스 뒤 초등학교 정문

❶ 어린이통학버스 뒤에서 갑자기 튀어나오는 어린이가 있을 수 있으므로 주의한다.
② 전방 신호등이 없는 횡단보도에 보행자가 없으므로 서행하여 통과한다.
❸ 우측의 뛰어가고 있는 아이들이 갑자기 횡단보도로 튀어나올 수 있기에 횡단보도 앞에서 일시정지하여야 한다.
④ 해당 구역의 경우, 어린이통학버스에 한해 주·정차를 할 수 있도록 허용한 곳이다.
⑤ 전방 우측의 어린이통학버스에서 아이들이 승·하차하고 있기 때문에 통학버스 옆을 통과 전 일시정지 후 통과하여야 한다.

844

다음 도로상황에서 가장 안전한 운전행동 2가지는?

- 어린이 보호구역 주행 중
- 신호등이 없는 교차로 입구 주·정차 차량 존재

❶ 교차로 진입 전 일시정지 후 통과한다.
② 경음기를 사용하며 속도를 높여 통과한다.
③ 전동보장구를 탄 고령보행자가 차량의 통행을 기다리고 있기에 신속히 교차로를 통과한다.
❹ 주·정차 차량 사이에 어린이 보행자가 있을 수 있어 주의한다.
⑤ 직진하려는 차량이 우선이므로 좌측으로 붙어 그대로 통과한다.

845

다음 도로상황에서 가장 안전한 운전행동 2가지는?

- 어린이 보호구역 주행 중
- 어린이통학버스 앞 횡단보도

❶ 전방 어린이통학버스가 정지할 수 있어 안전거리를 유지한다.
② 속도를 줄이면 뒤차에게 추돌사고를 당할 수 있어 통학버스를 앞지른다.
❸ 좌측 어린이가 횡단보도로 진입할 수 있으므로 어린이의 행동을 살핀다.
④ 전방 좌측 주·정차된 이륜차와의 사고를 주의하며, 천천히 어린이통학버스를 앞지른다.
⑤ 전방 어린이통학버스에서 어린이가 승·하차하고 있으므로 서서히 앞질러 주행한다.

846

다음 도로상황에서 가장 안전한 운전방법 2가지는?

- 어린이 보호구역 주행 중
- 반대방향 어린이통학버스 적색점멸등 작동

① 지속적으로 경음기를 사용하여 위험을 알리며 지나간다.
② 전조등으로 어린이통학버스 운전자에게 위험을 알리며 지나간다.
❸ 우측 불법 주·정차 차량 앞으로 어린이가 튀어나올 수 있음을 주의하며 통과한다.
❹ 좌측 어린이통학버스에 이르기 전에 일시정지하였다가 서행으로 지나간다.
⑤ 우측 통학버스 차량이 어린이 승·하차를 위해 정차 중이므로 신속히 앞질러 골목길을 벗어난다.

한 줄 해설
어린이통학버스에 적색점멸등이 켜진 경우는 어린이가 버스에서 내리거나 탈 때이며 이때 뒤따르는 차는 일시정지한 후 서행으로 지나가야 한다.

847

다음 도로상황에서 가장 안전한 운전방법 2가지는?

- 우회전 후 횡단보도
- 횡단보도는 신호는 녹색점멸, 5초 남음
- 횡단보도 우측에 초등학교 정문

① 횡단보도에 있는 어린이와 충돌 가능성이 없으므로 우회전한다.
❷ 갑작스레 튀어나올 수 있는 아이들의 행동에 대비한다.
❸ 횡단보도 위 어린이가 횡단을 완료한 후 우회전한다.
④ 어린이의 횡단을 재촉하기 위해 경음기를 사용한다.
⑤ 횡단보도 위에 정지하여 다른 아이들의 진입을 막는다.

848

다음 도로상황에서 가장 올바른 운전방법 2가지는?

- 어린이 보호구역
- 전방 적색점멸등 등화

❶ 시속 20km 이내로 주행한다.
② 횡단보도 앞에서 서행하고 그대로 통과한다.
③ 학교 정문을 피해 우측 길가에 정차한다.
❹ 아이들이 도로로 튀어나올 수 있어 주의하며 통과한다.
⑤ 학교 정문 앞 차량을 주차 후 자녀를 기다린다.

한 줄 해설

③, ⑤ 어린이 보호구역에서는 주정차가 금지된다.

849

다음 상황에서 가장 올바른 운전방법 2가지로 맞는 것은?

- 긴급차 사이렌 및 경광등 작동
- 긴급차가 역주행하려는 상황

① 긴급차가 도로교통법 위반을 하므로 무시하고 통행한다.
② 긴급차가 위반행동을 하지 못하도록 상향등을 수회 작동한다.
❸ 뒤따르는 운전자에게 알리기 위해 브레이크페달을 여러 번 나누어 밟는다.
❹ 긴급차가 역주행할 수 있도록 거리를 두고 정지한다.
⑤ 긴급차가 진행할 수 없도록 그 앞에 정차한다.

한 줄 해설

교차로나 그 부근에서 긴급자동차가 접근하는 경우에는 차마와 노면전차의 운전자는 교차로를 피하여 일시정지하여야 한다. 모든 차와 노면전차의 운전자는 긴급자동차가 접근한 경우에 긴급자동차가 우선통행할 수 있도록 진로를 양보하여야 한다.

850

다음 도로상황에서 가장 올바른 운전방법 2가지는?

- 전방 차량신호는 녹색
- 교차로 통과 중인 구급차

① 구급차가 지나갈 수 있도록 3차로로 속도를 높여 통과한다.
❷ 전방 차량신호가 녹색이라도 구급차에게 통행을 양보한다.
❸ 구급차가 통과한 뒤 후행 긴급자동차가 있는지 확인한다.
④ 빨간색 차량을 따라 가속하여 주행한다.
⑤ 구급차 운전자에게 경음기를 사용하며 그대로 통과한다.

851

다음 도로상황에서 가장 올바른 운전방법 2가지는?

- 전방 좌측에 산불 발생
- 산불로 인해 시야확보가 어려운 상황임

① 화재여부와 상관없이 직진한다.
② 공조기를 외부순환 모드로 신속하게 전환한다.
③ 주행 중인 차로에 주차 후 문을 잠그고 도망간다.
❹ 차량 창문을 닫고 유독가스 흡입을 차단한다.
❺ 불길이 심한 곳으로 진입하지 않고, 경찰관의 수신호에 따른다.

한 줄 해설

도로 주행 중 산불이 발생한 곳을 마주할 경우, 비상등을 켜서 후방차량에게 상황을 신속히 전달하고, 불길로 인해 도로 통과가 불가능할 경우, 무리하게 통과하지 않고 안전하게 우회할 수 있는 방법을 찾는다. 또한, 차량 통행이 가능한 상황이라면 소방차량 등이 진입할 수 있는 공간이 마련될 수 있도록 차량이동을 한 후 대피하여야 한다.

852

다음 상황에서 가장 바람직한 운전방법 2가지는?

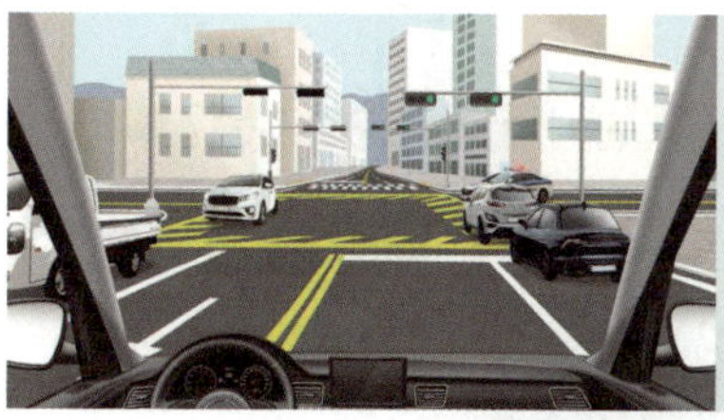

- 편도 2차로 도로
- 경찰차 긴급출동 상황(경광등, 사이렌 작동)

① 차의 등화가 녹색이므로 교차로에 그대로 진입한다.
❷ 긴급차가 우선 통행할 교차로이므로 교차로 진입 전에 정지하여야 한다.
❸ 2차로에 있는 차가 갑자기 좌측으로 변경할 수도 있으므로 미리 충분히 속도를 감속한다.
④ 긴급차보다 차의 신호가 우선이므로 그대로 진입한다.
⑤ 긴급차보다 먼저 통과할 수 있도록 가속하며 진입한다.

한 줄 해설

교차로나 그 부근에서 긴급자동차가 접근하는 경우에는 차마와 노면전차의 운전자는 교차로를 피하여 일시정지하여야 한다.

853

다음 상황에서 가장 안전한 운전방법 2가지는?

- 1차로 전방 공사 중인 도로
- 좌측에 가벽이 설치되어 있음

① '2차로 없어짐' 표지에 따라 1차로로 계속 주행한다.
② 공사구역을 피하기 위해 급정지한다.
❸ 전방 차로 폭이 좁아지므로 미리 2차로로 진로를 변경한다.
❹ 공사 중임을 알리기 위해 비상점멸등을 켠다.
⑤ 1차로로 주행하다 공사구간 직전에 2차로로 끼어든다.

854

다음 상황에서 가장 안전한 운전방법 2가지로 맞는 것은?

- 편도 1차로
- (실내후사경) 뒤에서 후행하는 차

① 자전거와의 충돌을 피하기 위해 좌측 차로로 통행한다.
❷ 자전거 위치에 이르기 전 충분히 감속한다.
③ 뒤따르는 자동차의 소통을 위해 가속한다.
❹ 보행자의 차도진입을 대비하여 감속하고 보행자를 살핀다.
⑤ 보행자를 보호하기 위해 길가장자리구역을 통행한다.

한 줄 해설

운전자는 길가장자리구역에 보행자와 자전거가 있는 경우 미리 속도를 줄이고 보행자와 자전거의 차도진입을 예측하여 정지할 준비를 하는 것이 바람직하다.

855

다음 상황에서 **가장 안전한 운전방법 2가지**는?

- 횡단보도 진입 전
- 왼쪽에 비상점멸하며 정차하고 있는 차

① 원활한 소통을 위해 앞차를 따라 그대로 통행한다.
② 자전거의 횡단보도 진입속도보다 빠르므로 가속하여 통행한다.
❸ 횡단보도 직전 정지선에서 정지한다.
④ 보행자가 횡단을 완료했으므로 신속히 통행한다.
❺ 정차한 자동차의 갑작스러운 출발을 대비하여 감속한다.

856

다음 상황에서 **가장 안전한 운전방법 2가지**는?

- 한적한 시골길
- 노인보호구역

① 자전거의 좌측으로 주행하여 좌회전하지 못하도록 위협한다.
② 중앙선을 넘어 자전거를 앞지르기한다.
❸ 자전거가 안전하게 도로를 벗어날 때까지 서행하며 기다려준다.
❹ 자전거가 좌회전할 수 있기 때문에 안전거리를 유지한다.
⑤ 자전거 통행을 재촉하기 위해 경음기를 사용한다.

857

다음 상황에서 **가장 안전한 운전방법 2가지**는?

- 차량 신호등은 황색에서 적색으로 바뀌려는 순간

① 차량신호가 적색으로 바뀌기 전에 신속히 통과한다.
❷ 횡단보도 직전 정지선에 정지한다.
③ 자전거 횡단이 가능한 고원식 횡단보도가 있어 주의하며 통과한다.
④ 안전지대를 경유하여 신속히 진행한다.
❺ 트럭 뒤 어린이가 뛰어나올 수 있으므로 주의한다.

한 줄 해설

③ 고원식 횡단보도는 제한속도를 30㎞/h 이하로 제한할 필요가 있는 도로에서 횡단보도를 노면보다 높게 하여 운전자의 주의를 환기시킬 필요가 있는 지점에 설치하는 횡단보도로, 횡단보도 양옆에 흰색 삼각형 두 개가 그려져 있다. 자전거는 자전거 횡단도에서 횡단이 가능하다.

858

다음 중 대비해야 할 **가장 위험한 상황 2가지**는?

- 이면도로
- 대형버스 주차 중
- 거주자우선주차구역에 주차 중
- 자전거 운전자가 도로를 횡단 중

① 주차 중인 버스가 출발할 수 있으므로 주의하면서 통과한다.
❷ 왼쪽에 주차 중인 차량 사이에서 보행자가 나타날 수 있다.
③ 좌측 후사경을 통해 도로의 주행상황을 확인한다.
④ 대형버스 옆을 통과하는 경우 서행으로 주행한다.
❺ 자전거가 도로를 횡단한 이후에 뒤따르는 자전거가 나타날 수 있다.

859

다음 중 가장 안전한 운전방법 2가지는?

- 검정색 차량 저속주행
- 이륜차 고양방향 주행
- 전방 300m 앞에 진·출입로가 존재함

① 검정색 차량 우측으로 앞지르기한다.
② 검정색 차량과 같은 차로에서 나란히 주행한다.
③ 고양방향으로 진출할 수 있도록 즉시 3차로로 차로변경을 한다.
❹ 흰색차량이 진로변경할 수 있으므로 감속하여 안전거리를 확보한다.
❺ 차로변경이 가능한 백색점선 구간까지 주행하여 3차로로 진입한다.

860

다음 상황에서 1차로로 진로변경하려 할 때 가장 안전한 운전방법 2가지는?

- 좌로 굽은 언덕길
- 전방을 향해 이륜차 운전 중
- 도로로 진입하려는 농기계

❶ 좌측 후사경을 통하여 1차로에 주행 중인 차량을 확인한다.
② 전방의 승용차가 1차로로 진로변경을 못하도록 상향등을 미리 켜서 경고한다.
③ 농기계가 도로로 진입할 수 있어 1차로로 신속히 차로변경한다.
④ 오르막 차로이기 때문에 속도를 높여 운전한다.
❺ 전방의 이륜차가 1차로로 진로변경할 수 있어 안전거리를 유지한다.

861

다음 중 가장 안전한 운전방법 2가지는?

- 자전거 우선도로 진입 중

① 자전거의 통행을 방해하지 않고 우측 길가에 정차한다.
❷ 전방에 횡단보도가 있어 보행자를 주의하며 서행으로 주행한다.
③ 앞지르기 시 과속이 허용되므로 시속 50km로 주행한다.
❹ 1차로로 차로변경 후 자전거와의 안전거리를 확보한다.
⑤ 경음기를 사용하여 자전거의 길가장자리 주행을 재촉한다.

862

자전거를 운전 중이다. 가장 안전한 운전방법 2가지는?

- 자전거 운전 중

❶ 전방 보행자 앞에서 정지한다.
② 자전거가 우선권이 있어 경적을 눌러 앞지르기한다.
③ 전방 보행자와 충돌 위험이 높아 보행자 구역으로 주행한다.
❹ 우측 보행자와의 충돌가능성이 있어 자전거를 끌고 간다.
⑤ 자전거의 경우 속도제한이 없어 위험구간을 신속히 통과한다.

863

다음 장소에서 **자전거 운전자가 안전하게 횡단하는 방법 2가지**는?

- 자전거 운전자가 보도에서 대기하는 상황
- 자전거 운전자가 도로를 보고 있는 상황

① 자전거에 탄 상태로 횡단보도 녹색등화를 기다리다가 자전거를 운전하여 횡단한다.

② 다른 자전거 운전자가 횡단하고 있으므로 신속히 횡단한다.

❸ 다른 자전거와 충돌 가능성이 있으므로 자전거에서 내려 보도의 안전한 장소에서 기다린다.

④ 자전거 운전자가 어린이 또는 노인인 경우 보행자 신호등이 녹색일 때 운전하여 횡단한다.

❺ 횡단보도 신호등이 녹색등화일 때 자전거를 끌고 횡단한다.

한 줄 해설

자전거 등의 운전자가 횡단보도를 이용하여 도로를 횡단할 때에는 자전거 등에서 내려서 자전거 등을 끌거나 들고 보행하여야 한다.

864

다음 상황에서 **가장 안전한 운전방법 2가지**는?

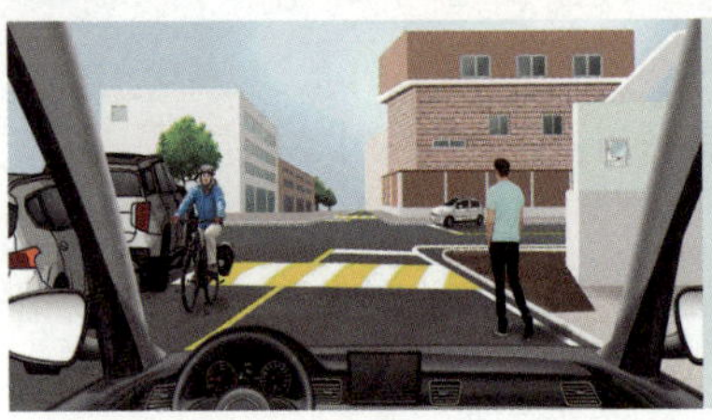

- 편도 1차로
- 불법주차된 차들
- 보도와 차도가 분리되지 않은 도로

❶ 전방 보행자의 급작스러운 좌측횡단을 예측하며 정지를 준비한다.

② 직진하려는 경우 전방 교차로에는 차가 없으므로 서행으로 통과한다.

❸ 교차로 진입 전 일시정지하여 좌우측에서 접근하는 차를 확인해야 한다.

④ 주변 자전거 및 보행자에게 경음기를 반복적으로 작동하여 차의 통행을 알려준다.

⑤ 전방 보행자를 길가장자리구역으로 유도하기 위해 우측으로 붙어 통행해야 한다.

한 줄 해설

모든 차의 운전자는 교통정리를 하고 있지 아니하고 일시정지나 양보를 표시하는 안전표지가 설치되어 있는 교차로에 들어가려고 할 때에는 다른 차의 진행을 방해하지 아니하도록 일시정지하거나 양보하여야 한다.

865

다음 상황에서 **전동킥보드 운전자가 좌회전**하려는 경우 **안전한 방법 2가지**는?

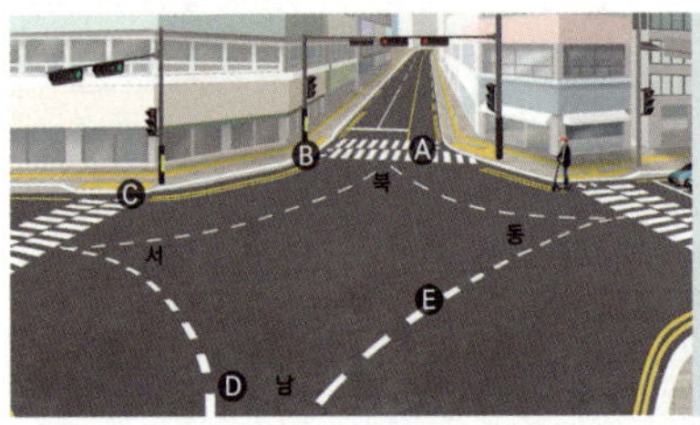

- 동쪽에서 서쪽 신호등: 직진 및 좌회전 신호
- 동쪽에서 서쪽 A횡단보도 보행자 신호등 녹색

① A횡단보도로 전동킥보드를 운전하여 진입한 후 B지점에서 D방향의 녹색등화를 기다린다.

❷ A횡단보도로 전동킥보드를 끌고 진입한 후 B지점에서 D방향의 녹색등화를 기다린다.

③ 전동킥보드를 운전하여 E방향으로 주행하기 위해 교차로 중심 안쪽으로 좌회전한다.

❹ 전동킥보드를 운전하여 B지점으로 직진한 후 D방향의 녹색등화를 기다린다.

⑤ 전동킥보드를 운전하여 C지점으로 직진한 후 즉시 B지점에서 D방향으로 직진한다.

한 줄 해설

자전거 등 운전자의 교차로 좌회전 방법은 자전거 운전자가 교차로에서 좌회전 신호에 따라 곧바로 좌회전할 수 없고, 진행방향의 직진 신호에 따라 도로 우측 가장자리에 붙어 "2단계로 직진–직진"하는 방법으로 좌회전하여야 한다.

발문에 형광펜 표시가 없는 문제는 주어진 표지와 정답만 확인하세요!

866

다음의 횡단보도 표지가 설치되는 장소로 가장 알맞은 곳은?

① 횡단보도가 있는 도로로서 포장도로의 교차로에 신호기가 있을 때
② 횡단보도가 있는 도로로서 포장도로의 단일로에 신호기가 있을 때
③ 횡단보도가 있는 도로로서 보행자의 횡단이 금지되는 곳
❹ 횡단보도가 있는 도로로서 신호가 없는 포장도로의 교차로나 단일로

867

다음 안전표지에 대한 설명으로 맞는 것은?

① 유치원 통원로이므로 자동차가 통행할 수 없음을 나타낸다.
❷ 어린이 또는 유아의 통행로나 횡단보도가 있음을 알린다.
③ 학교의 출입구로부터 2킬로미터 이후 구역에 설치한다.
④ 어린이 또는 유아가 도로를 횡단할 수 없음을 알린다.

한 줄 해설
주어진 표지는 어린이보호표지이다.

868

다음 안전표지가 뜻하는 것은?

① 노면이 고르지 못함을 알리는 것
② 터널이 있음을 알리는 것
❸ 과속방지턱이 있음을 알리는 것
④ 미끄러운 도로가 있음을 알리는 것

869

다음 안전표지가 있는 경우 안전 운전 방법은?

❶ 도로 중앙에 장애물이 있으므로 우측 방향으로 주의하면서 통행한다.
② 중앙 분리대가 시작되므로 주의하면서 통행한다.
③ 중앙 분리대가 끝나는 지점이므로 주의하면서 통행한다.
④ 터널이 있으므로 전조등을 켜고 주의하면서 통행한다.

한 줄 해설
주어진 표지는 우측방향통행표지이다.

870

도로교통법령상 다음 안전표지에 대한 내용으로 맞는 것은?

① 규제표지이다.
② 직진차량 우선표지이다.
❸ 좌합류 도로표지이다.
④ 좌회전 금지표지이다.

871

다음 교통안내표지에 대한 설명으로 맞는 것은?

① 소통확보가 필요한 도심부 도로 안내표지이다.
❷ 자동차 전용도로임을 알리는 표지이다.
③ 최고속도 매시 70킬로미터 규제표지이다.
④ 최저속도 매시 70킬로미터 안내표지이다.

872

도로교통법령상 그림의 안전표지와 같이 주의표지에 해당되는 것을 나열한 것은?

❶ 오르막 경사 표지, 상습 정체구간 표지
② 차폭 제한 표지, 차간거리 확보 표지
③ 노면전차 전용도로 표지, 우회로 표지
④ 비보호 좌회전 표지, 좌회전 및 유턴 표지

한 줄 해설
②는 규제표지, ③, ④는 지시표지에 해당한다.

873

다음 안전표지의 뜻으로 맞는 것은?

① 전방 100미터 앞부터 낭떠러지 위험 구간이므로 주의
② 전방 100미터 앞부터 공사 구간이므로 주의
③ 전방 100미터 앞부터 강변도로이므로 주의
❹ 전방 100미터 앞부터 낙석 우려가 있는 도로이므로 주의

한 줄 해설
주어진 표지는 낙석도로표지이다.

874

다음 안전표지의 뜻으로 맞는 것은?

① 철길표지
❷ 교량표지
③ 높이제한표지
④ 문화재보호표지

875

다음 안전표지의 뜻으로 맞는 것은?

① 전방에 양측방 통행 도로가 있으므로 감속 운행
② 전방에 장애물이 있으므로 감속 운행
❸ 전방에 중앙 분리대가 시작되는 도로가 있으므로 감속 운행
④ 전방에 두 방향 통행 도로가 있으므로 감속 운행

한 줄 해설
주어진 표지는 중앙분리대시작표지이다.

876

다음 안전표지가 의미하는 것은?

① 좌측방 통행
② 우합류 도로
③ 도로폭 좁아짐
❹ 우측차로 없어짐

877

다음 안전표지가 의미하는 것은?

❶ 중앙분리대 시작
② 양측방 통행
③ 중앙분리대 끝남
④ 노상 장애물 있음

878

다음 안전표지가 의미하는 것은?

① 편도 2차로의 터널
② 연속 과속방지턱
❸ 노면이 고르지 못함
④ 굴곡이 있는 잠수교

879

다음 안전표지가 의미하는 것은?

❶ 자전거 통행이 많은 지점
② 자전거 횡단도
③ 자전거 주차장
④ 자전거 전용도로

한 줄 해설
주어진 표지는 자전거표지이다.

880

다음 안전표지가 있는 도로에서 올바른 운전 방법은?

① 눈길인 경우 고단 변속기를 사용한다.
❷ 눈길인 경우 가급적 중간에 정지하지 않는다.
③ 평지에서보다 고단 변속기를 사용한다.
④ 짐이 많은 차를 가까이 따라간다.

한 줄 해설
주어진 표지는 오르막경사표지로, 오르막경사가 있음을 알리는 것이다.

881

다음 안전표지가 있는 도로에서의 안전운전 방법은?

❶ 신호기의 진행신호가 있을 때 서서히 진입 통과한다.
② 차단기가 내려가고 있을 때 신속히 진입 통과한다.
③ 철도건널목 진입 전에 경보기가 울리면 가속하여 통과한다.
④ 차단기가 올라가고 있을 때 기어를 자주 바꿔 가며 통과한다.

한 줄 해설
주어진 표지는 철길건널목이 있음을 알리는 것이다.

882

다음 안전표지가 뜻하는 것은?

❶ 우선도로에서 우선도로가 아닌 도로와 교차함을 알리는 표지이다.
② 일방통행 교차로를 나타내는 표지이다.
③ 동일방향통행도로에서 양측방으로 통행하여야 할 지점이 있음을 알리는 표지이다.
④ 2방향 통행이 실시됨을 알리는 표지이다.

883

다음 안전표지에 대한 설명으로 바르지 않은 것은?

① 국토의 계획 및 이용에 관한 법률에 따른 주거지역에 설치한다.
② 도시부 도로임을 알리는 것으로 시작지점과 그 밖의 필요한 구간에 설치한다.
❸ 국토의 계획 및 이용에 관한 법률에 따른 계획관리구역에 설치한다.
④ 국토의 계획 및 이용에 관한 법률에 따른 공업지역에 설치한다.

한 줄 해설
도시지역 중 주거지역, 상업지역, 공업지역에 설치하여 도시부 도로임을 알리는 것으로 시작지점과 그 밖의 필요한 구간의 우측에 설치한다.

884

도로교통법령상 다음 안전표지에 대한 설명으로 맞는 것은?

① 도로의 일변이 계곡 등 추락 위험지역임을 알리는 보조표지
② 도로의 일변이 강변 등 추락 위험지역임을 알리는 규제표지
❸ 도로의 일변이 계곡 등 추락 위험지역임을 알리는 주의표지
④ 도로의 일변이 강변 등 추락 위험지역임을 알리는 지시표지

한 줄 해설
주어진 표지는 강변도로표지이다.

885

다음 안전표지에 대한 설명으로 맞는 것은?

① 2방향 통행 표지이다.
② 중앙분리대 끝남 표지이다.
❸ 양측방통행 표지이다.
④ 중앙분리대 시작 표지이다.

886

다음 안전표지에 대한 설명으로 맞는 것은?

❶ 회전형 교차로표지
② 유턴 및 좌회전 차량 주의표지
③ 비신호 교차로표지
④ 좌로 굽은 도로

887

다음 안전표지가 설치되는 장소로 가장 알맞은 곳은?

① 도로가 좌로 굽어 차로이탈이 발생할 수 있는 도로
❷ 눈·비 등의 원인으로 자동차 등이 미끄러지기 쉬운 도로
③ 도로가 이중으로 굽어 차로이탈이 발생할 수 있는 도로
④ 내리막경사가 심하여 속도를 줄여야 하는 도로

한 줄 해설
주어진 표지는 미끄러운 도로표지이다.

888

다음 안전표지에 대한 설명으로 맞는 것은?

① 차의 우회전할 것을 지시하는 표지이다.
② 차의 직진을 금지하게 하는 주의표지이다.
❸ 전방 우로 굽은 도로에 대한 주의표지이다.
④ 차의 우회전을 금지하는 주의표지이다.

889

도로교통법령상 다음 안전표지가 설치된 곳에서의 운전방법으로 맞는 것은?

❶ 자동차전용도로에 설치되며 차간거리를 50미터 이상 확보한다.
② 일방통행 도로에 설치되며 차간거리를 50미터 이상 확보한다.
③ 자동차전용도로에 설치되며 50미터 전방 교통정체 구간이므로 서행한다.
④ 일방통행 도로에 설치되며 50미터 전방 교통정체 구간이므로 서행한다.

한 줄 해설
주어진 표지는 차간거리표지로, 표지판에 표시된 차간거리 이상 확보할 것을 지시하는 안전표지이다.

890

도로교통법령상 다음의 안전표지에 대한 설명으로 맞는 것은?

① 지시표지이며, 자동차의 통행속도가 평균 매시 50킬로미터를 초과해서는 아니 된다.
② 규제표지이며, 자동차의 통행속도가 평균 매시 50킬로미터를 초과해서는 아니 된다.
③ 지시표지이며, 자동차의 최고속도가 매시 50킬로미터를 초과해서는 아니 된다.
❹ 규제표지이며, 자동차의 최고속도가 매시 50킬로미터를 초과해서는 아니 된다.

한 줄 해설
주어진 표지는 최고속도 제한표지로, 표지판에 표시한 속도로 자동차 등의 최고속도를 지정하는 것이다.

891

다음 안전표지에 대한 설명으로 맞는 것은?

① 보행자는 통행할 수 있다.
❷ 보행자뿐만 아니라 모든 차마는 통행할 수 없다.
③ 도로의 중앙 또는 좌측에 설치한다.
④ 통행금지 기간은 함께 표시할 수 없다.

한 줄 해설
주어진 표지는 통행금지표지이다.

892

다음 안전표지에 대한 설명으로 가장 옳은 것은?

① 이륜자동차 및 자전거의 통행을 금지한다.
❷ 이륜자동차 및 원동기장치자전거의 통행을 금지한다.
③ 이륜자동차와 자전거 이외의 차마는 언제나 통행할 수 있다.
④ 이륜자동차와 원동기장치자전거 이외의 차마는 언제나 통행할 수 있다.

893

다음 안전표지에 대한 설명으로 맞는 것은?

❶ 차의 진입을 금지한다.
② 모든 차와 보행자의 진입을 금지한다.
③ 위험물 적재 화물차 진입을 금지한다.
④ 진입 금지 기간 등을 알리는 보조표지는 설치할 수 없다.

894

다음 안전표지에 대한 설명으로 가장 옳은 것은?

① 직진하는 차량이 많은 도로에 설치한다.
② 금지해야 할 지점의 도로 좌측에 설치한다.
③ 이런 지점에서는 반드시 유턴하여 되돌아가야 한다.
❹ 좌·우측 도로를 이용하는 등 다른 도로를 이용해야 한다.

한 줄 해설
주어진 표지는 직진금지표지이다.

895

도로교통법령상 다음 안전표지에 대한 설명으로 맞는 것은?

❶ 차마의 유턴을 금지하는 규제표지이다.
② 차마(노면전차는 제외한다)의 유턴을 금지하는 지시표지이다.
③ 개인형 이동장치의 유턴을 금지하는 주의표지이다.
④ 자동차 등(개인형 이동장치는 제외한다)의 유턴을 금지하는 지시표지이다.

한 줄 해설
주어진 표지는 유턴금지표지로, 차마의 유턴을 금지하는 것이다. 유턴금지표지에서 제외되는 차종은 정하여 있지 않다.

896

다음 안전표지에 관한 설명으로 맞는 것은?

① 화물을 싣기 위해 잠시 주차할 수 있다.
❷ 승객을 내려 주기 위해 일시적으로 정차할 수 있다.
③ 주차 및 정차를 금지하는 구간에 설치한다.
④ 이륜자동차는 주차할 수 있다.

한 줄 해설
주어진 표지는 주차금지표지이다.

897

다음 안전표지가 뜻하는 것은?

① 차폭 제한
❷ 차 높이 제한
③ 차간거리 확보
④ 터널의 높이

898

다음 안전표지가 뜻하는 것은?

① 차 높이 제한
② 차간거리 확보
❸ 차폭 제한
④ 차 길이 제한

899

다음 안전표지가 있는 도로에서의 운전 방법으로 맞는 것은?

① 다가오는 차량이 있을 때에만 정지하면 된다.
❷ 도로에 차량이 없을 때에도 정지해야 한다.
③ 어린이들이 길을 건널 때에만 정지한다.
④ 적색등이 켜진 때에만 정지하면 된다.

한 줄 해설
주어진 표지는 일시정지표지이다.

900

다음 규제표지를 설치할 수 있는 장소는?

① 교통정리를 하고 있지 아니하고 교통이 빈번한 교차로
❷ 비탈길 고갯마루 부근
③ 교통정리를 하고 있지 아니하고 좌우를 확인할 수 없는 교차로
④ 신호기가 없는 철길 건널목

한 줄 해설
주어진 표지는 서행규제표지이다.

901

다음 규제표지가 의미하는 것은?

❶ 위험물을 실은 차량 통행금지
② 전방에 차량 화재로 인한 교통 통제 중
③ 차량화재가 자주 발생하는 곳
④ 산불 발생 지역으로 차량 통행금지

한 줄 해설
주어진 표지는 위험물적재차량 통행금지표지이다.

902

다음 규제표지가 설치된 지역에서 운행이 금지된 차량은?

① 이륜자동차
❷ 승합자동차
③ 승용자동차
④ 원동기장치자전거

한 줄 해설
주어진 표지는 승합자동차 통행금지 표지이다.

903

다음 안전표지의 뜻으로 맞는 것은?

① 일렬주차표지
❷ 상습정체구간표지
③ 야간통행주의표지
④ 차선변경구간표지

904

다음 규제표지가 의미하는 것은?

① 커브길 주의
② 자동차 진입금지
❸ 앞지르기 금지
④ 과속방지턱 설치 지역

905

다음의 안전표지에 대한 설명으로 맞는 것은?

① 중량 5.5t 이상 차의 횡단을 제한하는 것
② 중량 5.5t 초과 차의 횡단을 제한하는 것
③ 중량 5.5t 이상 차의 통행을 제한하는 것
❹ 중량 5.5t 초과 차의 통행을 제한하는 것

한 줄 해설
주어진 표지는 차 중량 제한표지이다.

906

다음 안전표지에 대한 설명으로 맞는 것은?

① 승용자동차의 통행을 금지하는 것이다.
② 위험물 운반 자동차의 통행을 금지하는 것이다.
③ 승합자동차의 통행을 금지하는 것이다.
❹ 화물자동차의 통행을 금지하는 것이다.

907

다음에서 "차량경고등" 표시내용으로 틀린 것은?

① 

② 
③ 

④ 

① 그림 ①은 엔진 제어 장치 및 배기가스 제어와 관련 센서 이상을 알리는 경고등
② 그림 ②는 워셔액 부족 시 보충을 알리는 경고등
③ 그림 ③은 타이어 공기압이 낮을 시 표준공기압으로 보충 또는 타이어 파손 상태를 알리는 경고등
❹ 그림 ❹는 ABS 브레이크 기능과 관련 경고등

한 줄 해설
④ 엔진오일부족 경고등이다.

908

다음 안전표지의 설치장소에 대한 기준으로 바르지 않은 것은?

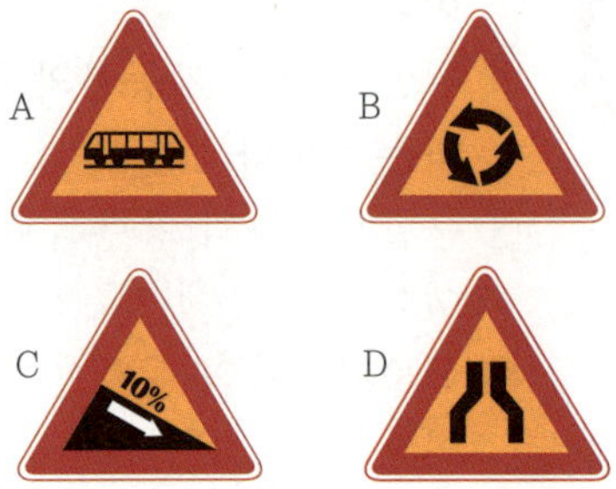

① A표지는 노면전차 교차로 전 50미터에서 120미터 사이의 도로 중앙 또는 우측에 설치한다.
② B표지는 회전교차로 전 30미터 내지 120미터의 도로 우측에 설치한다.
③ C표지는 내리막 경사가 시작되는 지점 전 30미터 내지 200미터의 도로 우측에 설치한다.
❹ D표지는 도로 폭이 좁아지는 지점 전 30미터 내지 200미터의 도로 우측에 설치한다.

한 줄 해설
A는 노면전차 주의표지, B는 회전형 교차로 표지, C는 내리막 경사 표지이다. D는 도로 폭이 좁아짐 표지로, 도로 폭이 좁아지는 지점 전 50미터 내지 200미터의 도로 우측에 설치한다.

909

다음 규제표지가 설치된 지역에서 운행이 가능한 차량은?

❶ 화물자동차
② 경운기
③ 트랙터
④ 손수레

한 줄 해설
주어진 표지는 경운기·트랙터 및 손수레 통행금지표지이다.

910

다음 규제표지에 대한 설명으로 맞는 것은?

❶ 최저속도 제한표지
② 최고속도 제한표지
③ 차간거리 확보표지
④ 안전속도 유지표지

911

다음 안전표지의 명칭으로 맞는 것은?

❶ 양측방 통행 표지
② 양측방 통행 금지 표지
③ 중앙분리대 시작 표지
④ 중앙분리대 종료 표지

912

다음 안전표지에 대한 설명으로 맞는 것은?

① 신호에 관계없이 차량 통행이 없을 때 좌회전할 수 있다.
② 적색 신호에 다른 교통에 방해가 되지 않을 때에는 좌회전할 수 있다.
③ 비보호이므로 좌회전 신호가 없으면 좌회전할 수 없다.
❹ 녹색 신호에서 다른 교통에 방해가 되지 않을 때에는 좌회전할 수 있다.

한 줄 해설
주어진 표지는 비보호 좌회전 표지로, 진행신호 시 반대방면에서 오는 차량에 방해가 되지 아니하도록 좌회전할 수 있다.

913

다음 안전표지의 명칭은?

① 양측방 통행 표지
❷ 좌·우회전 표지
③ 중앙분리대 시작 표지
④ 중앙분리대 종료 표지

914

다음 안전표지에 대한 설명으로 맞는 것은?

① 차가 좌회전 후 유턴할 것을 지시하는 안전표지이다.
❷ 차가 좌회전 또는 유턴할 것을 지시하는 안전표지이다.
③ 좌회전 차가 유턴차보다 우선임을 지시하는 안전표지이다.
④ 좌회전 차보다 유턴차가 우선임을 지시하는 안전표지이다.

한 줄 해설
주어진 표지는 좌회전 및 유턴 표지이다.

915

다음 안전표지에 대한 설명으로 맞는 것은?

① 주차장에 진입할 때 화살표 방향으로 통행할 것을 지시하는 것
❷ 좌회전이 금지된 지역에서 우회 도로로 통행할 것을 지시하는 것
③ 회전교차로이므로 주의하여 회전할 것을 지시하는 것
④ 좌측면으로 통행할 것을 지시하는 것

한 줄 해설
주어진 표지는 우회로 표지이다.

916

다음 안전표지가 의미하는 것은?

❶ 백색화살표 방향으로 진행하는 차량이 우선 통행할 수 있다.
② 적색화살표 방향으로 진행하는 차량이 우선 통행할 수 있다.
③ 백색화살표 방향의 차량은 통행할 수 없다.
④ 적색화살표 방향의 차량은 통행할 수 없다.

한 줄 해설
주어진 표지는 통행우선표지이다.

917

다음 안전표지가 의미하는 것은?

❶ 자전거 횡단이 가능한 자전거 횡단도가 있다.
② 자전거 횡단이 불가능한 것을 알리거나 지시하고 있다.
③ 자전거와 보행자가 횡단할 수 있다.
④ 자전거와 보행자의 횡단에 주의한다.

한 줄 해설
주어진 표지는 자전거횡단도 표지이다.

918

다음 안전표지가 의미하는 것은?

① 좌측도로는 일방통행 도로이다.
② 우측도로는 일방통행 도로이다.
③ 모든 도로는 일방통행 도로이다.
❹ 직진도로는 일방통행 도로이다.

한 줄 해설
주어진 표지는 일방통행로표지로, 전방으로만 진행할 수 있는 일방통행로임을 지시하는 표지이다.

919

다음 안전표지가 설치된 차로 통행방법으로 올바른 것은?

❶ 전동킥보드는 이 표지가 설치된 차로를 통행할 수 있다.
② 전기자전거는 이 표지가 설치된 차로를 통행할 수 없다.
③ 자전거인 경우만 이 표지가 설치된 차로를 통행할 수 있다.
④ 자동차는 이 표지가 설치된 차로를 통행할 수 있다.

한 줄 해설
주어진 표지는 자전거전용차로 표지로, 자전거 등만 통행할 수 있도록 지정된 차로의 위에 설치한다.

920

다음 안전표지에 대한 설명으로 맞는 것은?

① 자전거만 통행하도록 지시한다.
❷ 자전거 및 보행자 겸용 도로임을 지시한다.
③ 어린이 보호구역 안에서 어린이 또는 유아의 보호를 지시한다.
④ 자전거횡단도임을 지시한다.

921

다음 안전표지가 설치된 교차로의 설명 및 통행방법으로 올바른 것은?

① 중앙교통섬의 가장자리에는 화물차 턱(Truck apron)을 설치할 수 없다.
❷ 교차로에 진입 및 진출 시에는 반드시 방향지시등을 작동해야 한다.
③ 방향지시등은 진입 시에 작동해야 하며 진출 시는 작동하지 않아도 된다.
④ 교차로 안에 진입하려는 차가 화살표 방향으로 회전하는 차보다 우선이다.

한 줄 해설
주어진 표지는 회전교차로에 설치되는 회전교차로 표지이다.

922

다음 안전표지에 대한 설명으로 맞는 것은?

❶ 자전거도로에서 2대 이상 자전거의 나란히 통행을 허용한다.
② 자전거의 횡단도임을 지시한다.
③ 자전거만 통행하도록 지시한다.
④ 자전거 주차장이 있음을 알린다.

한 줄 해설
주어진 표지는 자전거 나란히 통행허용 표지이다.

923

다음 안전표지에 대한 설명으로 맞는 것은?

① 자전거횡단도 표지이다.
② 자전거우선도로 표지이다.
③ 자전거 및 보행자 겸용도로 표지이다.
❹ 자전거 및 보행자 통행구분 표지이다.

924

다음 안전표지의 의미와 이 표지가 설치된 도로에서 운전행동에 대한 설명으로 맞는 것은?

① 진행방향별 통행구분 표지이며 규제표지이다.
② 차가 좌회전·직진 또는 우회전할 것을 안내하는 주의표지이다.
③ 차가 좌회전을 하려는 경우 교차로의 중심 바깥쪽을 이용한다.
❹ 차가 좌회전을 하려는 경우 미리 도로의 중앙선을 따라 서행한다.

한 줄 해설
주어진 표지는 진행방향별 통행구분 표지로, 차가 좌회전·직진 또는 우회전할 것을 지시하는 것이다. (지시표지)

925

다음 안전표지에 대한 설명으로 맞는 것은?

① 차가 회전 진행할 것을 지시한다.
② 차가 좌측면으로 통행할 것을 지시한다.
❸ 차가 우측면으로 통행할 것을 지시한다.
④ 차가 유턴할 것을 지시한다.

한 줄 해설
주어진 표지는 우측면 통행 표지이다.

926

다음 안전표지 중 도로교통법령에 따른 규제표지는 몇 개인가?

① 1개　　② 2개
❸ 3개　　④ 4개

한 줄 해설
4개의 표지 중에서 규제표지는 정지, 안전속도, 양보 3개이다. 천천히(서행)는 보조표지이다.

927

도로교통법령상 지시표지가 설치된 도로의 통행방법으로 맞는 것은?

① 특수자동차는 이 도로를 통행할 수 없다.
② 화물자동차는 이 도로를 통행할 수 없다.
❸ 이륜자동차는 긴급자동차인 경우만 이 도로를 통행할 수 있다.
④ 원동기장치자전거는 긴급자동차인 경우만 이 도로를 통행할 수 있다.

한 줄 해설
주어진 표지는 자동차전용도로 표지로, 자동차전용도로 또는 전용구역임을 지시하는 것이다.

928

다음 안전표지가 설치된 도로를 통행할 수 없는 차로 맞는 것은?

① 전기자전거
② 전동이륜평행차
③ 개인형 이동장치
❹ 원동기장치자전거(개인형 이동장치 제외)

한 줄 해설
주어진 표지는 자전거전용도로 표지로, 자전거전용도로 또는 전용구역임을 지시하는 것이다. 자전거 등이란 자전거와 개인형 이동장치를 말한다.

929

다음 안전표지에 대한 설명으로 맞는 것은?

① 어린이 보호구역 안에서 어린이 또는 유아의 보호를 지시한다.
② 보행자가 횡단보도로 통행할 것을 지시한다.
❸ 보행자전용도로임을 지시한다.
④ 노인보호구역 안에서 노인의 보호를 지시한다.

한 줄 해설
주어진 표지는 보행자전용도로 표지이다.

930

다음 안전표지에 대한 설명으로 맞는 것은?

① 차가 직진 후 좌회전할 것을 지시한다.
② 차가 좌회전 후 직진할 것을 지시한다.
❸ 차가 직진 또는 좌회전할 것을 지시한다.
④ 좌회전하는 차보다 직진하는 차가 우선임을 지시한다.

한 줄 해설
주어진 표지는 직진 및 좌회전 표지이다.

931

다음 안전표지에 대한 설명으로 맞는 것은?

① 노약자 보호를 우선하라는 지시를 하고 있다.
② 보행자 전용도로임을 지시하고 있다.
③ 어린이보호를 지시하고 있다.
❹ 보행자가 횡단보도로 통행할 것을 지시하고 있다.

한 줄 해설
주어진 표지는 횡단보도 표지이다.

932

다음의 안전표지에 대한 설명으로 맞는 것은?

❶ 노인보호구역에서 노인의 보호를 지시하는 것
② 노인보호구역에서 노인이 나란히 걸어갈 것을 지시하는 것
③ 노인보호구역에서 노인이 나란히 걸어가면 정지할 것을 지시하는 것
④ 노인보호구역에서 남성노인과 여성노인을 차별하지 않을 것을 지시하는 것

한 줄 해설
주어진 표지는 노인보호 표지이다.

933

다음 안전표지 중에서 지시표지는?

① Ⓐ ② Ⓑ
❸ Ⓒ ④ Ⓓ

한 줄 해설
A는 통행금지 표지(규제표지), B는 안전속도 표지(보조표지), C는 회전교차로 표지(지시표지), D는 노면전차 주의 표지(주의표지)이다.

934

다음 안전표지의 종류로 맞는 것은?

❶ 우회전 표지
② 우로 굽은 도로 표지
③ 우회전 우선 표지
④ 우측방 우선 표지

935

다음과 같은 교통안전 시설이 설치된 교차로에서의 통행방법 중 맞는 것은?

① 좌회전 녹색 화살표시가 등화된 경우에만 좌회전할 수 있다.
❷ 좌회전 신호 시 좌회전하거나 진행신호 시 반대 방면에서 오는 차량에 방해가 되지 아니하도록 좌회전할 수 있다.
③ 신호등과 관계없이 반대 방면에서 오는 차량에 방해가 되지 아니하도록 좌회전할 수 있다.
④ 황색등화 시 반대 방면에서 오는 차량에 방해가 되지 아니하도록 좌회전할 수 있다.

936

중앙선표시 위에 설치된 도로안전시설에 대한 설명으로 틀린 것은?

❶ 중앙선 노면표시에 설치된 도로안전시설물은 중앙분리봉이다.
② 교통사고 발생의 위험이 높은 곳으로 위험구간을 예고하는 목적으로 설치한다.
③ 운전자의 주의가 요구되는 장소에 노면표시를 보조하여 시선을 유도하는 시설물이다.
④ 동일 및 반대방향 교통흐름을 공간적으로 분리하기 위해 설치한다.

한 줄 해설
주어진 도로안전시설물은 시선유도봉이다.

937

다음 노면표시가 표시하는 뜻은?

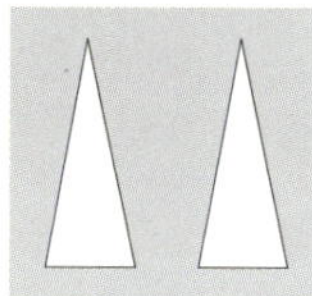

❶ 전방에 과속방지턱 또는 교차로에 오르막 경사면이 있다.
② 전방 도로가 좁아지고 있다.
③ 차량 두 대가 동시에 통행할 수 있다.
④ 산악지역 도로이다.

한 줄 해설
주어진 표지는 오르막 경사면 노면표시이다.

938

다음의 노면표시가 설치되는 장소로 맞는 것은?

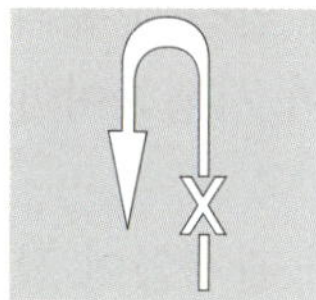

① 차마의 역주행을 금지하는 도로의 구간에 설치
❷ 차마의 유턴을 금지하는 도로의 구간에 설치
③ 회전교차로 내에서 역주행을 금지하는 도로의 구간에 설치
④ 회전교차로 내에서 유턴을 금지하는 도로의 구간에 설치

한 줄 해설
주어진 표지는 유턴금지표시이다.

939

다음 상황에서 적색 노면표시에 대한 설명으로 맞는 것은?

① 차도와 보도를 구획하는 길가장자리 구역을 표시하는 것
② 차의 차로변경을 제한하는 것
③ 보행자를 보호해야 하는 구역을 표시하는 것
❹ 소방시설 등이 설치된 구역을 표시하는 것

940

다음과 같은 노면표시에 따른 운전행동으로 맞는 것은?

① 어린이 보호구역으로 주차는 불가하나 정차는 가능하므로 짧은 시간 길가장자리에 정차하여 어린이를 태운다.
② 어린이 보호구역 내 횡단보도 예고표시가 있으므로 미리 서행해야 한다.
❸ 어린이 보호구역으로 어린이 및 영유아 안전에 유의해야 하며 지그재그 노면표시에 의하여 서행하여야 한다.
④ 어린이 보호구역은 시간제 운영 여부와 관계없이 잠시 정차는 가능하다.

941

다음 안전표지에 대한 설명으로 틀린 것은?

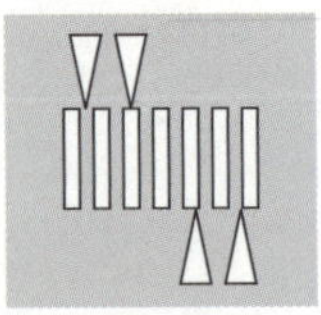

① 고원식횡단보도 표시이다.
② 볼록사다리꼴과 과속방지턱 형태로 하며 높이는 10cm로 한다.
③ 운전자의 주의를 환기시킬 필요가 있는 지점에 설치한다.
❹ 모든 도로에 설치할 수 있다.

한 줄 해설
주어진 표지는 고원식횡단보도 표시로, 제한속도를 시속 30킬로미터 이하로 제한할 필요가 있는 도로에서 횡단보도임을 표시하는 것이다.

942

다음 안전표지에 대한 설명으로 맞는 것은?

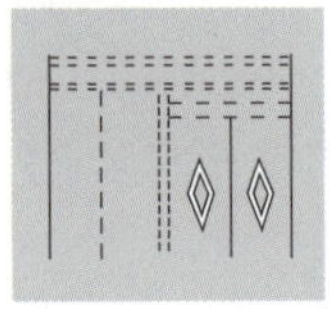

① 전방에 안전지대가 있음을 알리는 것이다.
② 차가 양보하여야 할 장소임을 표시하는 것이다.
❸ 전방에 횡단보도가 있음을 알리는 것이다.
④ 주차할 수 있는 장소임을 표시하는 것이다.

한 줄 해설
주어진 표지는 횡단보도 예고 표시이다.

943

다음 안전표지에 대한 설명으로 맞는 것은?

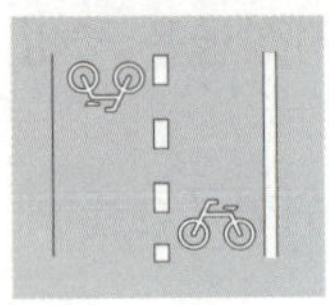

① 자전거 전용도로임을 표시하는 것이다.
❷ 자전거 등의 횡단도임을 표시하는 것이다.
③ 자전거주차장에 주차하도록 지시하는 것이다.
④ 자전거도로에서 2대 이상 자전거의 나란히 통행을 허용하는 것이다.

한 줄 해설
주어진 표지는 자전거횡단도 표시이다.

944

다음 안전표지에 대한 설명으로 맞는 것은?

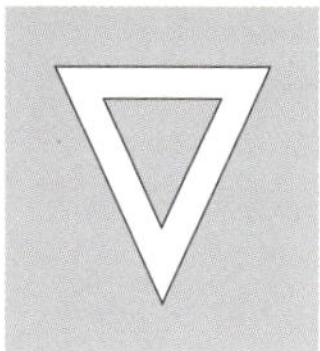

① 횡단보도임을 표시하는 것이다.
② 차가 들어가 정차하는 것을 금지하는 표시이다.
❸ 차가 양보하여야 할 장소임을 표시하는 것이다.
④ 교차로에 오르막 경사면이 있음을 표시하는 것이다.

한 줄 해설
주어진 표지는 양보 표시이다.

945

다음 안전표지에 대한 설명으로 맞는 것은?

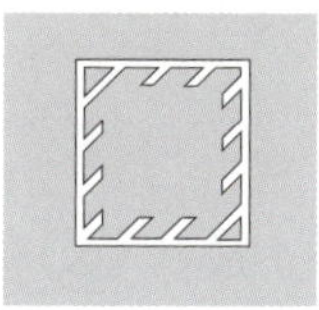

① 차가 양보하여야 할 장소임을 표시하는 것이다.
② 노상에 장애물이 있음을 표시하는 것이다.
❸ 차가 들어가 정차하는 것을 금지하는 표시이다.
④ 주차할 수 있는 장소임을 표시하는 것이다.

한 줄 해설
주어진 표지는 정차금지지대 표시이다.

946

다음 안전표지의 의미로 맞는 것은?

❶ 자전거 우선도로 표시
② 자전거 전용도로 표시
③ 자전거 횡단도 표시
④ 자전거 보호구역 표시

947

다음 차도 부문의 가장자리에 설치된 노면표시의 설명으로 맞는 것은?

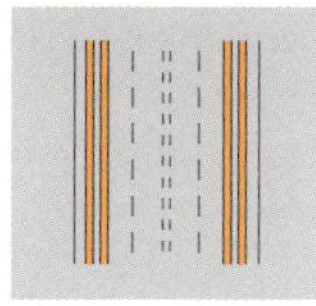

① 정차를 금지하고 주차를 허용한 곳을 표시하는 것
❷ 정차 및 주차금지를 표시하는 것
③ 정차를 허용하고 주차금지를 표시하는 것
④ 구역·시간·장소 및 차의 종류를 정하여 주차를 허용할 수 있음을 표시하는 것

948

다음 안전표지의 의미로 맞는 것은?

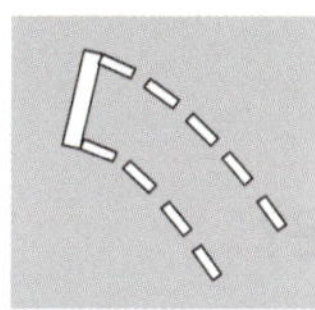

① 교차로에서 좌회전하려는 차량이 다른 교통에 방해가 되지 않도록 적색등화 동안 교차로 안에서 대기하는 지점을 표시하는 것
② 교차로에서 좌회전하려는 차량이 다른 교통에 방해가 되지 않도록 황색등화 동안 교차로 안에서 대기하는 지점을 표시하는 것
❸ 교차로에서 좌회전하려는 차량이 다른 교통에 방해가 되지 않도록 녹색등화 동안 교차로 안에서 대기하는 지점을 표시하는 것
④ 교차로에서 좌회전하려는 차량이 다른 교통에 방해가 되지 않도록 적색 점멸등화 동안 교차로 안에서 대기하는 지점을 표시하는 것

한 줄 해설
주어진 표지는 좌회전 유도차로 표시이다.

949

다음 안전표지의 의미로 맞는 것은?

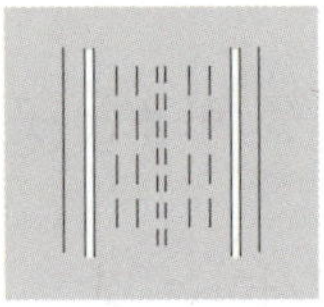

① 갓길 표시
② 차로변경 제한선 표시
③ 유턴 구역선 표시
❹ 길 가장자리 구역선 표시

950

다음 노면표시의 의미로 맞는 것은?

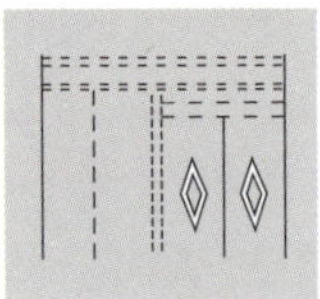

① 전방에 교차로가 있음을 알리는 것
❷ 전방에 횡단보도가 있음을 알리는 것
③ 전방에 노상장애물이 있음을 알리는 것
④ 전방에 주차금지를 알리는 것

951

다음 방향표지와 관련된 설명으로 맞는 것은?

① 150미터 앞에서 6번 일반국도와 합류한다.
❷ 나들목(IC)의 명칭은 군포다.
③ 고속도로 기점에서 47번째 나들목(IC)이라는 의미이다.
④ 고속도로와 고속도로를 연결해 주는 분기점(JCT) 표지이다.

한 줄 해설

고속도로 기점에서 6번째 나들목인 군포 나들목(IC)이 150미터 앞에 있고, 나들목으로 나가면 군포 및 국도 47호선을 만날 수 있다는 의미이다.

952

고속도로에 설치된 표지판 속의 대전 143km가 의미하는 것은?

① 대전광역시청까지의 잔여거리
② 대전광역시 행정구역 경계선까지의 잔여거리
③ 위도상 대전광역시 중간지점까지의 잔여거리
❹ 가장 먼저 닿게 되는 대전 지역 나들목까지의 잔여거리

953

다음 사진 속의 유턴표지에 대한 설명으로 틀린 것은?

① 차마가 유턴할 지점의 도로의 우측에 설치할 수 있다.
② 차마가 유턴할 지점의 도로의 중앙에 설치할 수 있다.
❸ 지시표지이므로 녹색등화 시에만 유턴할 수 있다.
④ 지시표지이며 신호등화와 관계없이 유턴할 수 있다.

954

다음 안전표지의 뜻으로 가장 옳은 것은?

① 자동차와 이륜자동차는 08:00~20:00 통행을 금지
❷ 자동차와 이륜자동차 및 원동기장치자전거는 08:00~20:00 통행을 금지
③ 자동차와 원동기장치자전거는 08:00~20:00 통행을 금지
④ 자동차와 자전거는 08:00~20:00 통행을 금지

955

다음의 안전표지에 따라 견인되는 경우가 아닌 것은?

① 운전자가 차에서 떠나 4분 동안 화장실에 다녀오는 경우
② 운전자가 차에서 떠나 10분 동안 짐을 배달하고 오는 경우
③ 운전자가 차를 정지시키고 운전석에 10분 동안 앉아 있는 경우
❹ 운전자가 차를 정지시키고 운전석에 4분 동안 앉아 있는 경우

한 줄 해설
정차란 운전자가 5분을 초과하지 아니하고 차를 정지시키는 것으로서 주차 외의 정지 상태를 말한다.

956

다음 그림에 대한 설명 중 적절하지 않은 것은?

① 건물이 없는 도로변이나 공터에 설치하는 주소정보시설(기초번호판)이다.
❷ 녹색로의 시작 지점으로부터 4.73km 지점의 오른쪽 도로변에 설치된 기초번호판이다.
③ 녹색로의 시작 지점으로부터 40.73km 지점의 왼쪽 도로변에 설치된 기초번호판이다.
④ 기초번호판에 표기된 도로명과 기초번호로 해당 지점의 정확한 위치를 알 수 있다.

957

다음 안전표지에 대한 설명으로 맞는 것은?

① 일요일, 공휴일만 버스전용차로 통행차만 통행할 수 있음을 알린다.
❷ 일요일, 공휴일을 제외하고 버스전용차로 통행차만 통행할 수 있음을 알린다.
③ 모든 요일에 버스전용차로 통행차만 통행할 수 있음을 알린다.
④ 일요일, 공휴일을 제외하고 모든 차가 통행할 수 있음을 알린다.

958

다음 안전표지에 대한 설명으로 바르지 않은 것은?

① 어린이 보호구역에서 어린이통학버스가 어린이 승하차를 위해 표지판에 표시된 시간 동안 정차를 할 수 있다.
② 어린이 보호구역에서 어린이통학버스가 어린이 승하차를 위해 표지판에 표시된 시간 동안 정차와 주차 모두 할 수 있다.
③ 어린이 보호구역에서 자동차 등이 어린이의 승하차를 위해 정차를 할 수 있다.
❹ 어린이 보호구역에서 자동차 등이 어린이의 승하차를 위해 정차는 할 수 있으나 주차는 할 수 없다.

한 줄 해설
주어진 표지는 어린이승하차표시로, 어린이 보호구역에서 어린이통학버스와 자동차 등이 어린이 승하차를 위해 표지판에 표시된 시간 동안 정차 및 주차할 수 있도록 지시하는 것이다.

959

도로표지규칙상 다음 도로표지의 명칭으로 맞는 것은?

① 위험구간 예고표지 ② 속도제한 해제표지

③ 합류지점 유도표지 ❹ 출구감속 유도표지

960

다음 도로명판에 대한 설명으로 맞는 것은?

① 왼쪽과 오른쪽 양방향용 도로명판이다.

② "1→" 이 위치는 도로 끝나는 지점이다.

③ 강남대로는 699미터이다.

❹ "강남대로"는 도로이름을 나타낸다.

한 줄 해설

① 강남대로의 넓은 길 시작점을 의미한다. ② "1→" 이 위치는 도로의 시작점을 의미한다. ③ 강남대로는 6.99킬로미터임을 의미한다.

961

다음과 같은 기점 표지판의 의미는?

① 국도와 고속도로 IC까지의 거리를 알려주는 표지

❷ 고속도로가 시작되는 기점에서 현재 위치까지 거리를 알려주는 표지

③ 고속도로 휴게소까지 거리를 알려주는 표지

④ 톨게이트까지의 거리안내 표지

962

다음 안전표지에 대한 설명으로 잘못된 것은?

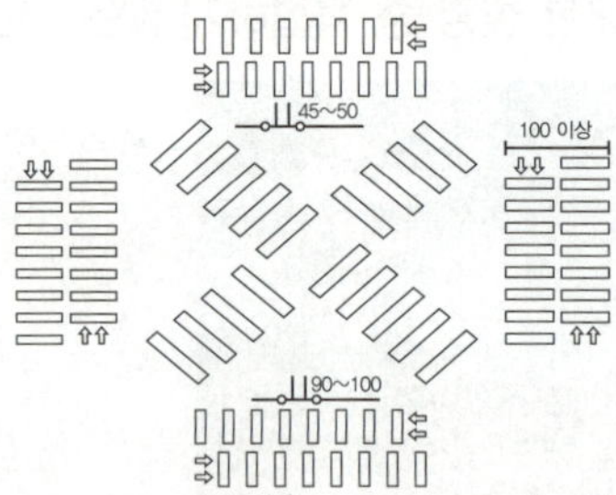

① 대각선횡단보도표시를 나타낸다.

② 모든 방향으로 통행이 가능한 횡단보도이다.

③ 보도 통행량이 많거나 어린이 보호구역 등 보행자 안전과 편리를 확보할 수 있는 지점에 설치한다.

❹ 횡단보도 표시 사이 빈 공간은 횡단보도에 포함되지 않는다.

한 줄 해설

모든 방향으로 통행이 가능한 횡단보도(횡단보도 표시 사이 빈 공간도 횡단보도에 포함한다)임을 표시하는 것이다.

963

다음 중에서 **관공서용 건물번호판**은?

① Ⓐ
② Ⓑ
③ Ⓒ
❹ Ⓓ

한 줄 해설

Ⓐ는 기초번호판, Ⓑ는 일반용 건물번호판이고, Ⓒ는 국가유산 및 관광용 건물번호판이다.

964

다음 건물번호판에 대한 설명으로 맞는 것은?

❶ 평촌길은 도로명, 30은 건물번호이다.
② 평촌길은 주 출입구, 30은 기초번호이다.
③ 평촌길은 도로시작점, 30은 건물주소이다.
④ 평촌길은 도로별 구분기준, 30은 상세주소이다.

965

다음 3방향 도로명 예고표지에 대한 설명으로 맞는 것은?

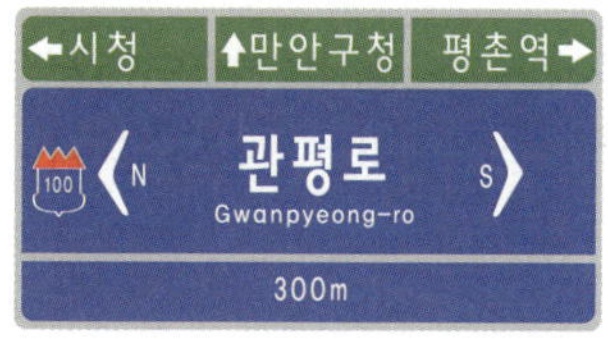

① 좌회전하면 300미터 전방에 시청이 나온다.
② '관평로'는 북에서 남으로 도로구간이 설정되어 있다.
③ 우회전하면 300미터 전방에 평촌역이 나온다.
❹ 직진하면 300미터 전방에 '관평로'가 나온다.

05 동영상형 35제

4지 1답: 문항당 5점/1문항

동영상형 문제는 동영상을 보면서 푸는 문제입니다. 학습의 편의를 위하여 문제마다 정답포인트가 되는 동영상의 한 장면을 편집하여 수록하였습니다. 사진 옆의 QR코드를 찍어 동영상을 확인하세요.

966

다음 영상을 보고 확인되는 **가장 위험한 상황**은?

① 우측 정차 중인 대형차량이 출발하려고 하는 상황
② 반대 방향 노란색 승용차가 신호위반을 하는 상황
❸ 우측도로에서 우회전하는 검은색 승용차가 1차로로 진입하는 상황
④ 반대 방향 하얀색 승용차가 외륜차를 고려하지 않고 우회전하는 상황

967

다음 영상을 보고 확인되는 **가장 위험한 상황**은?

① 앞쪽에서 선행하는 회색 승용차가 급정지하는 상황
② 반대 방향 노란색 승용차가 중앙선 침범하여 유턴하려는 상황
③ 좌회전 대기 중인 버스가 직진하기 위해 갑자기 출발하는 상황
❹ 오른쪽 차로에서 흰색 승용차가 내 차 앞으로 진입하는 상황

968

다음 영상을 보고 확인되는 **가장 위험한 상황**은?

① 반대 방향 1차로를 통행하는 자동차가 중앙선을 침범하는 상황
② 우측의 보행자가 갑자기 차도로 진입하려는 상황
③ 반대 방향 자동차가 전조등을 켜서 경고하는 상황
❹ 교차로 우측도로의 자동차가 신호위반을 하면서 교차로에 진입하는 상황

969

다음 중 **어린이보호구역에서 횡단하는 어린이를 보호**하기 위해 **도로교통법규를 준수하는 차**는?

① 붉은색 승용차
② 흰색 화물차
❸ 청색 화물차
④ 주황색 택시

970

다음 영상을 보고 확인되는 **가장 위험한 상황**은?

① 교차로에 대기 중이던 1차로의 승용자동차가 좌회전하는 상황
② 2차로로 진로변경 하는 중 2차로로 주행하는 자동차와 부딪치게 될 상황
❸ 입간판 뒤에서 보행자가 무단횡단하기 위해 갑자기 도로로 나오는 상황
④ 횡단보도에 대기 중이던 보행자가 신호등 없는 횡단보도 진입하려는 상황

971

다음 영상을 보고 확인되는 **가장 위험한 상황**은?

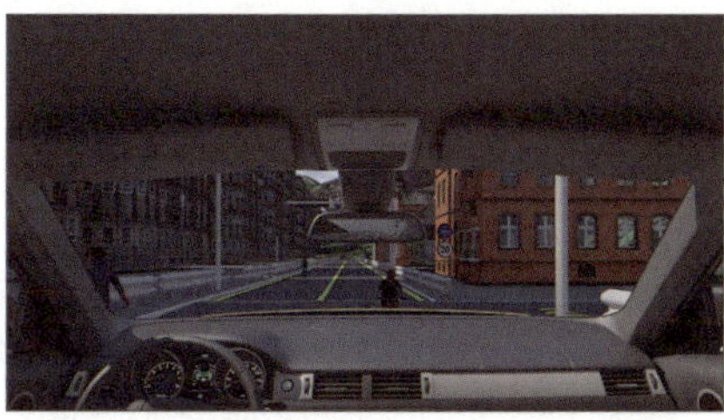

① 주차금지 장소에 주차된 차가 1차로에서 통행하는 상황
② 역방향으로 주차한 차의 문이 열리는 상황
❸ 진행방향에서 역방향으로 통행하는 자전거를 충돌하는 상황
④ 횡단 중인 보행자가 넘어지는 상황

972

다음 중 **교차로에서 횡단하는 보행자 보호를 위해 도로교통법규를 준수**하는 차는?

① 갈색 SUV차 ② 노란색 승용차
③ 주홍색 택시 ❹ 검정색 승용차

973

다음 영상에서 **운전자가 해야 할 조치**로 맞는 것은?

① 앞쪽 자동차 운전자에게 상향등을 작동하여 대응한다.
② 비상점멸등을 작동하며 갓길에 정차한 후 시시비비를 다툰다.
③ 경음기와 방향지시기를 작동하여 앞지르기 한 후 급제동한다.
❹ 고속도로 밖으로 진출하여 안전한 장소에 도착한 후 경찰관서에 신고한다.

974

다음 영상에서 운전자가 해야 할 행동으로 맞는 것은?

❶ 경찰차 뒤에서 서행으로 통행한다.
② 경찰차 운전자의 위반행동을 즉시 신고한다.
③ 왼쪽 차로에 안전한 공간이 있는 경우 앞지르기한다.
④ 오른쪽 차로에 안전한 공간이 있는 경우 앞지르기 한다.

한 줄 해설

영상에서 경찰차가 지그재그 형태로 차도를 운전하는 경우 도로에 떨어진 낙하물, 교통사고 발생 후속조치 그리고 그 밖의 위험상황 등이 있는 경우 2차 또는 3차로 연결될 교통사고예방에 관한 목적이 있다. 따라서 다른 자동차 운전자는 속도를 줄이고 서행하고, 경찰차 운전자의 행동을 위반행동으로 오인하지 않아야 하며, 신호와 지시를 따라야 한다.

975

다음 영상에서 나타난 가장 위험한 상황은?

❶ 안전지대에 진입한 자동차의 갑작스러운 오른쪽 차로 진입
② 내 차의 오른쪽에 직진하는 자동차와 충돌 가능성
③ 안전지대에 정차한 자동차의 후진으로 인한 교통사고
④ 진로변경 금지장소에서 진로변경으로 인한 접촉사고

한 줄 해설

안전지대는 도로교통법에 따라 진입금지 장소에 설치된다. 따라서 운전자는 안전지대에 진입해서는 아니 된다. 그러므로 운전자는 안전지대에서 비상점멸등을 작동하며 느린 속도로 통행하거나 정차한 차를 확인한 경우 그 차가 나의 진행하는 차로로 갑작스러운 진입을 예측하고 주의하며 대비해야 한다.

976

다음 영상에서 가장 위험한 상황은?

❶ 오른쪽 가장자리에서 우회전하려는 이륜차와 충돌 가능성
② 오른쪽 검은색 승용차와 충돌 가능성
③ 반대편에서 좌회전 대기 중인 흰색 승용차와 충돌 가능성
④ 횡단보도 좌측에 서 있는 보행자와 충돌 가능성

977

다음 영상에서 나타난 상황 중 가장 위험한 경우는?

① 좌회전할 때 왼쪽 차도에서 우회전하는 차와 충돌 가능성
② 좌회전할 때 맞은편에서 직진하려는 차와 충돌 가능성
❸ 횡단보도를 횡단하는 보행자와 충돌 가능성
④ 오른쪽에 직진하는 검은색 승용차와 접촉사고 가능성

978

다음 영상에서 확인되는 위험상황으로 틀린 것은?(버스가 감속하며 중앙선 침범하는 영상)

① 반대방면 자동차의 통행
② 앞쪽 도로 상황이 가려진 시야 제한
③ 횡단하려는 보행자의 횡단보도 진입
❹ 버스에서 하차하게 될 승객의 보도 통행

979

다음 영상에서 운전자가 운전 중 예측되는 위험한 상황으로 발생 가능성이 가장 낮은 것은?

① 골목길 주정차 차량 사이에서 어린이가 뛰어 나올 수 있다.
② 파란색 승용차의 운전자가 차문을 열고 나올 수 있다.
❸ 마주 오는 개인형 이동장치 운전자가 일시정지할 수 있다.
④ 전방의 이륜차 운전자가 마주하는 승용차 운전자에게 양보하던 중에 넘어질 수 있다.

980

다음 영상에서 예측되는 가장 위험한 상황으로 맞는 것은?

① 전방의 화물차량이 속도를 높일 수 있다.
❷ 1차로와 3차로에서 주행하던 차량이 화물차량 앞으로 동시에 급차로변경하여 화물차량이 급제동할 수 있다.
③ 4차로 차량이 진출램프에 진출하고자 5차로로 차로변경할 수 있다.
④ 3차로로 주행하던 승용차가 4차로로 차로변경할 수 있다.

981

운전자의 행위 중 도로교통법 위반은?

① 횡단보도 예고 노면표시를 확인하고 서행했다.
② 횡단보도를 횡단하려는 보행자를 보호하기 위해 정지했다.
③ 우회전차로에서 방향지시등 점등을 했다.
❹ 우회전과 동시에 왼쪽 직진차로로 신속하게 진입했다.

한 줄 해설
우회전 시에는 반드시 가장 가까운 우측차로로 진입해야 한다.

982

운전자의 행위 중 도로교통법 위반은?

① 방향지시등을 켜서 진행방향을 알렸다.
② 미리 도로의 우측 가장자리를 통행하여 우회전을 진입하였다.
③ 앞쪽 자동차와 추돌을 피하기 위하여 주의를 하였다.
❹ 전방 신호기 등화에 따라 우회전하였다.

> **한 줄 해설**
> 운전자는 차의 신호기 적색등화에서 횡단보도 직전 정지선에서 정지해야 했으나, 앞쪽에서 먼저 우회전하는 차를 그대로 뒤따랐다.

983

운전자의 행위 중 도로교통법 위반은?

① 도로구간의 제한최고속도를 준수하였다.
② 진로변경이 가능한 장소에서 안전하게 진로변경하였다.
③ 횡단보도를 통행하는 보행자를 보호하기 위해 정지하였다.
❹ 횡단보도 신호등이 적색등화로 변경되어 교차로 직전 정지선으로 이동하여 정지하였다.

> **한 줄 해설**
> 횡단보도 신호등이 녹색등화에서 적색등화로 바뀌어도 차의 신호기는 적색등화이므로 횡단보도 직전의 정지선에서 멈춰있어야 했다. 이 영상에서 확인되는 모든 자동차 운전자가 신호위반을 한 것이다.

984

다음 중 도로교통법을 준수한 차로 짝지어진 것은?

① 검은색 이륜차, 흰색 승용차
② 주인공 차, 흰색 승용차
❸ 검은색 이륜차, 검은색 승용차
④ 주인공 차, 검은색 이륜차

985

영상에서 확인되는 주인공 운전자의 도로교통법 위반으로 바르게 짝지어진 것은?

① 보행자보호의무 위반, 신호 위반, 지정차로 위반, 주정차금지 위반
② 주정차금지 위반, 신호 위반, 지정차로 위반, 보행자보호의무 위반
③ 진로변경금지장소 위반, 앞지르기 방법 위반, 보행자보호의무 위반, 신호 위반
❹ 진로변경금지장소 위반, 주정차금지 위반, 보행자보호의무 위반, 신호 위반

986

주거지역을 통행 중이다. 운전 중 주의해야 할 대상 및 장소와 가장 거리가 먼 것은?(윤창호 사건)

① 불법으로 주차된 자동차
② 반대편 도로에서 통행하는 자동차
③ 신호등 없는 횡단보도
❹ 왼쪽 보도에서 대화하는 보행자

987

다음 영상에서 가장 올바른 운전행동으로 맞는 것은?

① 1차로로 주행 중인 승용차 운전자는 직진할 수 있다.
② 2차로로 주행 중인 화물차 운전자는 좌회전할 수 있다.
❸ 3차로 승용차 운전자는 우회전 시 일시정지하고 우측 후사경을 보면서 위험에 대비하여야 한다.
④ 3차로 승용차 운전자는 보행자가 횡단보도를 건너고 있을 때에도 우회전할 수 있다.

988

영상에서 확인되는 교통사고를 예방하는 방법과 거리가 먼 것은?

① 미리 속도를 줄이고 정지선 직전에 정지해야 한다.
② 오른쪽에서 진입하려는 자동차에게 양보해야 하므로 미리 서행하면서 교차로에 접근해야 한다.
❸ 노면이 얼었으므로 브레이크 페달을 강하게 밟는다.
④ 눈이 내리는 경우 타이어에 스노우 체인을 결속하여 운전하는 것이 바람직하다.

한 줄 해설

노면이 얼었을 때 브레이크 페달을 강하게 밟는 것은 매우 위험하다.

989

교차로에 접근하여 통과 중이다. 도로교통법상 위반으로 맞는 것은?(홍보성 문제_회전교차로 통과)

① 진출 시 올바른 방향지시기를 켰다.
❷ 진입 시 올바른 방향지시기를 켰다.
③ 진출 시 교차로 내에서 진로변경 없이 안쪽 차로에서 그대로 진출했다.
④ 진입 시 교차로 내에서 진로변경 없이 안쪽 차로로 즉시 진입했다.

한 줄 해설

회전교차로에 진입 또는 진출하려는 경우 미리 방향지시기를 작동하여야 한다. 이때 켜야 하는 등화는 진입 시에는 왼쪽을, 진출 시에는 오른쪽을 등화해야 한다.

990

교차로에 좌회전으로 진입하여 통행하려 한다. 확인되는 상황으로 맞는 설명은?

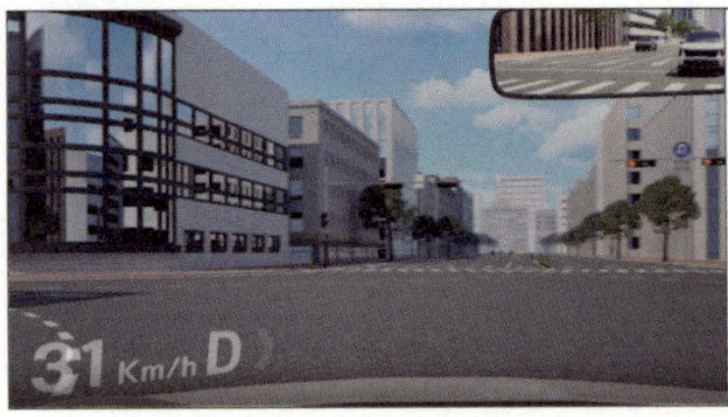

❶ 주인공 운전자는 교차로의 신호에 따라 좌회전하였다.
② 주인공 운전자가 서행하여 다른 운전자의 앞지르기를 유발하였다.
③ 앞지르기를 한 운전자가 교차로 진입 시 우선순위를 이행하였다.
④ 앞지르기를 한 운전자는 신호기의 적색점멸등화에 따라 교차로에 진입하였다.

991

영상과 같은 하이패스차로 통행에 대한 설명이다. 잘못된 것은?

① 단차로 하이패스이므로 시속 30킬로미터 이하로 서행하면서 통과하여야 한다.
❷ 통행료를 납부하지 아니하고 유료도로를 통행한 경우에는 통행료의 5배에 해당하는 부가통행료를 부과할 수 있다.
③ 하이패스카드 잔액이 부족한 경우에는 한국도로공사의 홈페이지에서 납부할 수 있다.
④ 하이패스차로를 이용하는 군작전용차량은 통행료의 100%를 감면받는다.

한 줄 해설

통행료를 납부하지 아니하고 유료도로를 통행한 경우에는 통행료의 10배에 해당하는 부가통행료를 부과, 수납할 수 있다.

992

다음 중 이면도로에서 위험을 예측할 때 가장 주의하여야 하는 것은?

❶ 정체 중인 차 사이에서 뛰어나올 수 있는 어린이
② 실내 후사경 속 청색 화물차의 좌회전
③ 오른쪽 자전거 운전자의 우회전
④ 전방 승용차의 급제동

993

편도 1차로를 통행 중이다. 위험한 상황으로 맞는 것은?

① 앞쪽 농기계와 안전거리를 유지했기 때문에 뒤따르는 자동차의 앞지르기를 유발했다.
② 급감속하여 서행했기 때문에 뒤따르고 있던 자동차의 앞지르기를 유발했다.
❸ 지방도로에서는 통행하거나 횡단하는 농기계의 발견이 지연될 수 있다.
④ 뒤따르는 자동차의 안전한 앞지르기를 방해하였다.

994

다음 영상에서 우회전하고자 경운기를 앞지르기하는 상황에서 예측되는 가장 위험한 상황은?

① 우측도로의 화물차가 교차로를 통과하기 위하여 속도를 낮출 수 있다.

② 좌측도로의 빨간색 승용차가 우회전을 하기 위하여 속도를 낮출 수 있다.

❸ 경운기가 우회전하는 도중 우측도로의 하얀색 승용차가 화물차를 교차로에서 앞지르기할 수 있다.

④ 경운기가 우회전하기 위하여 정지선에 일시정지할 수 있다.

한 줄 해설

우측에서 진입하려는 차가 있는데 뒤차가 이미 앞지르기 차로로 진로를 변경하려 하고 있어, 좌측으로 진로를 변경하는 것은 위험하다. 가속차로의 차가 진입하기 쉽도록 속도를 일정하게 유지하여 주행하도록 한다.

995

고속도로에서 진출하려고 한다. 올바른 방법으로 가장 적절한 것은?

① 신속한 진출을 위해서 지체없이 연속으로 차로를 횡단한다.

② 급감속으로 신속히 차로를 변경한다.

❸ 감속차로에서부터 속도계를 보면서 속도를 줄인다.

④ 감속차로 전방에 차가 없으면 속도를 높여 신속히 진출로를 통과한다.

996

영상에서 확인된 위험한 요소 및 상황으로 볼 수 없는 것은?

① 터널 진입 시 잘 보이지 않는 상황

② 터널 진출 시 잘 보이지 않는 상황

③ 터널 입출구 또는 교량의 얇은 살얼음(일명 블랙아이스)

❹ 터널 통행 시 앞지르기 위반 차들

997

동영상에서 확인되는 운전자의 준법운전을 설명한 것으로 맞는 것은?

❶ 전조등을 작동하였다.

② 안전한 앞지르기를 하였다.

③ 이상기후 시 감속기준을 준수하였다.

④ 옆쪽 보행자에 물이 튀지 않도록 서행하였다.

한 줄 해설

운전자는 이상기후 시에 감속해야 하나 영상 속의 운전자는 과속으로 운전하였다. 또한, 우측통행해야 하나 중앙선의 좌측으로 통행하는 행동을 하였다. 더불어 빗길에는 고인물이 보행자에게 튀지 않도록 운전자의 준수사항을 준수하여야 했으나 위반하는 행동이 나타났다.

998

야간에 커브 길을 주행할 때 운전자의 눈이 부실 수 있다. 어떻게 해야 하나?

❶ 도로의 우측가장자리를 본다.
② 불빛을 벗어나기 위해 가속한다.
③ 급제동하여 속도를 줄인다.
④ 도로의 좌측가장자리를 본다.

999

다음 중 신호없는 횡단보도를 횡단하는 보행자를 보호하기 위해 도로교통법규를 준수하는 차는?

❶ 흰색 승용차 ② 흰색 화물차
③ 갈색 승용차 ④ 적색 승용차

1000

동영상에서 확인되는 도로교통법 위반으로 맞는 것은? (실외이동로봇 포함)

① 보행자보호의무 위반, 신호 및 지시 위반, 중앙선 침범
❷ 보행자보호의무 위반, 신호 및 지시 위반, 속도 위반
③ 신호 및 지시 위반, 어린이통학버스 특별보호의무 위반, 속도 위반
④ 신호 및 지시 위반, 어린이통학버스 특별보호의무 위반, 보행자보호의무 위반

MEMO

MEMO

2026 김영북스 답만 봐도 합격!

운전면허 필기 1·2종 공통

초판 인쇄 2025년 10월 21일
초판 발행 2026년 3월 1일

편저 한국도로교통공단

발행처 ㈜아이비김영
펴낸이 김석철
등록번호 제22-3190호
주소 (06729) 서울 서초구 강남대로 279, 백향빌딩 4, 5층
전화 (대표전화) 1661-7022
팩스 02)599-5611